JavaScript

[完全]入門

柳井政和 著

SB Creative

本書に関するお問い合わせ

この度は小社書籍をご購入いただき誠にありがとうございます。小社では本書の内容に関する
ご質問を受け付けております。本書を読み進めていただきます中でご不明な箇所がございまし
たらお問い合わせください。なお、お問い合わせに関しましては下記のガイドラインを設けて
おります。恐れ入りますが、ご質問の際は最初に下記ガイドラインをご確認ください。

ご質問の前に

小社 Web サイトで「正誤表」をご確認ください。最新の正誤情報をサポートページに掲載し
ております。

● **本書サポートページ URL**
https://isbn2.sbcr.jp/07630/

ご質問の際の注意点

● ご質問はメール、または郵便など、必ず文書にてお願いいたします。お電話では承っており
ません。
● ご質問は本書の記述に関することのみとさせていただいております。従いまして、○○ペー
ジの○○行目というように記述箇所をはっきりお書き添えください。記述箇所が明記されて
いない場合、ご質問を承れないことがございます。
● 小社出版物の著作権は著者に帰属いたします。従いまして、ご質問に関する回答も基本的に
著者に確認の上回答いたしております。これに伴い返信は数日ないしそれ以上かかる場合が
ございます。あらかじめご了承ください。

ご質問送付先

ご質問については下記のいずれかの方法をご利用ください。

▶ **Web ページより**

上記のサポートページ内にある「この商品に関する問い合わせはこちら」をクリックすると、
メールフォームが開きます。要綱に従って質問内容を記入の上、送信ボタンを押してくださ
い。

▶ **郵送**

郵送の場合は下記までお願いいたします。
〒 106-0032
東京都港区六本木 2-4-5
SB クリエイティブ　読者サポート係

JavaScript [完全] 入門

柳井政和 著

SB Creative

はじめに

　本書は、JavaScript を学ぶための本です。主な対象者は、プログラミングの初心者および中級者です。そのため「プログラムとは何か」「プログラミングを学ぶ上でどういった考え方が必要か」といったことにも触れています。

　JavaScript は、Web ページ上で利用できるプログラミング言語として知られています。そのため本書を手に取った人は、Web サイトに動きや処理を加えたり、Web ページ上で動作するアプリケーションを作ったりすることが目的だと思います。そうした内容を織り込みつつ、JavaScript の仕様をひとつずつ紐解いて解説していきます。

　プログラミングやプログラミング言語を学ぶということは、本を 1 冊読んで終わりというわけではありません。実際には仕様は膨大で、応用は多岐にわたっています。それらを全部把握することは普通の人間には不可能です。本の中にも収まりません。

　そのため勘所が分かるように、重要度が高いところを中心に解説しています。重要度が高いとは「よく使う」あるいは「他人のプログラムを見たときによく出てくる」という部分です。

　また、プログラムを書くときには調べることも大切です。数行のプログラムを書くために、丸一日調査することもあります。プログラムとは、過去に学習した内容だけで完結するものではありません。その都度新しいことを学んで問題解決するものです。そのため、情報の調べ方や、ドキュメントの探し方についても触れます。

　プログラミング未経験者の多くが勘違いしていることは、プログラミング学習の本を 1 冊読んだら、そこにすべてが書いてあると思うことです。入門書や解説サイトなどは、入り口にしか過ぎません。そこから長い道のりが始まります。すべてを把握する必要もありません。

　また一度で完璧に理解する必要もありません。何度か同じようなことに出会ううちに、「ああそういうことだったのか」と気付くことも多いです。そのため、分からなくても学習をやめる必要はありません。少しずつ成長すればよいのです。

　分からないこと、理解できないことは、悪ではありません。何か情報が足りないという証拠でしかありません。その情報を調べる力を養っていくことが大切です。

　というわけで、この本が、プログラミングを学ぶ上で一助になればと思います。

2021 年 1 月 柳井政和

Contents

基本編

Chapter 9　Canvas ································ 411

サンプルファイルの入手方法

　サンプルファイルは、下記の Web ページよりダウンロードすることができます。

https://www.sbcr.jp/support/4815607366/

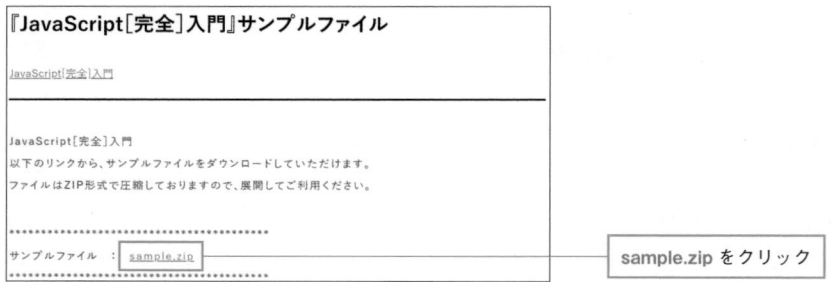

サンプルファイルの各フォルダには、本書内に掲載したサンプルプログラム、またはプログラムの実行に必要なファイルなどが収録されています。サンプルファイルは ZIP 形式で圧縮されているので、ダウンロード後は、任意のフォルダに展開してご利用ください。

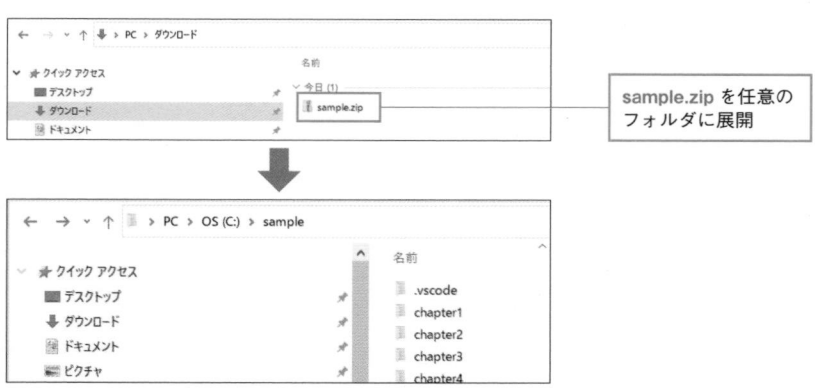

Chapter

1

導入編

Introduction

JavaScript とは何なのかを知り、開発環境の準備を
おこないます。また、JavaScript のプログラムを書く
ために必要な、基礎的な知識も学びます。

ここでは、開発環境の準備として、Web ブラウザ
Google Chrome の開発者ツールの使い方、プログラミ
ング用エディター Visual Studio Code の導入、Node.js
のインストールをおこないます。また、JavaScript で
プログラムを書く上で必要になる基礎知識についても解
説します。

1-1 JavaScriptとは？

ここでは JavaScript とはプログラミング言語としてどのような特徴があるのか、またどのような歴史を歩んできたのかを学習していきます。

1-1-1 JavaScriptとはどんなプログラミング言語か

JavaScript は、Web ページ上でさまざまな処理をおこなうプログラミング言語です。JavaScript を使えば以下のようなことができます。

- ユーザーが入力した情報を含む Web ページ上の情報を読み取る。
- ユーザーの操作を含む Web ページ上で起きたイベントに合わせて処理を呼び出す。
- Web ページを書きかえたり、動きを与えたりする。
- サーバーに情報を送ったり、サーバーから情報を得たりする。
- ユーザー操作によりローカルの情報を読み取る。
- 情報を Web ブラウザのストレージに記録する。

Fig 1-01　**JavaScript でできること**

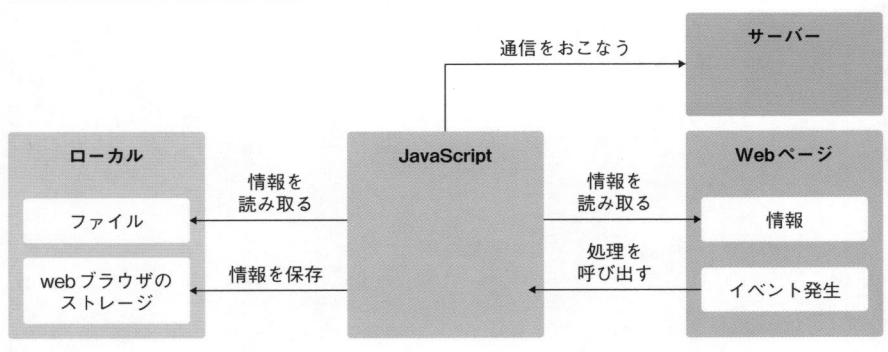

JavaScript は、基本的に Web ブラウザ上で動作します。そして、プログラムをテキストで書き、そのテキストファイルのまま呼び出します。また JavaScript は、事前にコンパイル(機械向けのファイルに変換)をしない、スクリプト言語と呼ばれ

る種類のプログラミング言語です。人間がそのまま読める形でサーバーにアップロードして使います。

近年 JavaScript は、Web ブラウザ以外でも使われるようになりました。Node.js というサーバー向けの実行環境や、パソコン用の GUI アプリ（ウィンドウやボタンなどで操作するアプリ）を作るための Electron なども登場しています。しかし基本は、Web ブラウザ上のプログラミング言語です。学習の際は、インターネットの知識や、Web ブラウザの知識も必要になります。

本書では JavaScript を、Web ブラウザ向けのプログラミング言語として学んでいきます。

1-1-2 JavaScriptの簡単な歴史

JavaScript は、1995 年に登場したプログラミング言語です。今はなき Netscape Communications 社が開発して、同社の Web ブラウザ Netscape Navigator 2.0 ではじめてサポートされました。

よく名前の似ているプログラミング言語に Java がありますが、直接の関係はありません。当時サン・マイクロシステムズが開発した Java が注目されており、同社と業務提携していた Netscape Communications 社が、JavaScript の名前で公開しました。開発時は LiveScript という名前でした。

1995 年前後は Web ブラウザの普及期でした。そして、1996 年に Microsoft の Internet Explorer 3.0 に JavaScript は搭載されて急速に普及していきます。さらに次の年の 1997 年には、欧州電子計算機工業会（ECMA：European Computer Manufacturers Association）により標準化が進められ、JavaScript の中核部分は ECMAScript と呼ばれるようになります。

その後しばらくは、Web ブラウザ上でそのまま動く唯一のプログラミング言語として、ちょっとした処理に使われていました。しかし、より多彩な表現が可能な Flash に押されて、一時期は注目度が低くなっていました。

そうした事態が変わったのは、2000 年代の半ばです。2005 年に Google マップが登場して、JavaScript の再評価がはじまりました。Web ページの移動なしに、バックグラウンドで通信して Web ページを書きかえる Ajax の隆盛とともに、JavaScript は Web アプリケーションを作るプログラミング言語の地位を確立していきます。

そして 2015 年には、ES6(ES2015) という、ECMAScript のバージョン 6 が
リリースされました。この大型アップデートにより、JavaScript というプログラ
ミング言語に、Web アプリケーションを構築するための各種機能が搭載され、言
語仕様も大きく強化されました。同時期に、HTML も HTML5 にバージョンが上
がり、マルチメディア機能や、ストレージ機能など、Web ページをアプリケー
ション化する多くの機能が追加されました。

その後、JavaScript のバージョンは順調に上がり続けており、少しずつ機能強
化が続いています。近年のさまざまなプログラミング言語のよいところを取り込み
ながら、JavaScript は発展を続けています。

Table 1-01　**JavaScript の変遷**

年	大きな出来事
1995 年	JavaScript 登場。
1997 年	ECMA により標準化。ECMAScript と呼ばれる。
2005 年	Google マップ登場。Ajax ブーム。
2015 年	ES6(ES2015) 登場。

1-1-3　HTML5のAPI

JavaScript で Web アプリケーションを作るときには、JavaScript の知識だけ
でなく、HTML5 の知識も必要になります。HTML5 は、2014 年に勧告された
HTML の大幅改訂版です。2016 年には HTML5.1 が、2017 年には HTML5.2 が
勧告されています。

HTML5 では、人間やコンピューターが意味を読み取りやすく、マルチメディア
をサポートするように改善されました。ただの文書表示に留まらず、Web アプリ
ケーションを作るためのさまざまな機能が盛り込まれました。その結果、Adobe
Flash や Microsoft Silverlight、Java アプレットなどは過去のものになりました。

HTML5 には、狭義の HTML5 と広義の HTML5 があります。現在では HTML5
と言うと、一般的には広義の HTML5 を指します。以下、HTML5 の中からよく目
にする機能や特徴を紹介します。

まずは、セマンティックスです。意味をあらわす新しい要素・属性が追加され、
人にも機械にも文書の内容を理解しやすくなりました。フォーム機能も強化されま

した。また広義の HTML5 として、より多彩な表現が可能になった CSS3 や、高機能になった ES6 が加わりました。

マルチメディア機能の強化として、Audio 要素や Video 要素が追加されました。また、グラフィック機能の強化として、Canvas 要素や SVG、WebGL などの機能が追加されました。

ファイル、データ操作やストレージ機能の強化として、ドラッグ&ドロップや File API、Web Storage などが導入されました。また、各種通信機能の強化や、セキュリティの改善、バックグラウンド処理をおこなうための Web Workers などの仕様が盛り込まれました。

モバイル時代に対応して、位置情報をあつかう Geolocation API や、デバイス操作の機能が追加されました。

1-1-4 JavaScriptのドキュメント

ここでは、JavaScript の各種情報の調べ方や、利用の仕方について解説します。プログラミングをするときは、実際にプログラムを書くことよりも、情報を調べることの方に多くの時間を費やします。プログラミングをするためには、大量のドキュメントを読まなければなりません。その情報源や、情報の調べ方を紹介します。

》 情報源

JavaScript は、Web 開発の現場で使われているプログラミング言語です。そのため、多くの情報がインターネットからアクセスできます。まとまった情報を Web で見ることもできますし、個別の情報を Web 検索で調べることもできます。

JavaScript は毎年のようにバージョンアップがおこなわれています。そのため、最新の仕様でコードを書きたいときは、インターネットを通じて現在の状態を確かめることが望ましいです。ただし、最新の仕様が全ての Web ブラウザで動くとは限らないので、互換性を考慮して、敢えて古い書き方で書くこともあります。

まとまった情報を得る、現時点でよい方法は、MDN Web Docs の情報を調べることです。MDN は Mozilla Developer Network の略です。Mozilla は、Web ブラウザの Mozilla Firefox を開発しているところです。こちらに、JavaScript の情報が網羅的にまとまっています。個別の情報を調べたいときも、「mdn 調べたいキーワード」として Web 検索をするとすぐに情報にたどり着けます。

> **JavaScript | MDN**
> `URL` https://developer.mozilla.org/ja/docs/Web/JavaScript

　MDN の情報は網羅的でくわしく知りたいときには役に立ちます。しかし文章が硬く、正確に情報を書いているせいで、初心者には分かりにくい面もあります。もっと簡単な情報が欲しいと思ったら、入門者向けに情報がまとまったサイトを探すのも手です。そうしたサイトはインターネットに多くあります。「JavaScript」というキーワードで Web を検索して、自分のレベルにあったサイトを使うとよいでしょう。

　入門者向けの講座は、正確で詳細であればよいというわけではありません。ある程度情報を省いたり、デフォルメすることで、初心者にとって分かりやすくしなければなりません。また、ボリュームが大きすぎると挫折しやすく、ほどよい情報量である必要があります。自分にあった情報源を作り、慣れてきたら徐々に詳細な情報を参考にするとよいです。

》エラーの解決

　プログラムを書いていると、上手く動かなかったり想定外の動作をしたりすることがあります。そうしたときは、一人で悩まずに Web 検索を利用してください。

　エラーメッセージがコンソールに表示されているときは、その意味を確かめることが大切です（コンソールの使い方についてはのちほど説明します）。エラーメッセージは英語で書いてあるので、意味が分からなければ Google 翻訳を使うなどして、意味を確かめてください。また Web 検索をおこない、エラーメッセージについて説明しているページや、解決方法を書いてあるページを読んでください。プログラマーはブログを書いていることが多く、エラーに遭遇すると、その経緯や解決方法をブログによく書きます。また、掲示板サイトに質問と回答が寄せられていることも多いです。

　情報を調べるときは、英語の情報も視野に入れてください。特に Stack Overflow というサイトには大量の質問と回答がまとまっています。JavaScript 関係の質疑応答の数は、その中でも群を抜いています。JavaScript のトラブルについて検索すると、このサイトがよく出てきます。英語だからという理由で避けずに読んでください。解説の多くの部分はコードなので、英語が読めなくても意味は分

かります。また、英語が苦手ならば、Web ブラウザの翻訳機能を使ってもかまいません。

> **Stack Overflow – Where Developers Learn, Share, & Build Careers**
> URL ▶ https://stackoverflow.com/

》ライブラリの活用

　複雑なプログラムを書く必要が生じたときは、いきなり自分で書こうとせずに、誰かが書いたライブラリがあるかを調べてください。ライブラリとは便利な命令集のようなものです。「こんな機能があればよいのに」と思う機能の多くは、ライブラリとしてまとめられて公開されています。Web 検索で調べると、たいていすぐに見つかります。

　同じ機能を実現するライブラリが複数出てきたときは、以下の条件で選んでください。

- より最近までメンテナンスされているもの。
- 利用者数が多いもの。

　人が書くプログラムには、必ずといってよいほどバグがあります。ライブラリも同じです。また、セキュリティ的な問題が発生したり、Web ブラウザの機能変更など時代によって求められる内容が徐々に変わっていきます。そうした変化に追随しているライブラリを選ぶべきです。

　また、利用者数が多いと、何か問題があったときに解決方法を探しやすくなります。多くの人が同じ問題に直面していれば、報告や回避方法の情報も増えます。利用者数が少ないライブラリは、改良されることがなくなり、放置される傾向があります。

　JavaScript のライブラリの多くは、GitHub で見つけることができます。GitHub は、ソフトウェア開発のプラットフォーム兼、ソースコードのホスティングサービスです。

> **GitHub**
> URL ▶ https://github.com/

》ライセンス

　ライブラリを利用するときはライセンスに気をつける必要があります。ライセンスの種類は非常に多いので、よく見るものをリストアップしておきます。実際にライブラリを利用するときは、それぞれのライセンスについて調べてから採用するかを決めるとよいでしょう。以下はいずれも無保証、商用可のものです。ライセンスの詳細は、それぞれの URL を確認してください。

Table 1-02　**ライブラリのライセンス説明**

ライセンス	説明
MIT License	ソースを無制限にあつかえる。著作権表示と許諾表示が必要。
BSD License	ソースは複製、改変、配布可能。著作権表示、無保証の旨の表示、ライセンス条文が必要。
GPL	複製、改変、配布可能（ただし GPL は継承される）。著作権表示、無保証の旨の表示、ライセンス条文が必要。利用したソフトウェアは、第三者がソースコードを入手できるようにしなければならない。
LGPL	GPL の緩和版。ライブラリとして使用するなら、ソースコードの公開は必要ない。

The MIT License | Open Source Initiative
URL https://opensource.org/licenses/mit-license.php

The 3-Clause BSD License | Open Source Initiative
URL https://opensource.org/licenses/BSD-3-Clause

GNU 一般公衆ライセンス v3.0 - GNU プロジェクト - フリーソフトウェアファウンデーション
URL https://www.gnu.org/licenses/gpl-3.0.html

GNU 劣等一般公衆ライセンス v3.0 - GNU プロジェクト - フリーソフトウェアファウンデーション
URL https://www.gnu.org/licenses/lgpl-3.0.html

1-1-5 JavaScriptでできること

ここでは、JavaScript でできることを紹介します。現在の JavaScript は、Web ブラウザだけでなく、さまざまな場所で利用されています。

» Webブラウザの JavaScript

JavaScript は、Web ブラウザ上で動作するプログラミング言語としてスタートしました。そのため、Web ブラウザ上で動く Web アプリケーションを作ることができます。

簡単なところでは、住所を自動入力したり、Web ページのメニューや表示をインタラクティブにしたりできます。また、プログラミング向けのエディターやペイントツールといった、本格的なアプリケーションも作れます。Facebook や Twitter のような動的なサイトを作ることも可能です。

こうした処理は、Web ブラウザ内にある JavaScript エンジンと呼ばれるプログラムがおこなっています。JavaScript エンジンは、テキストのプログラムを解釈して実行します。Web ブラウザによって、この JavaScript エンジンは異なっており、現在最も普及しているのは Google Chrome に搭載されている V8 という JavaScript エンジンです。

» サーバーサイド、CUIアプリの JavaScript

JavaScript は、Web ブラウザ上で動くプログラミング言語として進化しました。その後、サーバーでも同じプログラミング言語を使いたいという需要が生まれてきました。クライアント側とサーバー側で、違うプログラミング言語を習得したり、異なる技術者を用意したりするのは大変だからです。

そうした背景から、Node.js というサーバーサイドの JavaScript が 2009 年に登場しました。Node.js は、Google Chrome にも搭載されている V8 JavaScript エンジンで動作します。この V8 の機能に加えて、ファイルアクセスや通信など、さまざまな機能が加わっています。

Node.js
URL https://nodejs.org/ja/

Node.js は、Web プログラマーが、新しいプログラミング言語を習得すること
なく使えるので、大きく普及しました。現在では、サーバーで動かすだけでなく、
デスクトップパソコンにインストールして、CUI(Character User Interface)のプ
ログラムの実行環境としてもよく使われます。Windows や Mac などに Node.js
をインストールして、ファイル処理や通信処理を手軽に書くことができます。
　また、NPM(Node Package Manager)という手軽にライブラリを導入できる
ツールとサイトがあります。NPM を利用すると、モジュールと呼ばれるさまざま
な追加機能を、CUI の操作でインストールできます。

---

npm | build amazing things
URL ▶ https://www.npmjs.com/

» GUIアプリのJavaScript

　Web ブラウザからはじまり、サーバーサイド、CUI と広がっていった JavaScript
は、パソコン向け GUI(Graphical User Interface)アプリケーションを作るツール
にもなっています。その中でも最も普及している環境は Electron です。
　Electron は、Google Chrome のもとになる Web ブラウザ Chromium と、
Node.js が合体したツールです。Windows、Mac、Linux のクロスプラットフォー
ムで動作して、HTML と CSS、JavaScript で、GUI アプリケーションを開発でき
ます。Electron は、Web アプリケーションをローカルアプリケーション化したい
ときにとても便利なツールです。
　ただし、Web ブラウザを丸ごと 1 つインストールするようなものなので、ファ
イルサイズは大きいです。本書執筆時点で 168MB で、昔に比べて徐々にファイ
ルサイズは大きくなっています。簡単なツールを作るのにも、これだけの容量を
使ってしまうので、配布目的であるなら、ある程度まとまった機能のツール開発で
採用した方がよいでしょう。

Electron | Build cross-platform desktop apps with JavaScript, HTML, and CSS.
URL ▶ https://www.electronjs.org/

1-2　本書で学べること

　本書はプログラミング言語 JavaScript の入門書です。本書で目指すことは 2 つです。

- プログラミング初心者は → プログラムを書けるようになる。
- JavaScript 入門者は → JavaScript で開発ができるようになる。

　本書は JavaScript についての解説が中心になりますが、プログラムを書いたことがない人にも配慮して進めていきます。また、JavaScript を解説するだけでなく周辺の知識にも触れます。そして実際の開発ができることを目指していきます。

　全ての JavaScript の仕様を網羅することはできませんが、ポイントを押さえて簡単な Web アプリケーションの開発ができるための知識と技術を身につけていきます。

　プログラミングの入門書には、さまざまな読み方があります。私がおすすめする読み方を書いておきます。

　まず、目次で大枠をつかみ、細部にこだわらずにざっと流し読みします。ページをペラペラとめくるだけでもよいでしょう。

　次に内容を読んでいきます。サンプルの動作を確かめて、処理のイメージをつかみながら読み進めるとよいでしょう。分からないことがあれば Web 検索で調べ、それでも分からないときは、そのまま先に進むとよいでしょう。

　プログラミングの学習は、何周かするうちに、他のところで学んだ知識のおかげで、すんなりと理解できることが多いです。少ない知識で無理やり理解しようとしても、困難なことがあるので「まあそのうち分かるだろう」と気軽に構えた方がよいです。全てを完璧に理解していこうとすると、学習が止まることが多いです。プログラミングの勉強で挫折する人は、このパターンが多いです。

　こうした態度は、語学の学習に似ています。最初から全て完璧に単語を覚えて、文法を理解する必要はありません。分からないところは、その都度辞書を引けばよいのです。必要最小限の会話ができるようになり、少しずつできることの幅を広げていけばよいです。プログラミングの学習も同じです。

ある程度概要が分かれば、ソースコードを改造するとよいです。少し違う処理を
させるとどうなるのか、自分の手を動かして確かめるわけです。そうすることで、
理解が曖昧なところが分かります。

　最後に、自分で計画を立てて、Webアプリケーションを作ってみます。おこな
うべき処理を分解して、どんな知識が必要なのかを考えて、それに合わせて本を見
直したり、Webで情報を集めたりします。ひとつずつパズルのピースを集めてい
き、組み立てて、自分でWebアプリケーションを完成させられれば、同じように
して自由にプログラムが書けるようになります。

1-3 開発環境の準備1 Webブラウザ Google Chrome

開発環境の準備として、Web ブラウザ Google Chrome を、パソコンに導入します。また、開発者用機能の簡単な使い方を説明します。

1-3-1 Google Chromeの導入

本書では、JavaScript のプログラミングの確認を、Windows 向けの **Google Chrome** でおこないます。Google Chrome は、Google で開発、公開されている Web ブラウザです。2008 年にリリースされ、その後改良が続けられています。現在では Web ブラウザの中で 7 割近くのシェアがあり、Windows や Mac といった複数の OS で使えます。

Google Chrome をパソコンにインストールしていない人は、まずはダウンロードしてインストールをおこないます。以下のいずれかの方法で、Google Chrome を入手してください。後者の方が簡単です。

- Google Chrome の URL から入手する。
   https://www.google.com/intl/ja_jp/chrome/

- Google で「Chrome」と検索する。
   出てきた Google Chrome のページに移動して入手する。

インストーラーをダウンロードしたら、ダブルクリックしてインストールを進めてください。

1-3-2 開発者ツール

ここでは Google Chrome の開発者ツールとその使い方について学びます。開発者ツールの表示の仕方や、各種タブの操作方法を説明します。

≫開発者ツールの表示

Google Chrome には、高機能な**開発者ツール(Chrome DevTools)**が備わっています。開発者ツールは、以下のいずれかの方法で開きます。

- Google Chrome 右上の [⋮] (Google Chrome の設定)をクリックして、メニューから [その他のツール] > [デベロッパー ツール] を選択します。
- ページを右クリックして、メニューから [検証] を選択します。
- キーボード ショートカットの Ctrl + Shift + I キー(Windows)、または command + Option + I キー(Mac)を使用します。

Fig 1-02　**開発者ツール**

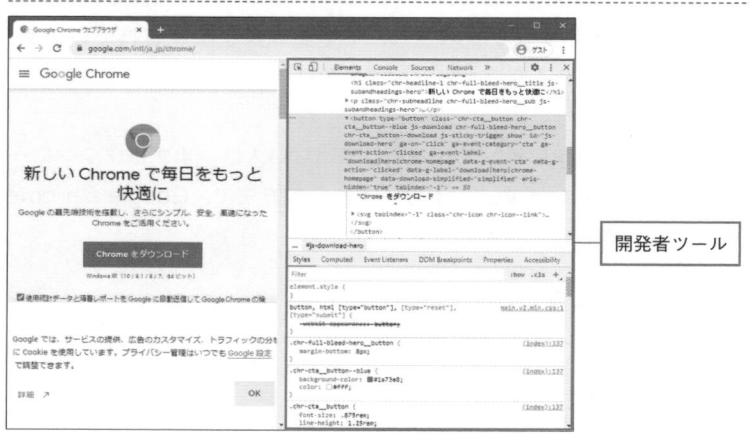

開発者ツールの表示内容は、Ctrl +マウスホイールで大きくしたり小さくしたりできます。文字が小さくて見づらいときは、この方法で大きくしてください。

また、開発者ツールは、タブの切り替えで各種機能を使えます。この中から、いくつかのタブの機能を紹介します。開発者ツールの全ての機能を知りたいときには、公式サイトに情報がまとまっています。参照してください。

Chrome DevTools | Google Developers
URL ▶ https://developers.google.com/web/tools/chrome-devtools

---

»Elementsタブ

Web ページの要素が階層構造で表示されます。各要素は折り畳んだり開いたりできます。また、右クリックメニューを表示して、削除したり書きかえたりすることもできます。どの要素を選ぶかは、階層構造をたどるだけでなく、Web ページ上の要素の上で右クリックをして [検証] を選ぶことでも選択できます。

また各要素を選択すると、適用されている CSS のスタイルも表示されます。スタイルは、タグやクラスなど、どのような CSS 設定が適用されているのか一覧になっています。それぞれの属性にマウスを載せると、左にチェックボックスが表示されて、オンオフを切り替えることができます。また、スタイルを書きかえることも可能です。

Fig 1-03　Elementsタブ

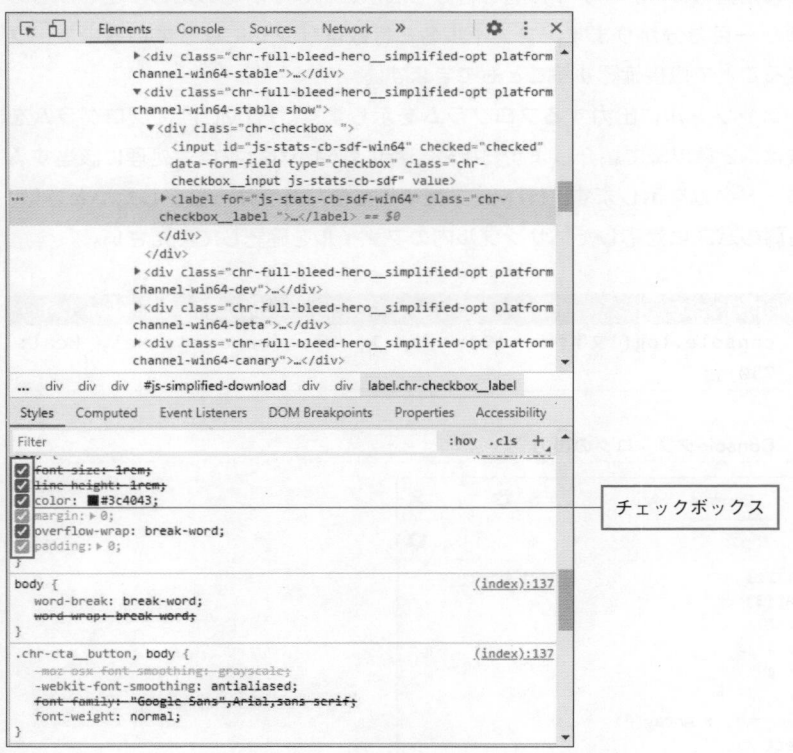

》Consoleタブ

各種情報が出力される場所です。コンソールは制御盤といった意味です。ジャンボジェット機の制御パネルのようなものと思えばよいです。この Console タブは、大きく分けて 3 つの用途があります。

1 つ目は、Web ページのエラーや警告の表示です。ファイルのダウンロードに失敗したり、セキュリティ的に問題があったりした場合、エラーや警告が表示されます。

2 つ目は、JavaScript のプログラムからの出力です(この場合の出力とはプログラムから表示場所に情報を送ることです)。console.log() という関数を使うと、情報を Console に出力できます(関数とはプログラムの命令のことです)。また、プログラムにエラーがあった場合もその内容が出力されます。

出力された情報には、ファイル名と行数も表示されます。そのため、どこからの出力なのか一目で分かります。ファイル名と行数はリンクになっているので、クリックすることで直接確認することもできます。

以下、コンソールに出力するプログラムを示します。HTML 内にプログラムを書く方法は、2 章以降で紹介します。以降、特に説明がなければ、処理に該当する部分のコードのみを示します。HTML ファイルを含んだ全体を確認したいときは、コード右肩のパスに対応した、サンプル内のファイルを確認してください。

● Console に情報を出力	chapter1/console/log-1.html
7	`console.log('文字列', 123, [1, 2, 3], {name: 'cake', kcal: 750});`

Fig 1-04　**Consoleタブ - ログの出力**

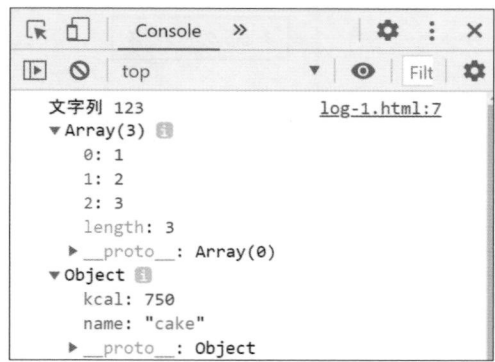

●Console にエラーを出力	chapter1/console/error-1.html
7	`console.log(cake);`

Fig 1-05　Consoleタブ - エラーの出力

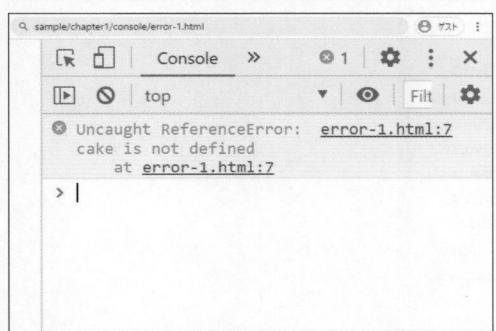

　3つ目は、Console にプログラムを直接書いて、実行することです。ちょっと
した処理程度なら、わざわざファイルを作らなくても、Console から実行できま
す。また、Web ページを見ているときに、そのページに対してプログラムを実行
したいときにも Console は使えます。Console にプログラムを書くことで、Web
ページからリンクの URL だけを抜き出したりすることもできます。
　下記は、現在見ている Web ページから a タグを選び、http: あるいは https: か
らはじまっているリンクだけを抜き出して出力するプログラムです。Console に
直接入力して実行します。まだ、プログラムの内容は読み解けないと思いますが、
本書を読み終えたあとに、どのような処理になっているのか確かめてみてくださ
い。

●Console にリンクの一覧を出力	
1	`Array.from(document.querySelectorAll('a'))`
2	`.map(x => x.getAttribute('href'))`
3	`.filter(x => x ? x.match(/^https?:/) : false)`
4	`.join('¥n');`

Fig 1-06　**Consoleタブ - リンクの一覧を出力**

》Sourcesタブ

　読み込んだファイルを全て確認できるタブです。HTML も CSS も JavaScript も画像も、全てのファイルが、どのドメインのどのパスから得たか分かります。さらに、それぞれのファイルをクリックすることで、内容も確認できます。

　JavaScript のファイルを開いたときに、知っておいた方がよいことを書きます。ファイルによっては、改行がない状態になっているものもあります。これは、通信量を削減するために、不要な文字を全て削除した状態でファイルを送っているためです。こうした状態にすることを minify、あるいは圧縮、軽量化などと呼びます。

　このような minify されたファイルのときは、ファイルの左下にある [{ }] マーク、あるいは上部に表示される [Pretty print] ボタンをクリックします。すると人間が見やすいように、改行とインデントをつけて表示してくれます。

Fig 1-07　Sourcesタブ - minifyされたファイル

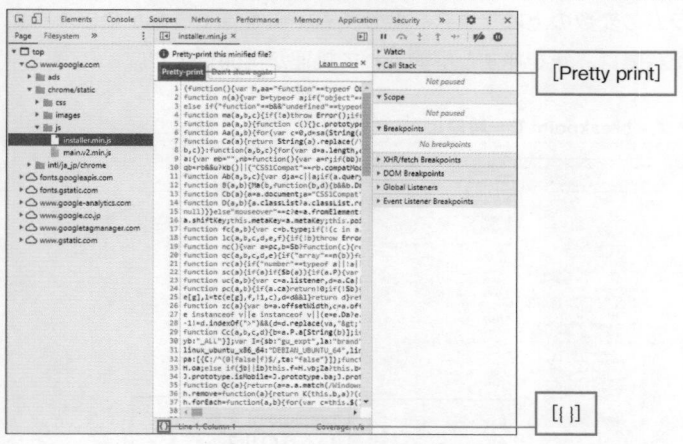

[Pretty print]

[{}]

Fig 1-08　Sourcesタブ - Pretty printを使った状態

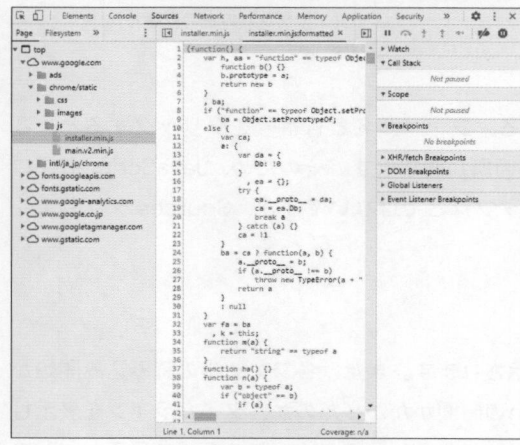

　また、プログラムの左の行番号のところをクリックすると、その場所に breakpoint を設定できます。breakpoint は、JavaScript の実行を、この行に来たときにいったん止める機能です。

　この breakpoint を設定して、リロードするなどして JavaScript を実行させると、その行で処理がいったん止まります。そのとき、Scope の Local の情報を見ると、ローカル変数の値を見ることができます。ローカルというのは「現在の位置

でのみ有効」な、変数とは「値の入った箱のようなもの」になります。また、表示されているプログラムの変数の上にマウスを載せても、値を見ることができます。

　この一時停止した状態は、▶を押すと解除されて処理が再開します。

Fig 1-09　Sourcesタブ - breakpointで一時停止

　また、Console タブに表示される、ファイル名と行番号をクリックすると、この Sources タブでファイルの該当箇所が開きます。そのため、JavaScript のプログラムを書いていると、Console タブほどではないですが、Sources タブもよく見ます。

》Networkタブ

　読み込んだファイルの一覧が表示されます。また、各ファイルの読み込み開始から読み込み終了までに、どれぐらいの時間がかかったのか、タイムラインを表示してくれます。読み込みに失敗したファイルも分かります。この情報を見ると、どのファイルが表示の遅さの原因になっているのかが分かります。

　また、リストの各ファイルをクリックすると、サーバーと通信した内容の詳細を知ることができます。たとえば HTML ファイルを読み込む場合、Web ブラウザからサーバーに送る情報はファイル名だけではありません。リクエストヘッダーと呼ばれる情報を送り、自分が何者であるかを伝えたり、サーバーと以前交わした情報を付属させたりします。サーバーから Web ブラウザへのファイルの送信も、レス

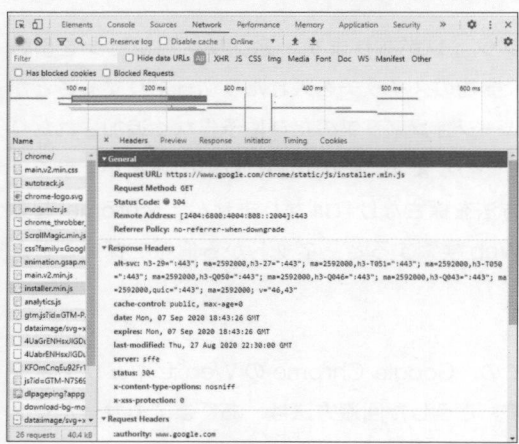

ポンスヘッダーと呼ばれる情報をまず送り、さまざまな細かな情報を Web ブラウザに伝えます。それらの内容を、Network タブで確認できます。

　Web ページを調べるとき、このタブを開いてサーバーとどんなやり取りをしているか解析することは多いです。その情報をもとに、サーバーに送るリクエスト情報を作り、手動で情報のやり取りを試みることもあります。サイトによっては、特定の情報を送ると詳細なデータが得られることもあります。そうしたサーバーとのやり取りを、Network タブで確かめることができます。

Fig 1-10　Networkタブ - 読み込んだファイル一覧

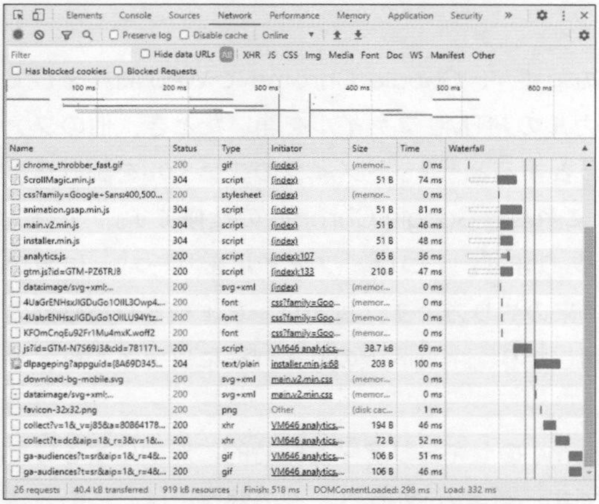

Fig 1-11　Networkタブ - ファイルがやり取りした情報

以降は、ふだんは使わず、必要が生じたときに利用してください。

　Webブラウザのセキュリティでは、同じ**ドメイン**から読み込んだファイルは安全と見なしますが、それ以外から読み込んだファイルは安全ではないと見なします。ドメインとは、https://example.com/ といったURLの example.com の部分です。ドメインが異なると、JavaScriptからのファイルの読み込みがブロックされるなどの制限を受けます。

　この仕様自体はとても大切なものですが、Google ChromeでWeb開発をしていると困るときがあります。ローカルのHTMLファイルを開いたとき、他のファイルを同じローカルから読み込もうとすると「違うドメインのファイルを読み込んだ」と見なされて制限を受けます。これは、Google Chromeの仕様です。

　この制限を回避する方法は2つあります。1つは、ファイルをサーバーに置いてデバッグすることです。これが本来のやり方です。しかし、ちょっとした確認のために、ローカルでサーバーを起動したり、ネット上のサーバーにファイルをアップロードしたりするのは大変です。

　もう1つの方法は、Google Chromeのセキュリティを一時的に無効にすることです。こちらは危険を伴うやり方です。通常のWebページの閲覧には、この方法を使ってはいけません。しかし、ちょっとした確認には便利です。

　Google Chromeには、起動オプションがあります。アプリケーションを引数（ひきすう）つきで起動することで、機能のスイッチを入れたり切ったりすることができます。これらのスイッチは、バージョンアップのたびに予告なく追加されたり廃止されたりします。かなり頻繁に変わります。そのため、以前の方法が上手くいかなくなったら、ネットで最新の方法を探さなければなりません。「chrome 起動オプション」などのキーワードでWeb検索すると、ネットから情報を探すことができます。

　本書執筆時点（2020年10月）での、Google ChromeのWebセキュリティを一時的に無効にする方法を示します。こうした回避方法は、あくまでもサーバーを

利用する手間を省くための方法です。可能ならば、サーバーを自前で用意した方が
よいです。

以下のオプションをつけて Google Chrome を起動します。

```
--disable-web-security --user-data-dir="C://Chrome dev session"
```

　Windows の場合は、コマンド プロンプトを開いて以下のコマンドを入力して実
行します。2 行にわたって印刷されていますが、実際には 1 行です。

```
"C:¥Program Files (x86)¥Google¥Chrome¥Application¥chrome.exe"
--disable-web-security --user-data-dir="C://Chrome dev session"
```

　コマンド プロンプトは、⊞ キー（Windows キー）を押したあと「cmd」と入力
して Enter キーを押すと開けます。あるいは、⊞ ＋ R のあと、「cmd」と入力
して Enter キーを押しても開けます。

　上記のコマンドを実行するショートカットを作っておいてもよいでしょう。ある
いは、拡張子が .bat のファイルを作り、上記のコマンドを書いて保存しておけば、
ダブルクリックで実行できます。

　Mac の場合は、ターミナルを開いて以下のコマンドを入力して実行します。2
行にわたって印刷されていますが、実際には 1 行です。ターミナルは、Spotlight
（スポットライト）検索で「terminal.app」と入力すれば見つかります。

```
open "/Applications/Google Chrome.app" --args --disable-web-
security --user-data-dir="C://Chrome dev session"
```

1-4 開発環境の準備 2 エディター Visual Studio Code

　開発環境の準備として、プログラミング用のエディター Visual Studio Code を、パソコンに導入します。

1-4-1　Visual Studio Codeの導入

　本書では、JavaScript を書くためのエディターとして、Visual Studio Code を利用します。書いたあとの実行は、Google Chrome を利用します。

　Visual Studio Code は、Microsoft が開発したプログラミング用のエディターです。無料で利用でき、インターネットから入手できます。インターネットでは VSCode と省略して表記されることも多いです。以下のいずれかの方法で Visual Studio Code の Web ページを開き、ファイルをダウンロードしてインストールしてください。

- Visual Studio Code の URL から入手する。
  https://code.visualstudio.com/

- Google で「VSCode」と検索する。
  出てきた Visual Studio Code のページに移動して入手する。

　HTML ファイルや JavaScript のファイルは、OS にはじめから入っているメモ帳のようなソフトでも書くことができます。しかし、プログラミング用のエディターを使った方がよいです。いくつかのメリットがあります。

　1 つ目のメリットは、ハイライト機能です。HTML のタグや、JavaScript の構文にあわせて色分けして表示してくれます。2 つ目のメリットはコード補完機能です。プログラムを途中まで書くと、続きを推測して候補を表示してくれます。この 2 つの機能のおかげで、プログラムの書き間違えは大幅に減ります。また文字を入力する時間も短縮されます。これだけでも導入の効果はあります。

Fig 1-12　**Visual Studio Code**

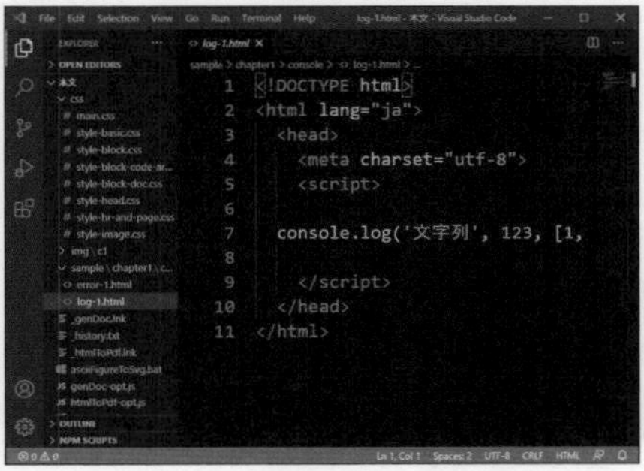

　3つ目のメリットは、多彩な**拡張機能**です。世界中の開発者が作った便利な機能を、自由に追加してエディターを強化できます。この拡張機能は日々増えています。もちろん自分で作ることも可能です。

　他にも複数のファイルをタブで開いたり、Explorer のようなファイルツリーを開いたり、画面分割をしたりと機能は豊富です。

　Visual Studio Code の設定は [Ctrl] + [,] で開く[Settings]でおこなえます。フォントサイズは、[Commonly Used] > [Editor:Font Size] で変更できます。文字が小さすぎるときは、この設定で文字のサイズを変えてください。

1-4-2　Visual Studio Codeの日本語化

　Visual Studio Code を日本語化するのは、初心者には少し面倒です。どうしても日本語化して使いたいという理由がなければ、英語のまま使った方が楽です。最初に少し触ってみたいという時点では、英語のまま使うとよいでしょう。最初に細かな設定をするのではなく、ある程度触って慣れてから、必要に応じて設定を増やしていく方がよいと思います。

　現在の Visual Studio Code は、各言語のデータが入っていません。そのため、それぞれの言語のデータを導入する必要があります。

　以下、日本語化するための手順です。

STEP 1

　[Ctrl] + [Shift] + [P] でコマンドパレットを開きます。

コマンドパレットに「Configure Display Language」と入力して Enter キーを
押します。

Fig 1-13　**Configure Display Language**

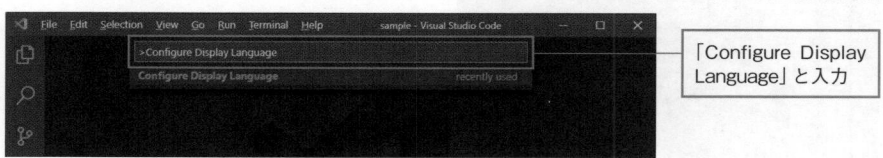

「Configure Display
Language」と入力

STEP 3

[en] [Install additional languages...] という項目が出るので、[Install additional
languages...] を選びます。

Fig 1-14　**Install additional languages...**

[Install additional
languages...] を選ぶ

STEP 4

ウィンドウの左側に [EXTENSIONS: MARKETPLACE] (拡張機能 市場)という、
言語パックの拡張機能のリストが表示されます。

Fig 1-15　**EXTENSIONS: MARKETPLACE**

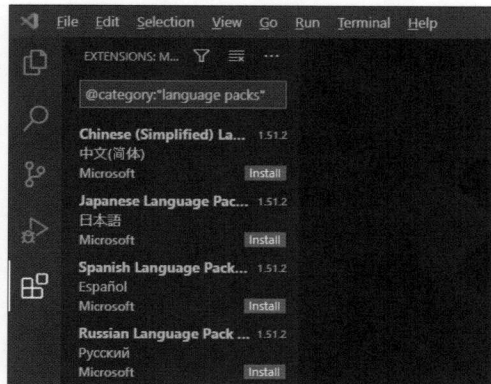

STEP 5

　言語パックは大量に表示されるので、その中から「Japanese Language Pack for Visual Studio Code」を探します。言語パック名の下に「日本語」と表示されるので、その表示を手掛かりに探すとよいでしょう。あるいは、「EXTENSIONS: MARKETPLACE」のリストの上部に入力欄が表示されるので「@category:"language packs" Japanese」と入力して絞り込みます。

STEP 6

　「Japanese Language Pack for Visual Studio Code」をクリックします。「Japanese Language Pack for Visual Studio Code」の内容が、ウィンドウの右側に表示されます。「使用法」のところに、インストール後の設定の手動変更方法が表示されますので、テキストファイルなどに、コピーして保存しておくとよいでしょう。ただ、本書の執筆時点では、この設定をおこなう必要はなく、自動で設定が適用されます。そのため無視しても構わないです。

Fig 1-16　**Japanese Language Pack for Visual Studio Code**

[Japanese Language Pack for Visual Studio Code] を選択

STEP 7

　説明の上部に小さく表示されている [Install] ボタンをクリックします。

STEP 8

　Visual Studio Code を再起動する必要があります。ウィンドウの右下に

[Restart Now] というボタンが表示されるのでクリックします。

Fig 1-17　**Japanese Language Pack for Visual Studio Code**

［Restart Now］をクリック

設定が上手く適用されていれば、この時点で日本語化されます。

Fig 1-18　**日本語化されたウィンドウ**

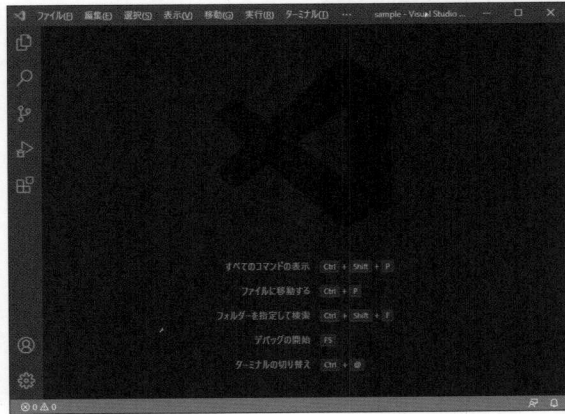

STEP 10

　以下、上手く設定が適用されない場合の設定方法です。 Ctrl + Shift + P でコマンドパレットを開き、コマンドパレットに「Configure Display Language」と入力して Enter キーを押します。「en」「ja」「Install additional languages...」という項目が出るので、「ja」を選びます。

STEP 11

　アンインストールしたいときは、Ctrl + Shift + X でウィンドウの左側に拡張機能の一覧を表示します。「インストール済み」の項目から、「Japanese Language Pack for Visual Studio Code」をクリックして、表示される内容の上部にある [アンインストール] ボタンをクリックします。その後、Visual Studio Code を再起動すると言語パックの適用が外れます。

Fig 1-19　アンインストール

[Japanese Language Pack for Visual Studio Code] を選択

[アンインストール] をクリック

　操作方法や機能を調べる際は、英語表記で探した方が情報が多いです。本書では、日本語化しない英語のままの状態で確認する前提で、画面を示したり操作手順を示したりします。

1-4-3 ファイルやディレクトリを開く

Visual Studio Code では、メニューの [File] > [Open File] でファイルを開く以外に、ウィンドウへのドラッグ&ドロップでもファイルを開けます。また、[File] > [Open Folder] でフォルダを開けます。こちらも、ウィンドウへのドラッグ&ドロップでもフォルダを開けます。

開発をおこなうときは、ファイルが入っているフォルダを Visual Studio Code で開いておき、素早く各ファイルにアクセスできるようにしておくとよいです。ファイルが多いときの切り替えがとても楽になります。

また、複数のファイルを開いたり、同じファイルの別の場所を参照したりするときは、画面分割機能が便利です。開いたファイルのタブを右クリックすると、[Split Up] [Split Down] [Split Left] [Split Right] というメニューが表示されます。これらを選択すると画面を分割できます。また、ウィンドウ右上にある、四角に縦線のマーク（Split Editor Right）をクリックすることでもウィンドウを分割できます。複数のファイルを開いているときに、タブをドラッグしてウィンドウの上下左右の端に運ぶことでも分割はおこなえます。

Fig 1-20　**Visual Studio Code**

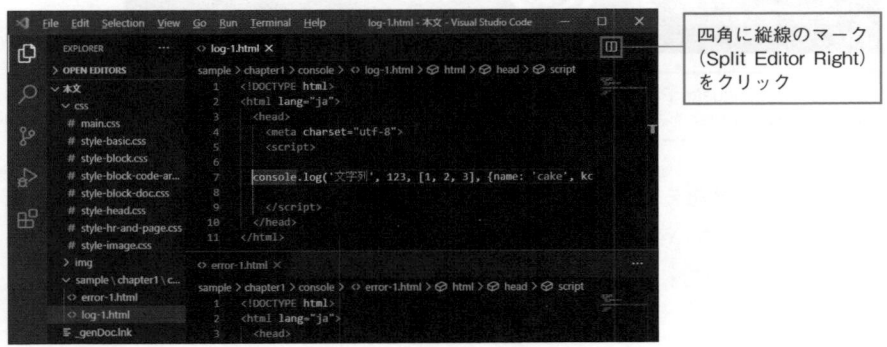

四角に縦線のマーク
（Split Editor Right）
をクリック

1-4-4 文字コードについて

　テキストファイルには文字コードというものがあります。コンピューターの情報は、0と1の情報の羅列です。その情報を、人が読める文字に対応させる必要があります。この対応表のことを**文字コード**と呼びます。

　ふだん私たちが使っている「10で桁が1つ上がる数の数え方」を **10進数**と呼びます。コンピューターは、0と1しか数値がないので2で桁が1つ上がります。この数の数え方を **2進数**と呼びます。2進数8桁分で **1byte（バイト）** と呼びます。多くの場合、コンピューター内の情報はbyte単位であつかいます。1byteで0〜255の数値があらわせます。

　英数字と半角記号（ASCIIコードと呼ばれる）は、1byteに収まるように、データと文字の対応が決められています。

　巻末の参考情報の「英数字表」（P.554）を参照してください。10進数の数値とともに、16で桁が上がる **16進数**の数値も表記しています。1byteは2進数で8桁ですが、表記するときに長くて書きにくいので、16進数2桁で表記されることが多いです。16進数は「0123456789ABCDEF」の16種類の数字と英字で1桁分をあらわします。16進数の0〜FFで、10進数の0〜255をあらわせます。

　英数字は表のように1byteで収まりますが、日本語はもっと文字の数が多いので収まりません。また世界には日本語以外にも数多くの言語があります。そうした文字を表現するための対応表が必要になります。

　Webの世界では、UTF-8と呼ばれる文字コードでファイルを書くことが標準となっています。英数字以外は2byte以上を使って表現します。Visual Studio Codeは、特に設定を変えなければUTF-8でファイルを作成します。そのため文字コードを気にする必要はありません。

　巻末（P.555）には参考情報として、「10進数、2進数、16進数の表」も掲載しています。こちらも参考にしてください。

1-5 開発環境の準備 3 Node.js

　以下は、Web ページの JavaScript を学ぶ上では、おこなわなくてもかまわない
準備です。一部、サーバーにファイルを置く必要がある処理のために用意していま
す。本書では Node.js を、ローカルサーバーとして使用するために導入方法を書
いています。そのため以降の準備は、読み飛ばしてもかまいません。必要になった
段階で読めばよいでしょう。

1-5-1 Node.jsとは

　Node.js は、JavaScript で書いたプログラムを、サーバーで動かすための実行
環境です。JavaScript エンジンとして、Google Chrome の V8 を使っています。
V8 に、ファイル操作やネットワーク処理の命令など、独立したプログラミング環
境として必要な機能を追加したものになっています。

Node.js
`URL` https://nodejs.org/

Fig 1-21　**Node.js**

Node.js は 2009 年に登場しました。その後 Node.js は、コマンドプロンプトや
ターミナルなどの CUI（Character User Interface）環境でも利用されるようにな
りました。この Node.js をローカル開発環境に導入します。そして、簡単なプロ
グラムを書いて、そのファイルを読み込んで実行してみます。

1-5-2　Node.jsの導入

　開発環境に Node.js を導入して利用可能にします。Node.js の公式サイトには、
Windows や Mac 向けのインストール可能なインストーラー（インストールを自動
でおこなってくれる実行ファイル）が用意されています。それらをダウンロードし
てインストールしてください。node と npm という 2 つのプログラムが、パソコ
ンに導入されます。

　Node.js のバージョンは頻繁に上がります。そのため公式サイトのインストー
ラーではなく、バージョン管理ツールを導入して、インストールやバージョンの切
り替えを可能にする方法もよく取られます。そうしたツールを利用したいときは、
Windows や Mac 向けバージョン管理ツールを導入してください。さまざまなバー
ジョン管理ツールがありますが、ここでは 1 種類だけ紹介しておきます。
　バージョン管理ツールは、本格的に開発するときにはあった方がよいです。しか
し、最初に少し試す分には、Node.js の公式サイトから入手したファイルをインス
トールする方法でよいでしょう。

»Windows 向け

coreybutler/nvm-windows: A node.js version management utility for
Windows. Ironically written in Go.
URL https://github.com/coreybutler/nvm-windows

Releases · coreybutler/nvm-windows
URL https://github.com/coreybutler/nvm-windows/releases

Mac 向け

nvm-sh/nvm: Node Version Manager - POSIX-compliant bash script to manage multiple active node.js versions
URL https://github.com/nvm-sh/nvm

1-5-3 Node.jsの実行環境が整ったのか確認する

Node.js の実行環境が整ったのか確認しましょう。Windows ではコマンド プロンプト、Mac ではターミナルを起動します。

» Windows

- 方法 1

  ⊞ + Ⓡ で「ファイル名を指定して実行」ダイアログを表示します。次に「cmd」と入力して Enter を押す、あるいは [OK] ボタンをクリックします。

- 方法 2

  [Windows] ボタンの右横の虫眼鏡マークをクリックします。次に「cmd」と入力して Enter を押す、あるいは [コマンド プロンプト] をクリックします。

» Mac

- 方法 1

  ランチパッドを開きます。次に [その他] から [ターミナル] をクリックします。

- 方法 2

  Spotlight 検索フィールドに「terminal.app」と入力します。次に結果に表示される [ターミナル] をクリックします。

開いた CUI 環境で、以下のコマンドを入力して実行します。正しくインストールされていれば、それぞれバージョンが表示されます。

```
node -v
```

```
npm -v
```

node は、Node.js そのものです。npm は、Node Package Manager です。npm は、さまざまなモジュール(プログラムの部品)をインストールしたり、アプリケーションの開発環境を整えたりするのに使われます。

これらのコマンドを実行して、正しくバージョンが表示されれば、Node.js の開発環境の構築は成功です。

1-5-4 サーバーとして動作するプログラムを実行する

まず、CUI 環境(Windows ならコマンド プロンプト、Mac ならターミナル)を開きます。そして、プログラムを書く予定のフォルダに移動します。移動は cd コマンド(change directory)でおこないます。「cd パス」と書くと、そのパスに移動できます。Windows では、別のドライブに移動するときは「e:」のように入力して実行して、ドライブを移動してから cd コマンドを利用します。

以下、Windows で、コマンド プロンプトを開いた直後の状態から、「C:¥sample¥chapter1¥server」に移動する例です。

```
cd ¥sample¥chapter1¥server
```

また、「E:¥sample¥chapter1¥server」のように、他のドライブのパスに移動する場合は、以下のようにします。1 行目で E ドライブに移動します。2 行目で、ドライブのルートから「sample¥chapter1¥server」の位置のパスに移動します。

```
e:
cd ¥sample¥chapter1¥server
```

目的のパスに来たなら、サーバーとして動作するアプリケーションを作成します。ここでは、「C:¥sample¥chapter1¥server」ディレクトリに、新しいプロジェクトを作成するとします。以下のコマンドを実行します。対話形式で、プロジェクトの内容を記述するファイル「package.json」が作成されます。

```
npm init
```

デフォルトの設定で自動で「package.json」を作りたいときは、-y あるいは --yes のオプションをつけて init を実行します。

```
npm init -y
```

以下は、作成直後の「package.json」の状態を保存した「package-after-install.json」の中身です。「-y」オプションで「package.json」を作ったときは、アプリケーションの名前(name)は、ディレクトリの名前になっています。

```
● Package.json の内容                              chapter1/server/package-after-install.json
 1  {
 2    "name": "server",
 3    "version": "1.0.0",
 4    "description": "",
 5    "main": "index.js",
 6    "scripts": {
 7      "test": "echo ¥"Error: no test specified¥" && exit 1"
 8    },
 9    "keywords": [],
10    "author": "",
11    "license": "ISC"
12  }
```

続いて、上の設定の main に書いてある「index.js」を作成します。「index.js」という空のファイルを作成してください。「index.js」が、プログラムのエントリーポイント(開始される場所)になります。

次に、node.js でサーバーを作るために、最も人気のモジュール Express をインストールします。モジュールというのは、プログラムの部品のことです。

> **Express - Node.js web application framework**
> URL▶ http://expressjs.com/
>
> **express - npm**
> URL▶ https://www.npmjs.com/package/express
>
> **expressjs/express: Fast, unopinionated, minimalist web framework for node.**
> URL▶ https://github.com/expressjs/express

　CUI環境で「C:¥sample¥chapter1¥server」ディレクトリを開いた状態で、以下のコマンドを実行します。

```
npm install express
```

　「node_modules」というディレクトリが作成され、必要なファイルがダウンロードされて配置されます。また、「package.json」に依存関係の情報が追加されます。「package-lock.json」というファイルも作成されます。
　「index.js」を開き、以下のプログラムを書きます。

プログラムのエントリーポイント	chapter1/server/index.js

```
 1    // モジュールの読み込みと、Expressの開始
 2    const express = require('express');
 3    const app = express();
 4
 5    // アクセス先
 6    app.get('/', function (req, res) {
 7        res.send('Hello World');
 8    });
 9
10    // サーバーの受け付けの開始
11    app.listen(3000);
```

　そして、CUI環境で「C:¥sample¥chapter1¥server」ディレクトリを開いた状態で、以下のコマンドを実行します。

```
node .
```

「node .」というコマンドは、現在のフォルダにある「package.json」に従って、Node.js がプログラムを実行するという意味です。「package.json」の main に書いてある「index.js」が読み込まれて、実行されます。

次に Google Chrome で「http://127.0.0.1:3000/」あるいは「http://localhost:3000」を開きます。「Hello World」と表示されれば、Web サーバーのプログラムを実行できています。これで、Node.js を利用して、ローカルサーバーを立ち上げることができました。ローカルサーバーが必要な処理が出てきたときは、このファイルを改造して使います。

Fig 1-22　Node.jsでサーバーを起動

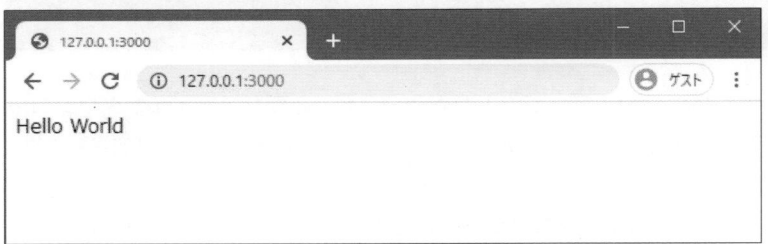

確認が終わったら、コマンド プロンプトやターミナルを閉じてください。サーバーは終了します。

1-6 基礎知識 1　Web ページに関わるさまざまなファイル

Web ページを作るときは、さまざまなファイルを使います。どういったファイルがあるのか、それらにどんな意味があるのかを簡単に解説していきます。

1-6-1　HTMLファイル

拡張子 .html のファイルです。HTML タグで Web ページの内容を書きます。Web ページで開くファイルは、この HTML ファイルになります。このファイルを基点として、他の各種ファイルは読み込まれます。

```
● HTML ファイル
1  <!DOCTYPE html>
2  <html lang="ja">
3    <head>
4      <meta charset="utf-8">
5    </head>
6    <body>
7    </body>
8  </html>
```

1-6-2　JavaScriptファイル

拡張子 .js のファイルです。HTML ファイルの script タグで読み込みます。JavaScript のプログラムを書いたファイルを読み込むと、プログラムが実行されます。

```
● JavaScript ファイルを読み込む Script タグ
1      <script src="js/main.js"></script>
```

1-6-3 CSSファイル

拡張子 .css のファイルです。HTML ファイルの link タグで読み込みます。スタイルの設定を書いて読み込むと、HTML ファイルのレイアウトや装飾を決定します。

CSS ファイルを読み込む link タグ

```
1    <link rel="stylesheet" href="css/main.css">
```

1-6-4 画像や音声や動画

Web ページに読み込む各種メディアです。画像は img タグ、音声は audio タグ、動画は video タグを使って読み込みます。画像は、PNG、JPEG、GIF といったバイナリ形式のファイル以外に、SVG というテキスト形式のファイルも利用できます。SVG は HTML 内に直接埋め込むこともできます。

画像ファイルを読み込む img タグ

```
1    <img src="img/title.png">
```

音声ファイルを読み込む audio タグ

```
1    <audio controls>
2        <source src="voice.mp3" type="audio/mp3">
3        <source src="voice.ogg" type="audio/ogg">
4    </audio>
```

動画ファイルを読み込む video タグ

```
1    <video controls>
2        <source src="mov/cooking.mp4" type="video/mp4">
3        <source src="mov/cooking.webm" type="video/webm">
4    </video>
```

1-6-5　XML

XML は、Extensible Markup Language の略です。HTML とよく似たタグの構造を使い、情報を書く方法です。タグづけのルールは、HTML より少し厳格です。このファイルは、Web ページ内のプログラムとサーバーで情報をやり取りするときに、よく使われていました。現在は、下で述べる JSON でやり取りすることが多いです。そのため、あまり使われなくなってきています。Web ブラウザで XML を直接表示することもできます。

```
XML ファイル
 1  <?xml version="1.0" encoding="UTF-8" ?>
 2  <menu>
 3    <item>
 4      <name>チョコレートケーキ</name>
 5      <price>670</price>
 6    </item>
 7
 8    <item>
 9      <name>チーズケーキ</name>
10      <price>620</price>
11    </item>
12  </menu>
```

1-6-6　JSON

JSON は、JavaScript Object Notation の略です。JavaScript のオブジェクトの表記という意味になります。JavaScript のオブジェクトに似た書き方でデータを書く方法です。JavaScript で読み取るのに都合がよいため、サーバーから Web ページにデータを送る方法としてよく採用されます。

```
JSON
 1  {"menu": [
 2    {"name": "チョコレートケーキ", "price": 670},
 3    {"name": "チーズケーキ", "price": 620}
 4  ]}
```

JavaScript のオブジェクトの書き方とは以下の点が違います（オブジェクトについては、のちほどくわしく説明します）。

- プロパティ名と呼ばれる部分を「"」（ダブルクォーテーション）で囲う。
- 文字列の部分を「"」で囲う。
- undefined や関数を含めることはできない。

1-7 基礎知識2 ファイルへのアクセス

　JavaScriptのプログラムを書いていると、通信処理をおこなうこともあります。そのときにはインターネットについての知識がある程度必要になります。そうした知識を簡単にまとめておきます。

1-7-1 ドメインとオリジン

　ドメインとは、「https://example.com/foods/grape.html」といったURLの「example.com」の部分です。メールアドレス「orange@example.com」の「example.com」の部分でもあります。

　このドメインは、インターネット上の住所のようなものです。そして同じドメインにあるファイルは、同じ組織が管理しているものと見なされます。こうした状態を **Same-Origin**（同一生成元）と呼びます。

　対して、違うドメインのファイルは、生成元が違うということで、Webブラウザによりセキュリティ的な制限を受けます。ドメインが2つ以上にまたがっている状態を **Cross-Origin**（クロスオリジン）と呼びます。この状態にあるとき、JavaScriptのプログラムから、通信によってファイルを読み込むことは制限されます。CSSファイルやJavaScriptファイル、画像などは異なるドメインから読み込もうとしても、制限はされません。

　JavaScriptのプログラムからは、基本的に他のドメインのファイルを読み込むことはできないのですが、例外もあります。サーバー側から送るHTTPヘッダーに設定を書き込むことで、異なるドメインのリソースにアクセスすることができます。そうした仕組みのことを **CORS**（Cross-Origin Resource Sharing、オリジン間リソース共有）と呼びます。

　JavaScriptで通信をおこなうときには、こうした知識が必要になります。知らないと「なぜファイルを読み込めないのだろう」と悩むことになります。

　また、Google Chromeでは、ローカルにあるHTMLファイルをWebブラウザ

で表示したとき、同じローカルにあるファイルも異なる生成元と見なします。その
ため、JavaScript の通信処理でファイルを読み込むことができません。この仕様
を知らないと、原因が分からずにとても悩みます。

　デバッグ時など、この制限を回避するには、Google Chrome のセキュリティ制
限を緩和して起動します。「1-3　開発環境の準備 1　Web ブラウザ Google
Chrome」の「1-3-3　ローカル開発用に Web セキュリティの設定を一時的に変え
る」(P.36)を参考にしてください。

　以下、ローカルのファイルにアクセスするプログラムを示します。ふつうの状態
の Google Chrome では通信できずにエラーが起きます。Web セキュリティを一
時的に無効化した状態で起動した Google Chrome では、ローカルのファイルを
読み込めます。

→　ローカルのファイルを読み込む	chapter1/local/local-1.html

```
 7      const xhr = new XMLHttpRequest();
 8      xhr.onload = function() {
 9          console.log(xhr.responseText);
10      }
11      xhr.open('GET', 'data.txt');
12      xhr.responseType = 'text';
13      xhr.send();
```

　以下は、そのままの Google Chrome で読み込んだときです。エラーが起きて、
ファイルを読み込めません。

```
● Console
Access to XMLHttpRequest at 'file:/// (省略) /sample/chapter1/local/
data.txt' from origin 'null' has been blocked by CORS policy: Cross
origin requests are only supported for protocol schemes: http, data,
chrome, chrome-extension, chrome-untrusted, https.
Failed to load resource: net::ERR_FAILED
```

　以下は、セキュリティ無効化時です。ローカルのファイルが読み込めます。

```
→●Console
abcdefghijklmnopqrstu
あいうえおかきくけこ
```

　JavaScript の通信処理では、大きく分けて、XMLHttpRequest を使う方法と
fetch を利用する方法があります。fetch は「file://」ではじまる URL に対応して
おらず、上記の状態で起動してもローカルのファイルは読み込めません。そのた
め、XMLHttpRequest を使ってファイルを読み込んでいます。

1-7-2　HTTPとHTTPS

　URL の先頭の「http://」「https://」は通信方法をあらわしています。

　HTTP は、Hypertext Transfer Protocol の略です。日本語にすると、ハイパー
テキスト転送通信規約です。ハイパーテキストというのは、HTML のようなリン
クで情報をたどることができる文書のことです。

　HTTPS は、Hypertext Transfer Protocol Secure の略です。日本語にすると
安全な HTTP です。HTTP は、暗号化されていない平文の状態でサーバーと情報
をやり取りしますが、HTTPS は、暗号化した状態でサーバーと情報をやり取りし
ます。HTTPS の Web ページから HTTP 経由でファイルを読み込もうとすると混
合コンテンツとして Web ブラウザからブロックされたりします。

　こうした仕組みを知らないと、なぜかファイルが読み込めないと悩むので、知っ
ておいた方がよいです。

1-7-3　ライブラリとCDN

　ライブラリとは、便利なプログラムをまとめたものです。世の中にはさまざまな
ライブラリがあります。JavaScript のライブラリは、基本的に自分のサーバーに
置いて script タグで読み込みます。しかし、それ以外の方法もあります。それは
CDN です。

　CDN は、Content Delivery Network の略です。日本語に訳すとコンテンツ配
信網です。ファイルをインターネット上のいくつかの場所に置いておき、ユーザー
との距離が近い場所からダウンロードして利用する仕組みです。人気のライブラリ

は、この CDN に対応しています。そのため、自分が使うサーバーにファイルを
アップロードしなくても、この CDN の URL を書くだけで利用できます。

　CDN をいくつか紹介しておきます。まずは jsDelivr です。サイトと使用例を示
します。

> **jsDelivr - A free, fast, and reliable CDN for open source**
> `URL` https://www.jsdelivr.com/

● jsDelivr から、ライブラリを読み込む script タグの例

```
1  <script  src="https://cdn.jsdelivr.net/npm/jquery@3.2.1/dist/
   jquery.min.js"></script>
```

　もう 1 つは Google Hosted Libraries です。こちらもサイトと使用例を示しま
す。

> **Hosted Libraries | Google Developers**
> `URL` https://developers.google.com/speed/libraries/

● Google Hosted Libraries から、ライブラリを読み込む script タグの例

```
1  <script  src="https://ajax.googleapis.com/ajax/libs/jquery/3.5.1/
   jquery.min.js"></script>
```

　CDN を利用するメリットはいくつかあります。CDN に利用されているサーバー
は回線が太く、読み込み速度が速いです。そのため自分のサイトにファイルを置く
よりも高速に読み込めます。そして、自分のサイトの転送量を減らせます。
　また、CDN のファイルは多くの人が利用しています。そのため、Web ブラウザ
にキャッシュが残っていて、わざわざサーバーからダウンロードせずに利用できる
ことが多いです。

1-8 基礎知識3 DOM

　JavaScript のプログラムの多くは、Web ページから情報を得て、何らかの処理をおこない、Web ページに結果を表示します。また、Web ページの状態変化やユーザーの操作によって、何らかの処理をおこないます。こうした仕組みを実現するのが DOM です。

　DOM は、Document Object Model の略です。Web ページの文書構造を、ツリー構造で表現して操作可能にしたものです。

　以下はサンプルの HTML ファイルです。

サンプルの HTML ファイル

```
1  <html lang="ja">
2    <head>
3      <meta charset="utf-8">
4    </head>
5    <body>
6      <header>
7        <h1>タイトル</h1>
8      </header>
9      <section>
10       <article>
11         <p>文章</p>
12       </article>
13     </section>
14     <footer>
15       (c) マイページ
16     </footer>
17   </body>
18 </html>
```

　上の HTML ファイルをツリー構造にしたのが次の図です。

Fig 1-23　サンプルの HTML ファイルのツリー構造

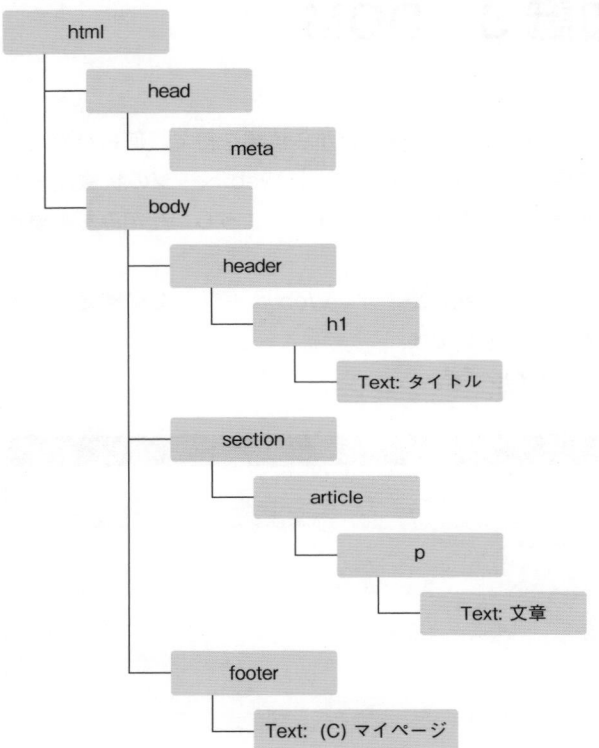

　JavaScript のプログラムでは、Web ページを直接操作するのではなく、DOM API と呼ばれる各種命令を利用して、Web ページにアクセスします。こうした命令の使い方は、のちほどくわしく説明します。

Chapter

社

2

とりあえず書いてみる

　　ここでは、JavaScript のプログラミングの雰囲気を
つかみます。本格的な学習の前に、簡単な出力方法や、
コメントの書き方を学びます。また、シンプルな Web
アプリケーションも作ります。

　　細かな説明は、のちほどの章でおこないますが、この
章の内容をざっと見ることで、他のプログラミング言語
を習得している人は、どういった違いがあるか分かり、
プログラミング初心者の人は、どんなプログラムを書く
ことになるのかを把握できます。

2-1 Chapter2の概要

　JavaScript のプログラムの説明に入る前に、まずは実際に動く簡単な Web アプリを示して、どの程度のコードで目的の動作を実現できるか体験してもらいます。

　一般的なプログラミング言語の本だと、変数とは、条件分岐とは、繰り返し処理とは、と仕様を少しずつ学び、ようやく実際に動くアプリケーションを体験できます。しかし、それでは全体像が分かりにくいので、まずは全体像を見て、実際に動くところを体験して、その上で、細部を学んでいきます。

　ここで少し、プログラムから離れて説明をします。象の体を思い浮かべてください。その鼻にふれ、耳をなで、足をさわり、尻尾をにぎってみました。順番にそうしたことをして、象のイメージを頭に作ることはできるでしょうか。おそらく難しいと思います。しかし、象の全体像を一度見たあとに、それぞれの場所を示されれば、それらがどういった意味を持つのか分かりやすいでしょう。

　この象の観察と同じことをプログラムでもおこないます。この章ではプログラムを学習する準備段階として、全体像をざっくりとつかみ、次の章から細部に進んでいきます。

Fig 2-01　全体像を先に見る

こまかなところから見る → 何だろう？

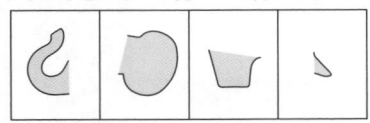

全体像を見てから細部を見る → なるほどね！

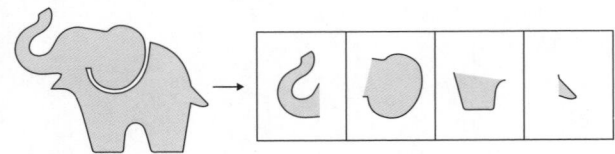

2-2 HTMLファイルの確認方法

　これから作成するHTMLファイルの確認方法を説明します。基本は、作成したHTMLファイルを、Google Chromeで直接開くことです。Visual Studio Codeで作成したり編集したりしたファイルを、Google Chromeから直接開くことが基本になります。

　表示や実行の確認は、最終的にユーザーが見る状態でおこなうのが基本です。そうした意味で、インターネット上で公開する際は、実際のサーバー上にファイルをアップロードして確認する必要があります。

　他の方法で確認した場合は、環境の違いや設定の違い、開発ツールによる変換処理や通信処理、セキュリティの制限などで、最終出力状態とは違う表示や挙動になることがあります。また、開発ツールのバージョンなどで動作が異なることもあります。そのため、公開する目的のファイルは、可能な限り最終出力状態に近い形で確認することが望ましいです。

　上記の大前提の上で、開発ツールを用いて、手間を減らして確認することもできます。その際も、最終的な確認は、ユーザーが実際に見る状態を可能な限り再現しておこないます。どんな想定外の挙動の違いが紛れ込んでいるか分からないからです。

　Visual Studio Codeでは、作成したHTMLファイルを、Visual Studio Codeから実行してGoogle Chromeで表示させることができます。この機能は、エディターにはじめから入っています。また、同様の目的の拡張機能を使って確認することもできます。

　どの方法がよいかは、タイミングによります。拡張機能のバージョンにもよります。ある時点で、よりよい拡張機能が登場していることもあります。また、エディターの機能が改善されて、拡張機能を使わない方が便利になっていることもあります。グループで開発しているときは、そのグループでやり方を統一することも重要です。

　以下、Visual Studio Codeから、Google Chromeでプレビューを実行する方法を示します。

65

Visual Studio Code で HTML ファイルを開きます。

ウィンドウ左の [Run] ボタン(三角に虫のアイコン)をクリックします。 Ctrl +
Shift + D のショートカットを使ってもかまいません。

Fig 2-02　Run ボタン

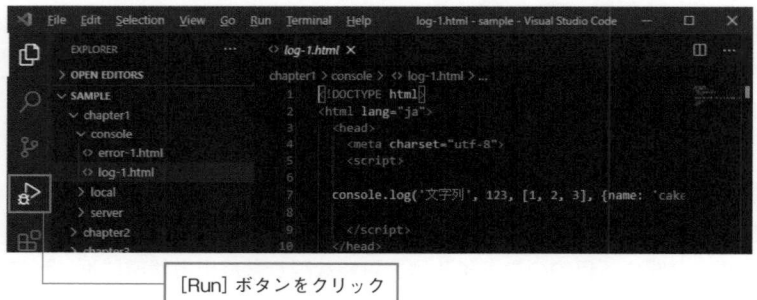

[Run] ボタンをクリック

ウィンドウ左側の領域に [RUN] パネルが表示されます。

初回に実行する際は、実行時の起動設定が収まった「launch.json」を作成する必
要があります。まずは、[RUN] パネルの [create a launch.json file] のリンクを
クリックします。

Fig 2-03　[create a launch.json file] のリンク

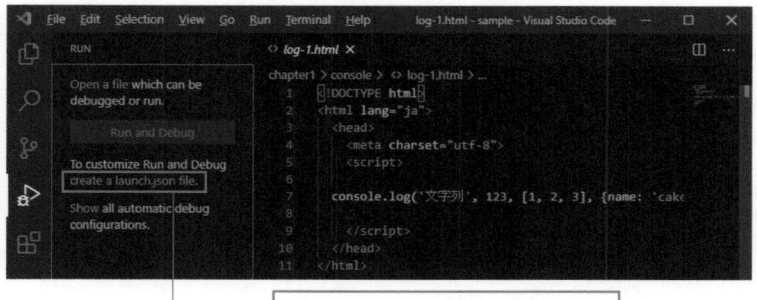

[create a launch.json file] をクリック

続けて、[Select Environment] というメニューが表示されるので、[Chrome (preview)] という項目を選びます。

Fig 2-04　[Chrome (preview)] を選ぶ

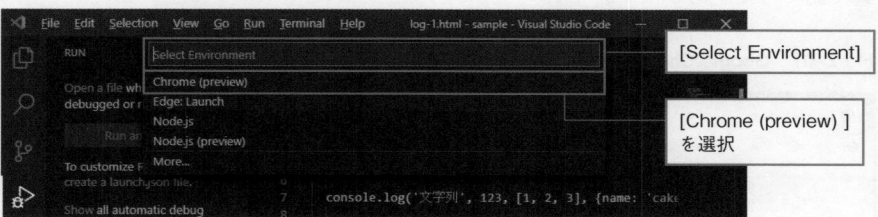

開いているルートのフォルダ、あるいは HTML ファイルに対して、「./vscode/launch.json」のパスでファイルが作成されます。

Fig 2-05　「./vscode/launch.json」

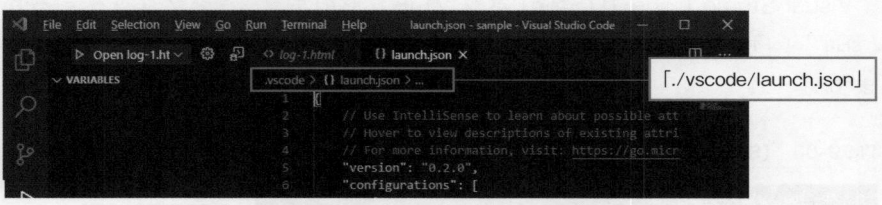

STEP 5

ウィンドウの左上に表示される [Start Debugging] ボタン（右向きの三角）をクリックするか F5 を押すと、プレビューが実行されます。

Fig 2-06　[Start Debugging] ボタンをクリック

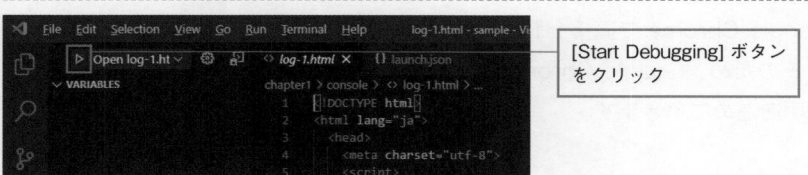

Google Chrome が開きます。このとき開く Google Chrome は、通常使っている Google Chrome とは違うユーザーです。Google Chrome のコンソールは、手動で開く必要があります。

Fig 2-07　Google Chrome

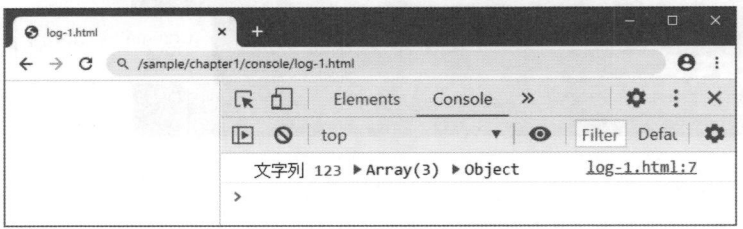

Visual Studio Code で [Stop] ボタン（正方形のボタン）をクリックするか Shift ＋ F5 を押すと、実行が停止して、先ほど開いた Google Chrome が閉じます。

Fig 2-08　[Stop] ボタンをクリック

[Stop] ボタンをクリック

本書では、エディターの種類やバージョン、拡張機能の内容に左右されないように、Google Chrome で直接 HTML ファイルを開く方法で確認して、執筆しています。そのため、Google Chrome で直接 HTML ファイルを開くことを前提として、説明を進めていきます。

2-3 Webページを書いてみる

JavaScript のプログラムを書く方法は 2 つあります。1 つは、HTML ファイルに直接書く方法です。この方法は手軽ですが、HTML の構造が分かりにくくなり、複数の HTML ファイルで同じ処理をおこなうときに、何度も書かないといけないという短所があります。

もう 1 つは、HTML ファイルの外に JavaScript のファイルを書き、そのファイルを HTML ファイルから読み込むという方法です。この方法は、複数の HTML ファイルで同じ JavaScript のプログラムを利用できるという長所があります。HTML ファイルの構造もすっきりとして見やすくなります。短所としては、HTML ファイルと JavaScript ファイルで 2 回読み込みが発生するために、少し読み込み完了時間が遅くなることです。

基本的に、ある程度以上の規模のプログラムを書くときは、JavaScript のプログラムを外部に分離した方がよいです。そうしておけば、プログラムの管理が楽になります。

プログラムは、**コード**や**ソースコード**と呼ばれることもあります。

2-3-1 HTMLファイルに全て書く

まずは、HTML ファイルに JavaScript のプログラムも CSS も全て書く方法を示します。

JavaScript のプログラムは、HTML ファイルの script タグの内側に書きます。この場所に書いたプログラムは、この場所が Web ブラウザに読まれたときに処理がおこなわれます。script タグは、head タグの内側に書いても、body タグの内側に書いてもかまいません。

```
 1  <!DOCTYPE html>
 2  <html lang="ja">
 3    <head>
 4      <meta charset="utf-8">
 5      <style>
 6        h1 { color: #04a; margin: 0 0 1em 0; }
 7      </style>
 8      <script>
 9
10      console.log('headに書いたプログラムです。');
11
12      </script>
13    </head>
14    <body>
15      <h1>食べ物のひみつ</h1>
16      <script>
17
18      console.log('bodyに書いたプログラムです。');
19
20      </script>
21    </body>
22  </html>
```

→ Console

headに書いたプログラムです。
bodyに書いたプログラムです。

2-3-2　ファイルを分割してJavaScriptやCSSを読み込む

　次はファイルを分割して JavaScript や CSS を読み込みます。HTML ファイル
には文書の内容と構造だけを書き、装飾部分は CSS ファイルで書きます。プログ
ラムの処理部分は、JavaScript ファイルで書きます。

　JavaScript ファイルの拡張子は .js です。このファイルの URL は、HTML ファ
イルの script タグの src 属性に書きます。CSS ファイルの拡張子は .css で、URL
は link タグの rel 属性に書きます。CSS ファイルや JavaScript ファイルは、head

タグ内に書いても body タグ内に書いても構いません。一般的に CSS ファイルは head タグ内に書きます。

　以下の例では、CSS ファイルは `<link rel="stylesheet" href="style. css">` で読み込んでいます。JavaScript のファイルは `<script src="main. js"></script>` で読み込んでいます。

● 外部ファイルを読み込む chapter2/file-divide/index.html

```
 1  <!DOCTYPE html>
 2  <html lang="ja">
 3    <head>
 4      <meta charset="utf-8">
 5      <link rel="stylesheet" href="style.css">
 6      <script src="main.js"></script>
 7    </head>
 8    <body>
 9      <h1>食べ物のひみつ</h1>
10    </body>
11  </html>
```

● 読み込む CSS ファイル chapter2/file-divide/style.css

```
 1  h1 { color: #04a; margin: 0 0 1em 0; }
```

● 読み込む JavaScript ファイル chapter2/file-divide/main.js

```
 1  console.log('外部ファイルに書いたプログラムです。');
```

● Console

```
外部ファイルに書いたプログラムです。
```

　外部から読み込むファイルの指定は URL で書きます。このとき、URL の書き方はいくつかあります。

　1 つ目の方法は**絶対パス**です。「https://example.com/foods/grape.html」のように、「http:」あるいは「https:」から書く方法です。

　2 つ目の方法は**相対パス**です。HTML ファイルの場所から見て、相対的にどの位置にあるかを書く方法です。同じフォルダにあるときは「main.js」のようにファ

イル名をそのまま書きます。あるいは、現在位置をあらわす「./」をつけて「./main.js」のように書きます。

1つ上のフォルダにあるときは「../main.js」のように書きます。「../」は1つ上を意味します。2つ上のフォルダにあるjsというフォルダにあるmain.jsならば、「../../js/main.js」と書きます。

Fig 2-09　../../js/main.js

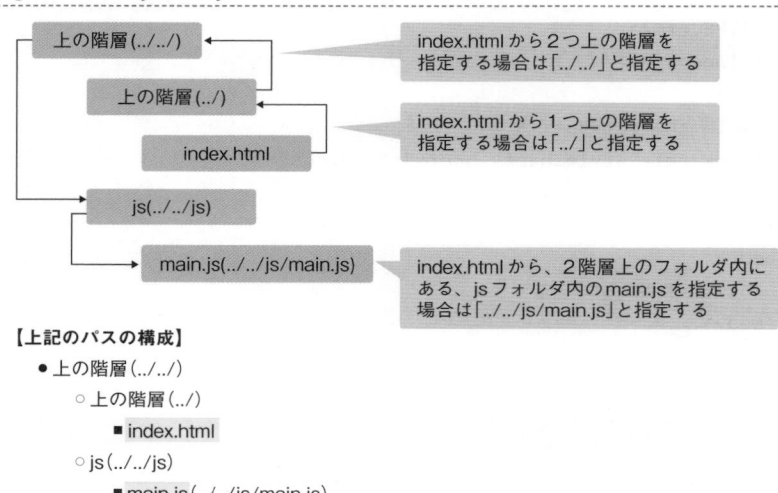

【上記のパスの構成】
● 上の階層(../../)
　○ 上の階層(../)
　　■ index.html
　○ js(../../js)
　　■ main.js(../../js/main.js)

また、ルートのフォルダまで一気に階層を上がったところから指定する書き方もあります。URLのルートとは、ドメイン直下の階層を指します。ルートの階層は「/」(スラッシュ)と書きます。この書き方は、自分の階層がどこか分からないときや、ルートの階層まで遠いときに便利な書き方です。

Fig 2-10　/main.js

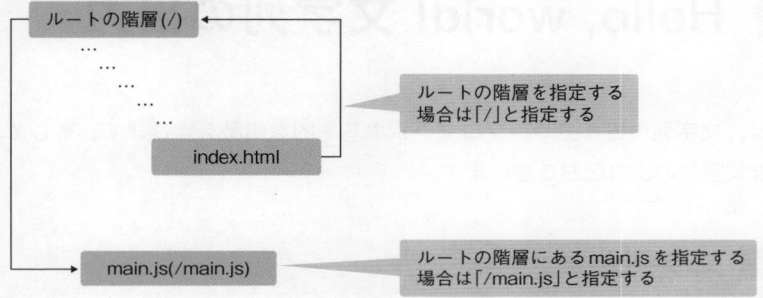

ルートの階層(/)
　…
　　…
　　　…
　　　　…
　　　　　…
　　　　　index.html

ルートの階層を指定する
場合は「/」と指定する

main.js(/main.js)

ルートの階層にある main.js を指定する
場合は「/main.js」と指定する

【上記のディレクトリ構成】
- ルートの階層(／)
  ○ 上の階層
    ■ 上の階層
      ■ 上の階層
        ■ index.html
  ○ main.js(/main.js)

2-4 Hello, world! 文字列の出力

ここでは、文字列の書き方や、プログラムの基本的な知識を学びます。そして、さまざまな文字列の出力をおこないます。

2-4-1 文字列とは

プログラムの本や解説サイトでは、最初に「Hello, world!」と出力するものが多いです。表示する文章は何でもよいのですが、プログラムを実行して、きちんと情報が出力されることを確かめるのは大切です。きちんと動作していなければ、何も出力されないからです。出力されれば、まるで世界がはじまったように、プログラムを書き進めることができます。

こうした出力される文章のことを、プログラムでは**文字列**と呼びます。文字は、英語で Character です。文字列は、英語で String や Character String と書きます。Text と書くこともあります。この中では、Character String が一番言葉の意味が分かりやすいです。String は、ひもや糸という意味以外に「一列に並んだひと続きのもの」という意味があります。文字が一列に並んだもの。それが文字列です。

Fig 2-11 **文字と文字列**

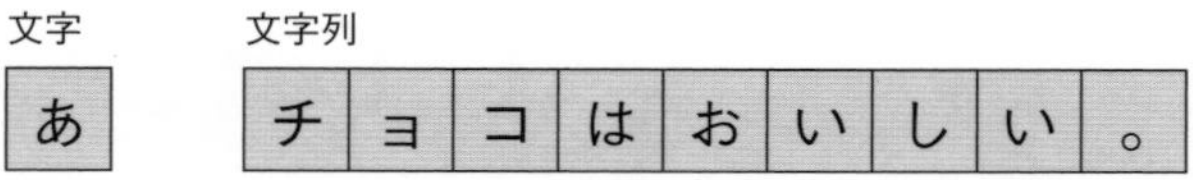

文字

| あ |

文字列

| チ | ョ | コ | は | お | い | し | い | 。 |

文字列は「文字が一列に並んだもの」というデータ構造です。そのため、1文字だけでも文字列です。0文字でも文字列です。文字が一列に並んだ構造の中に、何文字入っているかは関係ありません。

プログラミング言語によっては、文字と文字列はまったく違うデータとしてあつかいます。JavaScript では、文字列というデータ構造はありますが、文字というデータ構造はありません。文字として出てくるものは全て文字列です。とてもシンプルです。

JavaScript では、プログラムの中に文字列を書く方法がいくつかあります。ここでは基本的な書き方を紹介します。「'」(シングルクォーテーション)あるいは「"」(ダブルクォーテーション)で囲んだ領域が文字列になります。こうした部分を**文字列リテラル**と呼びます。

構文

```
'文字列'
"文字列"
```

文字列と文字列、あるいは文字列と他のデータをつなげて、新たな文字列を作ることを**文字列結合**と呼びます。文字列結合は「+」(プラス)を使います。

構文

```
'チョコ' + 'ケーキ'  →  'チョコケーキ' という文字列ができる。
'ジュース' + 3 + '杯'  →  'ジュース3杯' という文字列ができる。
```

`console.log()` を使えば、開発者ツールの Console タブに文字列を出力できます。「,」(カンマ)で区切れば、複数の文字列をまとめて出力できます。

● Console タブへの文字列の出力 chapter2/sample/cconsole-multi.html

```
7    console.log('あんパン', 'ジャムパン', 'クリームパン');
```

● Console

```
あんパン ジャムパン クリームパン
```

プログラムの処理順

　プログラムには処理の順番があります。2つ以上の処理をおこなうときには、処理の順番がどのようになっているのか知っている必要があります。JavaScript のプログラムは、処理の単位ごとに、改行か「;」(セミコロン)で区切ります。

　改行すれば「;」はつけなくてもよいことになっていますが、その場合、プログラムをどのように区切って解釈するかは、JavaScript エンジンに任せることになります。そして、ときに意図しない区切り方をされます。そのため改行するときでも「;」はつけた方がよいです。

　プログラムは、左から右に順番に処理されて、右端に来たら次の行に移ります。処理順が分かるプログラムを書き、流れを確認してみます。

● 処理の順番	chapter2/sample/flow.html
7	`console.log('処理A'); console.log('処理B');`
8	`console.log('処理C'); console.log('処理D');`

● Console
処理A
処理B
処理C
処理D

Fig 2-12　**処理の流れ**

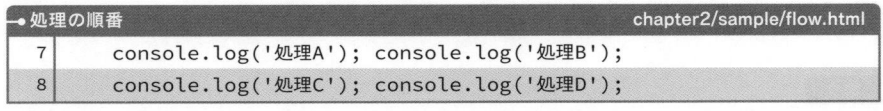

2-4-4 コメントを書く

　何行にもわたるプログラムを書くようになると、どんな意図で書いたのか、何をする処理なのか、説明の文章を添えていた方がよいです。時間が経つと、自分でも何を書いていたのか分からなくなります。

　プログラムには、処理の合間に説明を埋め込む方法があります。それが**コメント**です。コメントの場所は、プログラムとして解釈されず無視されます。その場所は自由に好きなことを書けます。JavaScript では、各行の「//」（スラッシュ2つ）よりあとの場所が、コメントを書く場所になります。また、「/* */」（スラッシュとアスタリスク）ではさまれた場所もコメントとなります。こちらの場合は、複数行まとめてコメントにすることができます。

構文

```
プログラム　　// ここはコメント
```

構文

```
プログラム
/*
    ここはコメント
    ここはコメント
*/
プログラム
```

　プログラムにはコメントを書かなくてもよいです。そうしたルールで統一している開発現場もあります。しかし、できるならコメントは書いた方がよいです。それも、初心者のうちは比較的多めに書いておいた方がよいです。

　世に多くあるプログラマー向けの解説文では、コメントとして書くべきことは、プログラムを書いた意図や、他の人向けの注意書きなどであると書いてあります。そして、プログラムを見ればすぐ分かることは、書き込まないようにと説明しています。「見ればすぐ分かること」とは「コードと同じことを、コメントで言いかえること」です。各行の処理の横に、日本語で説明を書かないようにと推奨しています。

しかし初心者のうちは、そもそもコードを見ても意味が分からないことが多いです。そのため、言いかえているだけの説明でも、コメントを書いておいた方が分かりやすいです。そのうち慣れてくれば、そうしたコメントを取りのぞいて必要な内容だけにすればよいです。いきなり初心者のうちから中級者や上級者のやり方を真似して、プログラミングの難易度を上げる必要はありません。

　プログラムを書く人の中には、理想論を強く言って、それ以外は駄目だという人もいます。そうした主張は無視して構いません。自分の習熟度に応じて柔軟に対応してください。語学の勉強で、辞書を引いたメモを、文章の下に書いて理解の助けにするのと同じです。

　また、複数の処理がひとまとまりになっているような処理のかたまりには、タイトルとしてコメントを書いておいた方が分かりやすいです。そうしたタイトル的なコメントを拾えば、処理の流れがすぐに分かるからです。そして、のちほど学ぶ関数(処理をまとめて、別の場所から呼び出せるようにしたもの)の前には、その関数の内容についての解説があるとよいでしょう。いずれにしても、処理のまとまりごとにコメントがあると、プログラムを読むのが楽になります。

- プログラムの意図を書く。
- 注意書きがあれば書く。
- 処理のかたまりごとに、どんな内容なのか書く。
- 関数には説明をつける。
- 初心者のうちは、過剰と思えるぐらいコメントを書いた方が分かりやすい。

　また、コメントを先に書いてからプログラムを書く方法も有効です。処理の流れをコメントで書いておき、その流れを埋めるようにプログラムを書く方法です。文章を書くときに、章立てを書いておいて、そのあいだの文章を埋めるような方法です。こうした頭の整理にもコメントは役立ちます。

2-4-5　変数

　プログラムで重要な考え方に「データと処理を分ける」というものがあります。データと処理を分けていると、データだけ変更して同じ処理を再利用できます。そうしたプログラムの手法の1つに**変数**があります。

　変数をイメージするために、現実世界の「自動販売機の缶ジュース」を思い浮かべてください。自動販売機は、缶の中身が甘いジュースでも、お茶でも、コーンスープでも、お汁粉でも、同じように入れて販売できます。自動販売機の中の処理は、缶ジュースの中身が何であれ、同じように動作します。この缶ジュースがデータで、自動販売機の動作が処理です。

Fig 2-13　**自動販売機の処理**

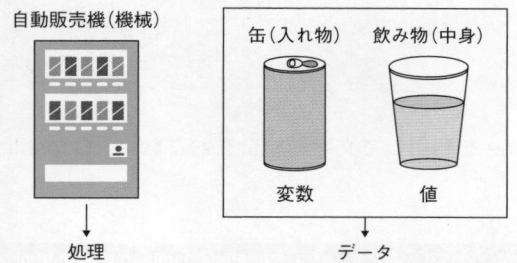

自動販売機（機械）　　缶（入れ物）　飲み物（中身）

変数　　　　値

処理　　　　　　　　　データ

　自動販売機では、缶の中に飲み物を入れることで、さまざまな商品を販売可能にしていました。プログラムでは、**変数**という入れ物に値を入れることで、さまざまな処理をおこなえるようにしています。変数は、ちょうど缶に相当します。

　JavaScriptのプログラムでは、変数を**宣言**して利用可能にします。そして変数に値を**代入**して処理の中で使えるようにします。変数の宣言は「let」という構文を利用します。変数への値の代入は「=」（イコール）という代入演算子を使います。変数の名前には、英数字や一部の記号が使えます。また数字を1文字目にすることはできません。

　以下では、itemNameという変数を宣言して使えるようにして、' みかんジュース ' という文字列の値を代入しています。

```
// 変数の宣言
let itemName;
```

```
// 変数の代入
itemName = 'みかんジュース';
```

変数の宣言と代入を同時におこなうこともできます。こちらの方が、一般的でしょう。

```
// 変数の宣言と代入を同時におこなう
let itemName = 'みかんジュース';
```

最後に例として、変数 itemName を利用して文字列結合をおこない、Console に出力してみます。

itemName を利用した文字列結合	chapter2/sample/valiable.html
7	// 変数の宣言と代入
8	let itemName = 'みかんジュース';
9	
10	// 変数の値を文字列結合して出力
11	console.log(itemName + 'を飲んだ。');

Console
みかんジュースを飲んだ。

変数については、のちほどくわしく説明します。

機械を作るとき、小さな部品を組み合わせて大きな機械を作ります。また、よく使う部品は規格化して、他の機械でも利用できるようにします。たとえば乗用車を思い浮かべてください。エンジンという部品を、いくつかの車種で利用可能にすれば、工場での生産が効率化できます。プログラムも同じです。機械の部品に相当するものが**関数**になります。

関数は、プログラムの処理をまとめて部品化したものです。そして外部から値の入力を受け、関数の中で処理をおこない、結果の値を出力します。

Fig 2-14　関数

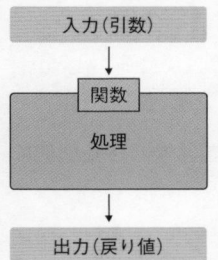

入力（引数）

関数

処理

出力（戻り値）

関数は、function で宣言して名前を書き、「( )」（丸括弧）の中に**引数**（ひきすう）と呼ばれる入力値用の変数を書きます。引数を 2 つ以上書きたいときは、「,」（カンマ）で並べます。そして「{ }」（波括弧）の中に処理を書き、return のあとに**戻り値**と呼ばれる出力値を書きます。

構文

```
function 関数名(引数) {
    処理
    return 戻り値;
}
```

構文

```
function 関数名(引数1, 引数2, ...) {
    処理
    return 戻り値;
}
```

関数は、以下のように書くことで利用できます。

構文

```
関数名(引数)
```

構文

```
関数名(引数1, 引数2, ...)
```

関数の処理が終わったあと、関数を使った場所は、戻り値に置き換わった状態になります。

構文

```
変数 = 文字列 + 関数名(引数) + 文字列
                    ↓
        関数の処理がおこなわれる
                    ↓
変数 = 文字列 +     戻り値    + 文字列
```

以下に簡単な例を示します。引数から説明文を作る関数です。

➡ 引数から説明文を作る	chapter2/function/return-value.html
7	// 説明文を作る関数
8	function getDescription(name, price) {
9	let res = '『' + name + '』' + price + '円';
10	return res;
11	}
12	
13	// 関数を利用した処理
14	console.log('メニュー' + getDescription('パフェ', 860));

Console

メニュー『パフェ』860円

関数は、名前をつけずに作ることもできます。そのときは、関数を値として変数に入れるか、他の関数の引数として使います。

構文

```
function(引数1, 引数2) {
    処理
    return 戻り値;
}
```

関数については、のちほどくわしく説明します。

2-4-7 さまざまな出力

JavaScript では、さまざまな方法でデータを出力できます。

まず、これまで何度か登場している console.log() です。開発者ツールの Console タブに情報を出力します。

console.log() による文字列の出力 — chapter2/output/console.html

```
7    console.log('文字列を出力。');
```

Console

文字列を出力。

最近はあまり使われませんが、アラートダイアログを使い、情報を表示する方法もあります。

alert() による文字列の出力 — chapter2/output/alert.html

```
7    alert('文字列を表示。');
```

Fig 2-15　アラートダイアログ

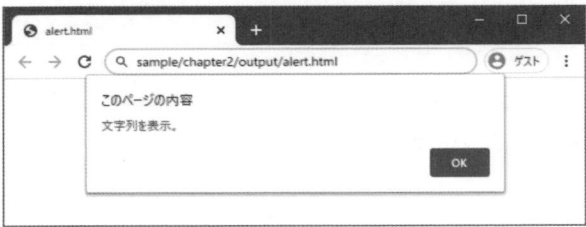

　ページの読み込み途中に、document.write()を使い、HTMLを書き加えること
で出力する方法もあります。

● document.write() による HTML の書き加え	chapter2/output/write.html
1	`<!DOCTYPE html>`
2	`<html lang="ja">`
3	`  <head>`
4	`    <meta charset="utf-8">`
5	`  </head>`
6	`  <body>`
7	`    通常のHTMLの文字列1。`
8	`    <script>`
9	
10	`      document.write('<h1>HTMLを出力します。</h1>');`
11	
12	`    </script>`
13	`    通常のHTMLの文字列2。`
14	`  </body>`
15	`</html>`

Fig 2-16　HTML を書き加える

Webページの表示後に、内容を書きかえることもできます。

●Web ページ表示後の書きかえ	chapter2/output/dom.html

```html
1  <!DOCTYPE html>
2  <html lang="ja">
3    <head>
4      <meta charset="utf-8">
5      <script>
6
7      // DOMの読み込み終了時の処理を登録
8      window.addEventListener('DOMContentLoaded', function() {
9          // idがitem2の要素の内部の文字列を取得して、変数menuに代入する
10         let menu = document.querySelector('#item2').innerText;
11
12         // 出力用の文字列を作り、変数htmlに代入する
13         let html = '<strong>『' + menu + '』セール中！</strong>';
14
15         // idがsaleの要素の内部のHTMLを、変数htmlの内容にする
16         document.querySelector('#sale').innerHTML = html;
17     });
18
19     </script>
20   </head>
21   <body>
22     <ul>
23       <li id="item1">チョコレートパフェ</li>
24       <li id="item2">チーズケーキ</li>
25     </ul>
26     <div id="sale"></div>
27   </body>
28 </html>
```

Fig 2-17　**HTML を書きかえる**

少し複雑な処理になってきたので分けて説明します。

STEP 1

　最初に window.addEventListener()を使い、window(Web ブラウザのウィンド
ウ)に、DOMContentLoaded というイベントが起きたときの処理を、関数で登録
しています。DOMContentLoaded は、DOM の読み込みが終わったというイベン
トです。DOM の読み込みが終わると、第 2 引数(2 つ目の引数)に登録した関数が
実行されます。

●DOM の読み込み終了時の処理を登録	chapter2/output/dom.html
7	// DOMの読み込み終了時の処理を登録
8	window.addEventListener('DOMContentLoaded', function() {
	～中略～
17	});

STEP 2

　document.querySelector()は、CSS セレクター(#item2 のような指示)で Web
ページ内の要素を選択する関数です。選択したあと、その要素から、中の文字列や
HTML を取得したり代入したりと、さまざまなことをおこなえます。ここでは、
id が item2 の要素から innerText(内部の文字列)を取り出して、変数 menu に代
入しています。

9	// idがitem2の要素の内部の文字列を取得して、変数menuに代入する
10	`let menu = document.querySelector('#item2').innerText;`

取り出した文字列が入っている変数 menu を利用して、HTML タグなどをつけた文字列を作成して、変数 html に代入します。

12	// 出力用の文字列を作り、変数htmlに代入する
13	`let html = '<strong>『' + menu + '』セール中！</strong>';`

STEP 3

最後に、id が sale の要素の innerHTML（内部の HTML 文字列）に、変数 html の内容を代入して表示します。

15	// idがsaleの要素の内部のHTMLを、変数htmlの内容にする
16	`document.querySelector('#sale').innerHTML = html;`

2 とりあえず書いてみる

2-5 Webアプリ Webページに 入力して結果を表示

プログラムの基本は、入力と処理と出力です。ここでは、ユーザーからの数値入力、計算という処理、結果の表示という、3つの基本をこなすアプリケーションを作成します。この作業を通して、HTMLとJavaScriptによるプログラムの大枠を把握します。

2-5-1 合計金額計算アプリ

とてもシンプルな、合計金額計算アプリを作成します。商品1から商品3の入力欄に金額を書き込み、[合計金額を計算] ボタンをクリックすると、計算結果を表示します。

Fig 2-18　**合計金額計算**

このプログラムには、以下の3つの基本的な要素が入っています。そのため応用すれば、さまざまなアプリケーションを作れます。

- Webページにユーザーが入力した情報の取得。
- ボタンをクリックすると処理を開始。
- Webページに結果を出力。

こうした機能を実現する、HTML、CSS、JavaScript ファイルで構成されたアプリケーションの中身をまずは見てみましょう。

● 合計金額計算アプリ HTML ファイル	chapter2/app/index.html

```
 1  <!DOCTYPE html>
 2  <html lang="ja">
 3    <head>
 4      <meta charset="utf-8">
 5      <link rel="stylesheet" href="style.css">
 6      <script src="main.js"></script>
 7    </head>
 8    <body>
 9      <h1>合計金額計算</h1>
10      <div class="item">
11        <div class="title">商品1</div>
12        <input type="number" value="1980" class="price">
13      </div>
14      <div class="item">
15        <div class="title">商品2</div>
16        <input type="number" value="2980" class="price">
17      </div>
18      <div class="item">
19        <div class="title">商品3</div>
20        <input type="number" value="3980" class="price">
21      </div>
22      <button id="calc">合計金額を計算</button>
23      <div id="output"></div>
24    </body>
25  </html>
```

● 合計金額計算アプリ CSS ファイル	chapter2/app/style.css

```
 1  h1 { margin: 0; }
 2  .item { letter-spacing: -1em; }
 3  .item * { letter-spacing: 0; display: inline-block; }
 4  .title { display: inline-block; width: 4rem; }
 5  .item input { width: 8rem; box-sizing: border-box; }
 6  #calc { width: 12rem; }
```

```
 1      // DOMの読み込み終了時の処理を登録
 2      window.addEventListener('DOMContentLoaded', function() {
 3          // id="calc" のボタンを1つ選択
 4          let elCalc = document.querySelector('#calc');
 5
 6          // ボタンをクリックしたときの処理を追加
 7          elCalc.addEventListener('click', function() {
 8              // class="price" 要素（商品1〜3の金額）を全て選択
 9              let prices = document.querySelectorAll('.price');
10
11              // 金額の合計を得る
12              let priceSum = 0;      // 合計額用の変数
13              for(let i = 0; i < prices.length; i ++) {
14                  let priceVal = prices[i].value;      // 入力欄の値を得る
15                  priceSum += parseInt(priceVal);      // 値を整数にして加算
16              }
17
18              // 表示用のHTML文字列を作る
19              let html = '合計金額：<strong>' + priceSum + '</strong>
                円</div>';
20
21              // id="output" の要素にHTML文字列を追加
22              document.querySelector('#output').innerHTML = html;
23          });
24      });
```

JavaScript のプログラムの中身を、順を追って見ていきましょう。

STEP 1

まず、Web ページを読み込んで、DOM が利用可能になった直後に実行する処理を、関数で登録しています。DOMContentLoaded は、DOM のコンテンツが読み込み終わったという意味です。window.addEventListener()は、第 1 引数にイベントの種類、第 2 引数にそのイベントが起きたときに実行する関数を書きます。

●DOM の読み込み終了時の処理を登録	chapter2/app/main.js
1	// DOMの読み込み終了時の処理を登録
2	window.addEventListener('DOMContentLoaded', function() {
	〜中略〜
24	});

以降は、この関数内の処理の説明です。

STEP 2

id が calc の要素を選択します。document.querySelector()は、引数の CSS セレクター（#calc などの指示）で、Web ページの要素を選択できる関数です。CSS セレクターの「#」は id を意味します。#calc で、id が calc の要素という意味です。document.querySelector()の引数を #calc とすることで、id が calc の要素を選択できます。選択した要素は、変数 elCalc に代入します。

●Web ページの要素を選択	chapter2/app/main.js
3	// id="calc" のボタンを1つ選択
4	let elCalc = document.querySelector('#calc');

STEP 3

先ほどと同じように addEventListener()を使い、選択した要素で click イベントが起きたときの処理を、関数で登録します。

●ボタンのクリックイベント処理を追加	chapter2/app/main.js
6	// ボタンをクリックしたときの処理を追加
7	elCalc.addEventListener('click', function() {
	〜中略〜
23	});

以降は、ボタンをクリックしたときの処理です。

STEP 4

document.querySelectorAll()で、class が price の要素を全て選択します。「.」（ドット）はクラスをあらわします。.price で、クラスが price の要素という意味です。

先ほどとは違い、関数名に All がついているので見落とさないでください。querySelector()では要素を 1 つ選択しましたが、querySelectorAll()は全てをNodeList というリストにして返します。ここでは変数 prices に、NodeList を代入します。

	class が price の要素を全て選択	chapter2/app/main.js
8	// class="price" 要素（商品1〜3の金額）を全て選択	
9	let prices = document.querySelectorAll('.price');	

STEP 5

金額の合計をあらわす変数 priceSum を宣言します。また、これから合計金額を足していくので、最初の値になる 0 を代入します。

	変数 priceSum を宣言	chapter2/app/main.js
11	// 金額の合計を得る	
12	let priceSum = 0; // 合計額用の変数	

STEP 6

続いて、先ほどリストを得た変数 prices を使い、for 文という繰り返し処理によって合計金額を求めます。for 文については、のちほどくわしく学びます。

for 文の中では、1 つずつ全ての値を得て、変数 priceSum に足していきます。フォーム要素の値は、value で読み書きできます。prices [i] .value で値を得ています。ただし、読み取った値は文字列なので、数値に変換する parseInt()関数を使い、整数にして足しています。「+=」(プラスイコール)は、値を加算して代入するという演算子(計算をおこなう記号)です。

この部分は特に複雑です。学習が終わった段階で読み直すと、すんなりと読み解けるでしょう。

	金額の計算処理	chapter2/app/main.js
13	for (let i = 0; i < prices.length; i ++) {	
14	let priceVal = prices[i].value; // 入力欄の値を得る	
15	priceSum += parseInt(priceVal); // 値を整数にして加算	
16	}	

合計金額を表示するための HTML 文字列を作ります。作った文字列は、変数 html に代入します。

	出力用文字列を作る	chapter2/app/main.js
18	// 表示用のHTML文字列を作る	
19	let html = '合計金額：' + priceSum + ' 円</div>';	

STEP 7

　最後に、id が output の要素の内部に、HTML 文字列を代入します。これで、結果が Web ページに表示されます。

	結果を Web ページに表示	chapter2/app/main.js
21	// id="output" の要素にHTML文字列を追加	
22	document.querySelector('#output').innerHTML = html;	

　まだ JavaScript というプログラミング言語について解説をしていないですが、どういったプログラムを書くのか、雰囲気を感じていただけたでしょうか。
　全体を知ってから詳細を見ていくということで、行数は少ないですが、基本的な要素がそろったアプリケーションを作り、コードを見ていきました。

2

とりあえず書いてみる

新しいプログラミング言語の習得

　新しいプログラミング言語を習得する方法は、いろいろとあります。完全なプログラミング未経験者の場合は、プログラムがどういったものかを1から学ぶ必要があります。しかし、そうでないなら、最小限の学習で書けるようになります。そうした速習をおこなうときの学習ポイントについて触れます。

　学習ポイントの1つ目は「文字列の出力」です。標準出力を利用して、コンソールなどに情報を表示するのが第一歩です。これができなければプログラムが正しく動いているかの検証ができません。実行環境を用意して、文字列の出力ができるようになれば、速習過程の3～4割はクリアしたと言えるでしょう。

　学習ポイントの2つ目は「情報の入出力」です。CUIではファイルの入出力をおこないます。GUIでは入力欄への情報入出力もおこないます。JavaScriptでは、ファイル操作がセキュリティ上の都合で制限されているのでファイル操作は飛ばします。ここまでで、変数やビルトイン関数の仕様も把握できます。

　学習ポイントの3つ目は「簡単な文字列処理や数値計算」です。これらは、プログラミング言語が変わっても、ある程度共通です。新しい言語は、先行の言語の真似をして作られるので、命令の名前は同じことが多いです。公式のマニュアルでもよいですし、解説本や解説サイトでも構いませんので、命令のリストを手に入れてください。正規表現については、各言語で使い方が異なることが多いです。ここは、少し丁寧に情報源を探します。

　学習ポイントの4つ目は「関数や条件分岐、ループ処理」といった制御系の仕様の把握です。少し複雑なプログラムを書くときに必要です。関数以外は、プログラミング言語による差異は少ないです。

　ここまでをざっと確かめると、新しいプログラミング言語で、最低限のプログラムを書けるようになります。これらの情報は、初心者向けサイトなど、短くまとまったところで確かめるとよいです。そしてプログラムを書きながら、足りない部分を補完しながら書き進めると、短時間でプログラムが書けるようになります。

変数、データ型、リテラル、演算子

ここでは、変数やその中に代入するデータの種類、そしてデータのさまざまな書き方について学びます。またデータ同士を計算する演算子という記号についても解説します。

プログラムは「データを加工して、異なるデータを作るもの」と、言い換えることもできます。そのデータの、プログラム内でのあつかい方を身につけてください。

3-1 プログラムの基礎的な仕組み

　プログラムには、さまざまな仕組みがあります。その中でも、特に基礎的で重要な仕組みがあります。そうした仕組みを、まずは紹介します。

　1つ目は**変数**です。変数は、データを処理から分離します。そして、データの差し替えを可能にします。この仕組みのおかげで、プログラムでは処理を抽象化して書くことができます。

　抽象化は、具体的なものから細部を排除して、一般化してあらわすことです。具体的な状態とは「りんごが3個、みかんが2個。りんご3個とみかん2個で合計5個」といったものです。りんごやみかんの特徴を排除して「果物3個と果物2個で合計5個」のようにすると抽象化されます。さらに記号であらわして「Aが3、Bが2。AとBの合計は5」のようにすると抽象化が進みます。

　このように抽象化すると、りんごやみかん以外にも、バナナやメロンでも、同じ方法で計算をおこなえます。また、それぞれの果物の数字が違っていても、計算式や処理を、そのまま利用できます。

Fig 3-01　**変数**

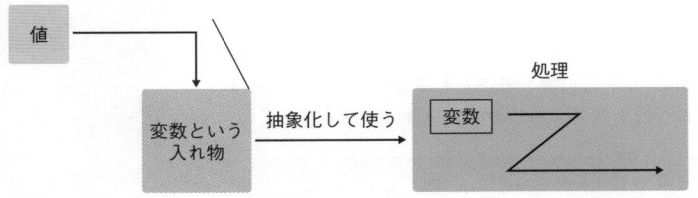

　2つ目は**演算子**です。演算子は、データを計算して結果を得る記号です。足し算や引き算といった数値の計算をおこなう演算子以外にも、さまざまな演算子が用意されています。

Fig 3-02　**演算子**

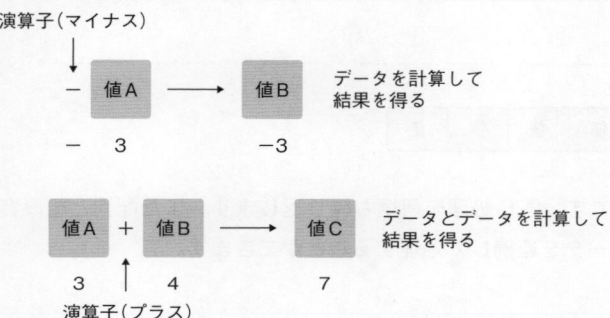

3つ目は**条件分岐**です。変数の中身や計算結果によって、処理の内容を変える仕組みです。この仕組みのおかげで、データによって細かく処理を変えて、結果を得ることができます。

Fig 3-03　**条件分岐**

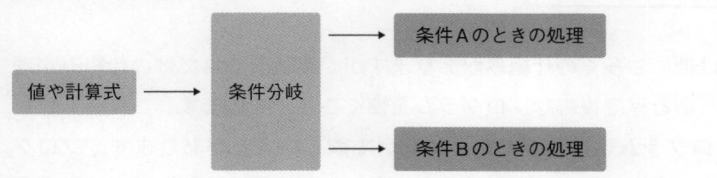

4つ目は**関数**です。処理をまとめて命令にします。また、使うときの入力値によって結果を変えます。この仕組みのおかげで、部品を組み合わせて機械を組み立てるように、プログラムを作れます。

Fig 3-04　**関数**

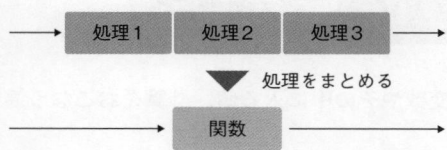

5つ目は**配列**です。配列は、データを一列に並べてまとめたものです。配列は代表的なデータ形式です。こうしたデータ形式を持つことで、プログラムでは大量の

データをあつかえます。

Fig 3-05　配列

データを一列に並べてまとめる

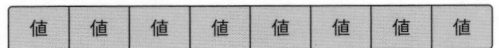

　6つ目は**繰り返し処理**です。同じ処理を何度も繰り返します。また配列と組み合わせることで、大量のデータを連続して処理することができます。

Fig 3-6　繰り返し処理

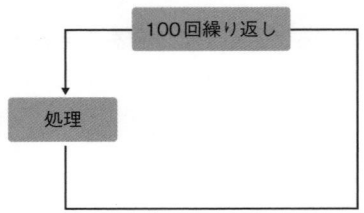

　プログラムには他にも多くの仕組みがありますが、最低限これだけの仕組みが理解できていれば、ある程度複雑なプログラムを書くことができます。

　もう1つ、プログラムを書く上で知っておいて欲しいことがあります。プログラムで重要な概念は「データ」と「処理」です。データを処理に流し込んで結果を得る。そのためにデータと処理を分けて、プログラムでは処理を書く。このイメージを頭に持って、プログラムを書いてください。

Fig 3-07　データを処理に流し込んで結果を得る

　本章ではプログラムの第一歩として、変数やその中に入る値、計算をおこなう演算子を中心に学んでいきます。

3-2 変数

　変数は、値を入れて使う箱のようなものです。どうして、このような変数という仕組みが必要なのでしょうか。プログラムの処理の中には、値を直接書いていくこともできます。しかしそうすれば、その1つの処理しかできなくなります。プログラムの便利なところは、さまざまなデータに対して、同じ処理をおこなえることです。そのためには、データと処理を分離して、データを簡単に変更できるようにしなければなりません。

　値の変更が可能な変数を使ってプログラムの処理を書くことによって、さまざまなデータに対して使い回せるプログラムを書けます。

Fig 3-08　変数を使うメリット

●処理の中に値が直接入っている

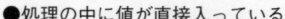

違う金額や割引率の計算をするときに、処理を書き直さないといけない。

●変数を使う

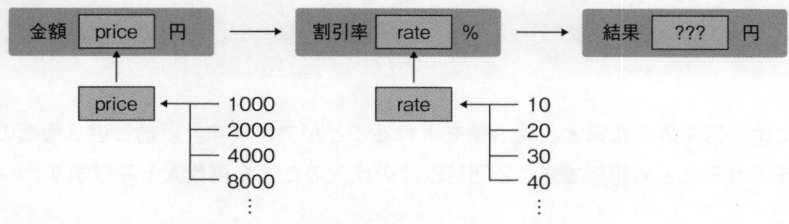

変数に値を入れることで、処理を使い回せる

3-2-1　変数宣言、代入

　変数を使うには、まずは**変数宣言**をします。**let** で変数宣言をして、変数名を書くことで変数が使えるようになります。変数名には、大小のアルファベットか「_」（アンダースコア）、「$」（ドル）が使えます。2文字目以降は数字も使えます。その他にも一部の使える文字がありますが、ふつうは使わないのでやめておいた方がよいです。

```
let 変数名
```

　宣言した変数には、「=」(イコール)で値を**代入**できます。プログラミング言語によっては、変数には入れる値の型(データの種類)が決まっていますが、JavaScriptではどんな値も入れることができます。

```
変数名 = 値
```

　値の代入は、変数宣言とともにしてもよいですし、あとでしてもよいです。値を入れていない変数には、特別な値 undefined が入っています。

```
let 変数名 = 値
```

```
let 変数名
変数名 = 値
```

　変数には、値を入れたあと、違う値を入れることができます。以前と違う種類のデータを入れることも可能です。2回目以降の代入のことを**再代入**と呼びます。

```
let 変数名;
変数名 = 値;　// 代入
変数名 = 値;　// 再代入
```

3-2-2 スコープ

　変数には有効範囲があります。宣言した変数は、どこでも使えるわけではありません。有効範囲の中では使えますが、外では使えません。外で使おうとするとエラーが起きて、プログラムが止まります。

　JavaScriptには、**ブロックスコープ**と**関数スコープ**と呼ばれる有効範囲があります。

　ブロックスコープは、「{ }」(波括弧)で囲まれた処理の部分です。のちほど出てくるif文では「if (条件式) { 処理 }」のように「{ }」の中に処理を書きます。この「{ }」の中がブロックスコープです。同じように、のちほど出てくるfor文も「for (初期化式; 条件式; 変化式) { 処理 }」のように「{ }」の中に処理を書きます。この「{ }」の中がブロックスコープです。こうした構文ではなく、単純に内部に処理を書いた「{ }」の中もブロックスコープになります。

Fig 3-09　ブロックスコープ

```
if (条件式) {

    ブロックスコープ

}
for (初期化式; 条件式; 変化式) {

    ブロックスコープ

}
{

    ブロックスコープ

}
```

　関数スコープは、「function 関数名(引数) { 処理 }」あるいは「function(引数) { 処理 }」と書いた「{ }」の中の部分です。

Fig 3-10　関数スコープ

```
function 関数名 ( 引数 ) {

        関数スコープ

}

function( 引数 ) {

        関数スコープ

}
```

　同じ「{ }」なのになぜ分けているのかと疑問を持つかもしれません。わざわざ 2 つあるのには理由があります。1 つは古い変数宣言の var というものが関係しています。もう 1 つは this という特別なキーワードのあつかいが、関数スコープ単位になっています。そのため分けています。var や this については、のちほど解説します。

　let で宣言した変数は、自身が宣言された階層のブロックスコープや関数スコープのあいだ有効です。同じ階層だけでなく、より下の階層でも有効です。しかし、上の階層で使おうとするとエラーが起きます。

Fig 3-11　関数スコープの有効な階層

```
if ( 条件式 ) {
    let food;

        food は有効

    if ( 条件式 ) {

            food は有効

    }

        food は有効

}

    food は無効
```

　実際のプログラムで見てみましょう。階層 2 と 3 は値を出力できていますが、階層 1 では「変数 food が定義されていない」というメッセージとともに、エラーが起きています。スコープの外だからです。

```
 7        let test = true;
 8        if (test) {
 9            let food = 'ケーキ';
10            console.log('  階層2 :', food);
11
12            if (test) {
13                console.log('    階層3 :', food);
14            }
15
16            console.log('  階層2 :', food);
17        }
18        console.log('階層1 :', food);
```

● Console

```
  階層2 : ケーキ
    階層3 : ケーキ
  階層2 : ケーキ
Uncaught ReferenceError: food is not defined
    at enable.html:18
```

3-2-3　インデント

　スコープが出てきたので、インデントの話をします。プログラムでは多くの場合、インデントを使います。プログラミング言語によっては、インデントがそのままブロック構造をあらわします。JavaScript では、インデント自体にはプログラム的な意味はありません。

　しかし、読みやすいプログラムを書くためには、インデントは重要です。基本は、スコープごとにインデントすることです。新たな階層のスコープが出てくるごとに、その中をインデントして書く。そうするとプログラムの構造が見やすくなり、ミスを減らせます。

　このときに大切なことがあります。ブロックや関数の先頭や末尾の位置はそろえてください。時折、先頭と末尾のインデント位置が対応していないプログラムを見かけます。階層が分かりづらく、修正しているうちにバグが紛れ込みます。一目で階層構造が分かるように、先頭と末尾のインデント位置はきれいにそろえてくださ

い。Visual Studio Code などのエディターを使っていれば、自動でそろえてくれます。

Fig 3-12　インデント

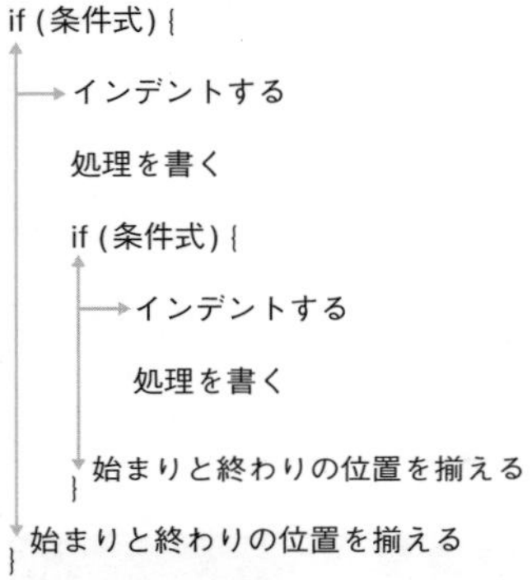

```
if ( 条件式 ) {
    → インデントする
    処理を書く
    if ( 条件式 ) {
        → インデントする
        処理を書く
    始まりと終わりの位置を揃える
    }
始まりと終わりの位置を揃える
}
```

　インデントの方法についても書きます。タブ文字を使う方法と、半角スペースを使う方法があります。タブ文字を使うときも、エディターの設定で 4 文字幅にするのか、その他の幅にするのか人によって違います。多くの場合、タブ文字を使う場合も、半角スペースを使う場合も、インデントごとに半角 4 文字分ずらすことが多いです。

　Visual Studio Code では、4 文字の半角スペースが、自動的にインデントとして入ります。特にこだわりがなければ、この設定をそのまま使うとよいでしょう。

　海外の JavaScript を使ったプロダクトの多くでは、半角スペース 2 文字のインデントが多いです。ただ、構造を把握するには、ちょっと詰まりすぎていて見づらいと感じます。大規模なプログラムを書くときには、スコープの入れ子が多くなり、関数名や変数名も長くなるからという事情があるのでしょう。とりあえず個人でプログラムを書く時には、Visual Studio Code の初期設定である 4 文字の半角スペースを使っていればよいと思います。

　インデントに何の文字を使うか、幅をどの程度にするのかは、参加するグループによって決まっていることが多いです。グループでプログラムを書くときは、そのグループのルールに従いましょう。

3-2-4   再宣言

　let で変数を宣言するときに、同じ階層のスコープで、同じ変数を宣言してはいけないというルールがあります。こうした重複した宣言のことを**再宣言**と呼びます。再宣言をするとエラーが起きて、プログラムが止まります。

Fig 3-13　再宣言
- -

```
if (条件式) {
    let food;

        同じ階層のスコープ

    let food;  ←── 再宣言なのでエラーが起きる
}
```

　ただし、下の階層で同じ名前の変数を宣言するのは問題ありません。そのときは、宣言した階層以下では、最も近い上の階層で宣言した変数の値が利用されます。

Fig 3-14　違う階層
- -

```
if (条件式) {
    let food = 'ケーキ';

        foodの中身は'ケーキ'

    if (条件式) {
        let food = 'パン';  ←── 違う階層なのでエラーは起きない

            foodの中身は'パン'

        if (条件式) {

                foodの中身は'パン'

        }

            foodの中身は'パン'

    }

        foodの中身は'ケーキ'

}
```

実際のプログラムで見てみましょう。階層1と、2、3では変数 food の値が違います。

⏴違う階層	chapter3/scope/nest.html

```
7     let test = true;
8     if (test) {
9         let food = 'ケーキ';
10        console.log('階層1 :', food);
11
12        if (test) {
13            let food = 'パン';
14            console.log('   階層2 :', food);
15
16            if (test) {
17                console.log('     階層3 :', food);
18            }
19
20            console.log('   階層2 :', food);
21        }
22
23        console.log('階層1 :', food);
24    }
```

⏴Console
```
階層1 : ケーキ
   階層2 : パン
     階層3 : パン
   階層2 : パン
階層1 : ケーキ
```

3-2-5 巻き上げ

JavaScript の変数とスコープには、一見すると奇妙に見える仕様があります。それが**巻き上げ**です。

変数の有効範囲が、ブロックスコープや関数スコープの中であることは、先ほど述べました。実は、その変数が影響をおよぼす範囲は、宣言をおこなう前まで含ま

れます。ほとんどの場合は、この巻き上げの仕様が問題になることはありません。しかし、問題になるケースがまれにあります。そうしたプログラムを以下に示します。一見奇妙に見える現象が発生していることが分かります。

巻き上げの仕様が起こす問題　　　　　　　　　　　　chapter3/hoisting/hoisting.html

```
7     let test = true;
8     if (test) {
9         let food = 'ケーキ';
10        console.log('階層1 :', food);
11
12        if (test) {
13            console.log(' 階層2 :', food);
14            let food = 'パン';
15        }
16    }
```

● Console

```
階層1 : ケーキ
Uncaught ReferenceError: Cannot access 'food' before initialization
      at hoisting.html:13
```

　上のプログラムでは、`console.log(' 階層2 :', food);` が出力されずに、変数 food が初期化されていないのでアクセスできないとエラーが出ています。階層1で宣言した変数 food は、階層2で同じ名前の変数が宣言されるので、アクセスできません。階層2は、`let food = ' パン ';` で宣言された変数 food が優先されます。この2つ目の food がまだ宣言されていないのでアクセスできない、というエラーが発生しています。こうした現象が巻き上げです。

Fig 3-15　巻き上げ

```
if (条件式) {
    let food = 'ケーキ';

    │ 中身が'ケーキ'の変数foodの範囲

    if (条件式) {

        │ 中身が'パン'の変数foodの範囲
        │ ※ ここでfoodを使おうとするとエラーが起きる

        let food = 'パン';

        │ 中身が'パン'の変数foodの範囲

    }

    │ 中身が'ケーキ'の変数foodの範囲

}
```

　それほど問題になることはないのですが、知らないと延々と悩むこともありま
す。こうした仕様があると知っておくとよいでしょう。

3-2-6　定数変数 const

　変数は、中の値を変えられるものです。しかし、ときには値を変えたくないとき
もあります。たとえば、1日の時間は24時間です。こうした値は、変数の中に入
れた値がころころと変わると困ります。24という数で固定したいです。そうした
ときに変数ではなく、中身を変えられない定数を使います。

　JavaScriptには、定数変数を宣言するconstがあります。定数変数は変数の特
殊なものです。多くの場合、短く定数と呼びます。letの代わりにconstで変数宣
言をすると、変数ではなく定数が作れます。変数と定数では、以下の違いがありま
す。

Table 3-01　変数と定数

種類	宣言	ルール
変数	let	変数を宣言したあと、いつでも値を代入できる。何度でも再代入できる。
定数	const	変数を宣言すると同時に値を代入する。再代入はできない。

定数は、変数宣言のときに値も代入しなければなりません。あとで値を代入することはできません。また、再代入もできません。変数に入れる値を変えられないのが、定数の特徴です。

```
const 定数名 = 値
```

プログラムに慣れていない人は、なぜ定数などあるのか、全て変数でよいではないかと思うかもしれません。しかし、全て変数にしておくとトラブルの種になります。プログラムのバグのかなりの量が、書きかえるべきでない値を書きかえてしまうことにあります。プログラムを書いているうちに、値の中身を書きかえてしまい、その結果おかしな結果になるということは非常に多いです。「そんな馬鹿な」と思いますが、人間は基本的に馬鹿なことをするものです。そして大量のミスをします。

そこで、定数の出番です。値を書きかえる必要がないなら、変数を作るタイミングで定数にしておき、違う値を入れられないようにしておくわけです。こうしておけば、変数の中身を変えてしまうことによるバグを未然に防ぐことができます。

JavaScript のプログラムでは、基本的に const を使うとよいです。そして、値を再代入することが分かっているときだけ let を使います。そうすれば、プログラムを書く段階でバグを防げます。

3-2-7 古い変数宣言 var

変数宣言は、let 以外に var もあります。この var は ES5 以前からある古い変数宣言で、互換のために残っています。新しくプログラムを書くときは、const や let を使った方がよいです。

var には、let と比べていくつか違う点があります。まず、有効範囲が関数スコープです。そして、変数の再宣言が可能です。同じスコープ内で、何度でも var を使い変数宣言ができます。また、巻き上げ時にエラーになりません。

Table 3-02　**let** と **var** の違い

種類	スコープ	再宣言	巻き上げ時の仕様
let	ブロックスコープと関数スコープ	できない	エラーになる
var	関数スコープのみ	できる	undefined になる

Fig 3-16　**var のスコープと再宣言**

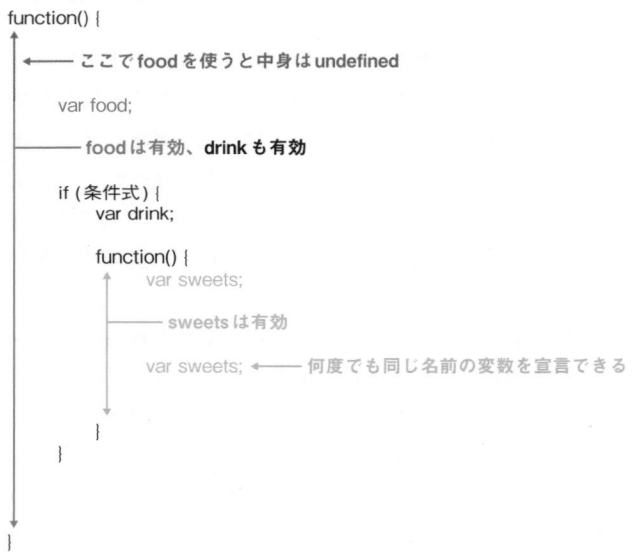

```
function() {

        ←── ここで food を使うと中身は undefined

    var food;

    ─── food は有効、drink も有効

    if ( 条件式 ) {
        var drink;

        function() {
            var sweets;

            ─── sweets は有効

            var sweets;  ←── 何度でも同じ名前の変数を宣言できる

        }
    }


}
```

　var で宣言した変数は、ブロックスコープではありません。そのため、ブロックスコープの「{ }」は無視して、関数スコープの「{ }」だけがスコープになります。

　また、let で宣言した変数は、巻き上げられた場所で使おうとするとエラーになりましたが、var はエラーになりません。その代わりに変数の中身が undefined の状態になります。

　var はスコープが広く、再宣言がおこなえます。そのため、気づかないうちに同じ名前の変数を再宣言してしまい、そのまま値を上書きしてしまうことがあります。そうなると思わぬバグの原因になります。let の方が、スコープが狭く、再宣言ができないので、こうしたミスを起こさず、バグが出にくいです。

　現在の JavaScript では var を使う必要はないので、新しいプログラムを書くと

きは const や let を使ってください。

3-2-8 グローバル変数とローカル変数

スコープの中で宣言された変数は、そのスコープの中だけで有効な**ローカル変数**になります。ローカルという言葉は「特定の場所の」「局所の」という意味です。

スコープの外で宣言された変数は、全ての場所から利用できる**グローバル変数**になります。グローバルという言葉は「広範囲の」「大域の」という意味です。

Fig 3-17 グローバル変数とローカル変数

```
let food; ←──────── グローバル変数

if (条件式) {
    let sweets; ←──── ローカル変数

    if (条件式) {
        let cake; ←──── ローカル変数
    }
}
```

JavaScript のグローバル変数は、**グローバルオブジェクト**と呼ばれる、どこからでもアクセスできる特別なオブジェクトのプロパティです。Web ブラウザの JavaScript では、**window オブジェクト**がグローバルオブジェクトです。window.food のように書いて、window の food プロパティに値を入れれば、どこからでも window.food あるいは food が使えます。

このようにグローバルオブジェクトのプロパティを使うとき、グローバルオブジェクト自身は省略できます。window.food = 'ケーキ' のように値を入れると、どこからでも window.food あるいは food と書くことで、'ケーキ' という値を取り出せます。以下に例を示します。

```
 7      let test = true;
 8      if (test) {
 9          window.food = 'ケーキ';
10          console.log('ローカルスコープ :', food);
11          console.log('ローカルスコープ :', window.food);
12      }
13      console.log('グローバルスコープ :', food);
14      console.log('グローバルスコープ :', window.food);
```

Console

```
ローカルスコープ ： ケーキ
ローカルスコープ ： ケーキ
グローバルスコープ ： ケーキ
グローバルスコープ ： ケーキ
```

　グローバル変数は、スコープを気にせずどこからでも利用できます。一見便利に見えますが、可能な限り使わない方がよいです。どこからでも利用できるということは、どこからでも誤って上書きしてしまう可能性があるということです。グローバル変数は、バグの原因になります。

　特に、多くの外部 JavaScript ファイルを読み込んだり、さまざまな人が書いたプログラムを利用するときは、同じ名前のグローバル変数を使ってしまう可能性があります。そうなると、想定どおりに動かなくなりバグが発生します。

　プログラムを書くときにバグを少なくするには、なるべく変数の寿命を短くします。狭いスコープで変数を使い、広いスコープで利用する変数を可能な限りなくします。そうすると、見える範囲で変数を管理できて、バグの発生を抑えられます。

　グローバル変数はなるべく使わずに、可能な限りローカル変数を使ってください。

3-3　いろいろなデータ型

　プログラムにはさまざまなデータの種類があります。それは数値であったり、文字列であったり、それ以外のさまざまなものだったりします。そうしたデータの種類のことを**データ型**と呼びます。ここでは、いろいろなデータ型を紹介します。

3-3-1　プリミティブ型

　プログラミング言語によって、型の種類は違います。JavaScript には 8 つのデータ型があります。7 つのプリミティブ型とオブジェクトです。プリミティブとは「原始の」「根源の」という意味です。「基本的な型」と思えばよいでしょう。まずは、7 つのプリミティブ型を表で紹介します。そして、この中から実際によく使う Number から Undefined までを紹介していきます。

Table 3-03　**データ型の種類**

種類	内容
`Number`	数値
`String`	文字列
`Boolean`	真偽値
`Null`	存在しない、無効をあらわす値
`Undefined`	未定義をあらわす値
`BigInt`	大きな数値をあつかう値
`Symbol`	シンボル値

3-3-2　数値

　プログラムでは数をあつかうことが多いです。プログラミング言語によっては、数値をあらわすデータ型は細かく分かれており、数が多いです。しかし、JavaScript は、**Number** 型の 1 種類しかありません。

少し余談です。他の言語で、細かく数値のデータ型が分かれているのは理由があります。数学の世界では、数は無限に増えます。しかしプログラムでは、数値は無限ではありません。コンピューターのメモリー上に値を格納する都合から、表現できる範囲が決まっています。

たとえば 32bit(4byte) の メ モ リ ー を 使 う int と い う デ ー タ 型 で は、-2,147,483,648 から 2,147,483,647 までの整数をあつかいます。プラス側が 1 少ないのは 0 が入っているからです。64bit(8byte)のメモリーを使う long というデータ型では、もっと大きな範囲の整数があつかえます。使用するメモリーのサイズで、数値の範囲は決まります。

また、コンピューターでは、整数以外に小数点のついた数(小数点数と呼ぶ)をあつかう方法もあります。これを**浮動小数点数**と呼びます。この方法は、メモリーを正負の符号(符号部)と、数字の桁(指数部)と、数値(仮数部)とに分けて、さまざまな小数点つきの数値を表現する方法です。こちらも、何 bit 分のメモリーを使うかで、あつかえる数値の範囲が変わります。32bit 使う float と、64bit 使う double がよく知られています。いずれも、小数点つきの数を 2 進数で計算する都合上、誤差があることが知られています。

JavaScript は、数値をあらわすのに浮動小数点数と呼ばれる方法を使います。メモリーは 64bit を使用します。浮動小数点数のため、小数点つきの数を計算すると誤差が出ます。たとえば `0.1 + 0.2` を計算すると、`0.30000000000000004` になります。

整数同士の計算のときは、一定の範囲内で誤差なしで計算してくれます。整数は、以下の範囲で安全に使えます。

Table 3-04　**誤差なしで計算がおこなえる範囲**

定数	実際の値	別表現
`Number.MIN_SAFE_INTEGER`	-9,007,199,254,740,991	$-(2^{53} - 1)$
`Number.MAX_SAFE_INTEGER`	9,007,199,254,740,991	$(2^{53} - 1)$

JavaScript では、数値を書く方法が多く用意されています。プログラム中に書いた数値のことを数値リテラルと呼びます。浮動小数点数の場合は、浮動小数点リテラルと呼びます。

まずは数値リテラルの書き方を示します。10 進数、16 進数、8 進数、2 進数で書けます。10 進数、16 進数表記はよく使いますが、8 進数、2 進数表記を使うことはほとんどありません。

Table 3-05　数値リテラル

書き方の例	説明
1234	正の整数 1234。
-1234	負の整数 -1234。
0xFF	16 進数表記。10 進数なら 255。
077	8 進数表記。10 進数なら 63。
0o77	8 進数表記。10 進数なら 63。
0b11	2 進数表記。10 進数なら 3。

16 進数で使う x や A 〜 F、8 進数で使う o、2 進数で使う b のアルファベットは、大文字でも小文字でもよいです。

次に、浮動小数点リテラルの書き方を示します。「(+|-) [数字] . [数字] [(E|e) (+|-)数字]」と書きます。

Table 3-06　浮動小数点リテラル

書き方の例	説明
12.34	正の浮動小数点数 12.34。
-12.34	負の浮動小数点数 -12.34。
.34	0.34。0 は省略可能。
12.	12。小数点以下は省略可能。
1.234E3 1.234E+3	1234。E3 あるいは e3、E+3、e+3 で、10^3 を掛ける意味。
1.234E-3	0.001234。E-3 あるいは e-3 で、10^{-3} を掛ける意味。

》数値の計算をおこなう演算子

プログラムでは、値を計算して別の値を導き出します。あるいは、値と値を計算して別の値を導き出します。そうやってデータを変化させて新しいデータを得ます。こうした計算をおこなうのが**演算子**です。難しいことを言っているようですが、1 + 1 で 2 を得るときの「+」(プラス)が演算子です。

JavaScript には非常に多くの演算子があります。その中から、数値の計算に使う演算子を、表にしてまとめます。

まずは、記号を書いて値を書く単項演算子です。

Table 3-07　**単項演算子**

演算子	説明	例	例の意味
+	値を数値にする。	+ '1'	文字列の '1' を数値の 1 に変換
−	値を数値にして、正負を反転する。	− 1	数値を 1 を、数値− 1 に変換

次に、値と値を計算する算術演算子です。気をつけるべきところは「/」（スラッシュ）の除算です。プログラミング言語によっては、整数を整数で割ると小数点以下を切り捨てて整数にしますが、JavaScript では割り切れないときは小数点つきの数値になります。

Table 3-08　**算術演算子**

演算子	説明	例	例の意味
+	加算演算子。足し算をおこなう。	3 + 2	3 足す 2 で 5
−	減算演算子。引き算をおこなう。	3 - 2	3 引く 2 で 1
/	除算演算子。割り算をおこなう。	3 / 2	3 割る 2 で 1.5
*	乗算演算子。掛け算をおこなう。	3 * 2	3 掛ける 2 で 6
%	剰余演算子。割り算の余りを得る。	3 % 2	3 割る 2 の余りで 1
**	べき乗演算子。左辺を右辺の回数掛ける。	3 ** 2	3 の 2 乗で 9

加減乗除の計算は、日常でもよく使うので、イメージが湧きやすいと思います。べき乗は、複利の計算で使います。1.1 倍を 10 回計算というときは、`1.1 ** 10` と書けます。計算結果は `2.5937424601000023` になります。

プログラムで意外によく使うのが剰余の計算です。プログラムを書かない人にはピンと来ないと思いますが、かなり使う計算です。たとえば、ある整数が偶数か奇数か知りたいと思います。そのときは、数値を 2 で割った余りを求めます。0 なら偶数、1 なら奇数です。

Table 3-09　剰余の計算

整数	計算	結果	偶奇
0	0 % 2	0	偶数
1	1 % 2	1	奇数
2	2 % 2	0	偶数
3	3 % 2	1	奇数
4	4 % 2	0	偶数
5	5 % 2	1	奇数

　同じように、数値を3つのグループ、4つのグループなどに分けたいときに、剰余の計算は重宝します。

Fig 3-18　剰余でグループ分け

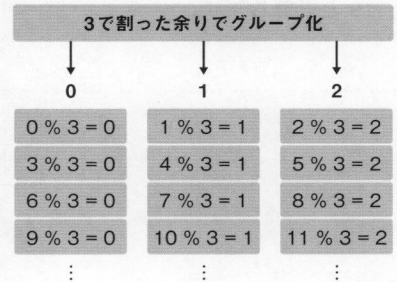

3で割った余りでグループ化

0	1	2
0 % 3 = 0	1 % 3 = 1	2 % 3 = 2
3 % 3 = 0	4 % 3 = 1	5 % 3 = 2
6 % 3 = 0	7 % 3 = 1	8 % 3 = 2
9 % 3 = 0	10 % 3 = 1	11 % 3 = 2
⋮	⋮	⋮

　小数点数から、小数点以下を捨てて整数を得たいときは、以下の方法が使えます。Math.trunc()は、ES6で加わった命令です。

Table 3-10　小数点以下を捨てて整数を得る方法

方法	説明	例
Math.trunc(n)	引数 n の小数部を取りのぞく。	Math.trunc(34.56) は 34
Math.round(n)	引数 n を四捨五入する。	Math.round(34.56) は 35
Math.floor(n)	引数 n 以下の最大の整数を得る。	Math.floor(34.56) は 34
Math.ceil(n)	引数 n 以上の最小の整数を得る。	Math.ceil(34.56) は 35

》計算順と丸括弧

演算子には**優先順位**という、どの演算子から計算するかという順番があります。先ほど示した、数値の計算をおこなう演算子にも優先順位があります。計算式では、優先順位が高い演算子から計算していきます。同じ優先順位の演算子は、左から順に計算します。

Table 3-11　演算子の優先順位

優先順位	演算子
高い	**
↕	* / %
低い	+ －

そのため、2 + 3 * 4 + 5 のような計算は、まず 3 * 4 から計算して 12、そのあと 2 + 12 + 5 となり、14 + 5 となり、19 と計算します。

Fig 3-19　演算子の優先順位に従って計算
- -

```
2 + 3 * 4 + 5
        ↓
2 + 12    + 5
↓
  14      + 5
          ↓
         19
```

この計算の順番を変えたいときは「( )」(丸括弧)を使います。「( )」の中は、先に計算します。丸括弧が入れ子になっているときは、内側から順に計算します。

(2 + 3) * (4 + 5)のような計算は、まず(2 + 3)から計算して 5、次に(4 + 5)を計算して 9。そのあと 5 * 9 となり、45 と計算します。

Fig 3-20　丸括弧内を先に計算
- -

```
(2 + 3) * (4 + 5)
   ↓
   5    * (4 + 5)
              ↓
   5    *    9
   ↓
  45
```

計算の順番が分かりにくいときは、必要がなくても「( )」をつけるのも1つの手です。その方が、分かりやすいなら、そうするとよいでしょう。慣れてくれば、「( )」を取りのぞけばよいです。プログラムに慣れた人には、ぱっと見て分かることでも、初心者には分かりにくいことは多いです。はじめから、慣れた人と同じことを、無理におこなう必要はないです。

》NaN と Infinity

数値には特殊な値があります。その1つが **NaN** です。NaN は Not-A-Number（非数）をあらわします。数値を求める計算で、結果が数値にならないときに、この値は現れます。

たとえば、0 / 0 の結果が NaN になります。プログラミング言語によっては、こうした計算できない計算をするとエラーになりますが、JavaScript では NaN になります。また、計算式の中に NaN があるときは、必ず NaN になります。たとえば、NaN + 1 の結果は NaN になります。

値が NaN かどうかを判定するには、Number.isNaN() を使います。「( )」（丸括弧）の中に入れる引数が NaN なら true という値を、そうでないなら false という値を返します。NaN かどうかの判定は、計算が正しくおこなえたかを確かめるために使います。

また、数値には無限大をあらわす **Infinity** という値もあります。たとえば、1 / 0 の計算をおこなうと結果が Infinity になります。-1 / 0 の計算では、-Infinity になります。

Infinity は、Number.POSITIVE_INFINITY と同値です。また -Infinity は、Number.NEGATIVE_INFINITY と同値です。

3-3-3 文字列

JavaScript は、Web ページで使うプログラミング言語として世に出ました。そのため、文字をあつかうことが多いです。文字が0個以上ならんで集まったデータ形式のことを**文字列**と呼びます。

プログラミング言語によっては「単体の文字」と「文字列」は違う型です。しかし、JavaScript では、数値が Number という1つの型なのと同じように、文字関係は

String という 1 つの型になっています。

　文字列は通常、文字列リテラルを使って作ります。「'」（シングルクォート）や「"」（ダブルクォート）で文字を囲い、文字列を書きます。

構文

```
'文字列'
"文字列"
```

　「'」で囲んだ中で「'」を使いたいときは「¥」（バックスラッシュ）を使い「¥'」と書きます。「"」で囲んだ中で「"」を使いたいときは「¥"」と書きます。「¥」自身は「¥¥」と書きます。バックスラッシュは左上から右下に線を引く斜め線ですが、Windows のフォントによっては円記号として表示されます。本書では、バックスラッシュを円記号「¥」で表記します。

　「¥」は、文字列の中に特殊な記号を含めるのにも利用されます。「¥n」は改行、「¥r」は復帰、「¥t」はタブ文字をあらわします。復帰は、テキストファイルの形式によっては改行のときに使います。ローカルファイルを読み込むときに使われていることがあります。自分でプログラム中に改行を入れるときは「¥n」を使えばよいです。

　「¥」には、もう 1 つの使い方があります。文字列を書いた行の末尾に「¥」を書くと、改行して続きを書けます。このとき、作られる文字列は「¥」と改行を抜いた形になります。

例

```
str = 'チョコレート¥
パフェ'
    ↓
strの中身は「チョコレートパフェ」
```

》文字列の結合

　文字列と文字列、あるいは文字列とその他の値をつなげるときは「+」（プラス）記号を使います。こうした処理のことを**文字列結合**と呼びます。

例

```
'フルーツ' + 'パフェ'
   ↓
'フルーツパフェ'
```

例

```
'コーヒーを' + 3 + '杯'
   ↓
'コーヒーを3杯'
```

この文字列結合の演算子「+」は、数値の加算の演算子「+」と同じ記号なので注意が必要です。数値の足し算のつもりで文字列を結合すると、意図しない結果になります。こうしたミスはたまに起きます。意図しない計算結果が出たときは、足し算ではなく文字列結合をしていないか疑ってください。

例

```
'1' + '1'
   ↓
'11'
```

どちらかが文字列のとき、もう片方が数値でも、文字列の結合になります。「文字列 + その他の値」、あるいは「その他の値 + 文字列」は、その他の値を文字列に変換したあと、文字列として結合します。

例

```
'1' + 1
   ↓
'11'
```

例

```
1 + '1'
   ↓
'11'
```

» テンプレートリテラル

ES6 になり、文字列を書く新しい方法、**テンプレートリテラル**が追加されました。テンプレートリテラルでは、「`」(バッククォート)を使い、文字列を囲います。「`」は、Shift +@ で入力できます。テンプレートリテラルでは、文字列の途中でそのまま改行を入れられます。

◆テンプレートリテラルで改行	chapter3/string/template-new-line.html
7	// テンプレートリテラルで改行
8	let str = `サンドイッチセット
9	2つ注文`;
10	
11	// コンソールに出力
12	console.log(str);

◆Console
サンドイッチセット
2つ注文

また、「${ }」(ドル、波括弧)を使い、JavaScript のプログラムを埋め込めます。多くの場合、「${ }」の中に変数を書き、その値を文字列中に埋め込むために使います。

◆テンプレートリテラルで値を埋め込む	chapter3/string/template-embedded.html
7	// 変数の初期化
8	let menu = 'ホットコーヒー';
9	
10	// テンプレートリテラルで変数の値を埋め込み
11	let str = `注文は${menu}です。`;
12	
13	// コンソールに出力
14	console.log(str);

◆Console
注文はホットコーヒーです。

テンプレートリテラルは、HTMLのタグに文字列を挿入するのに向いています。複数行のHTMLの部品に値を埋め込む例を示します。

	HTMLの部品に値を埋め込む	chapter3/string/template-html.html
7	// 変数の初期化	
8	`let menu = 'ペペロンチーノ';`	
9	`let price = '800円';`	
10		
11	// テンプレートリテラルで変数の値を埋め込み	
12	`let html = ` `<article>`	
13	`<section>`	
14	`<h1>${menu}</h1>`	
15	`<p>${price}</p>`	
16	`</section>`	
17	`</article>`;	
18		
19	// コンソールに出力	
20	`console.log(html);`	

```
Console
<article>
  <section>
    <h1>ペペロンチーノ</h1>
    <p>800円</p>
  </section>
</article>
```

》数値と文字列の変換

JavaScriptでは、数値と文字列を変換することがよくあります。そうしたときのための方法も用意されています。

● 数値 .toString(n)

まずは、数値を文字列に変換する方法です。はじめに紹介するのは .toString() です。引数の進数で文字列にします。引数は省略可能です。引数には2から36の整数が指定可能です。

以下の例で、(15).toString()のように数値を「( )」で囲んでいるのは理由があります。15.toString()と書くと、15.（15.0の意味）と toString() と解釈され、

文法的に間違いと見なされるためです。(15).toString()と書くと、15(数値)と .toString()(メソッド)と解釈されます。

7	// toString() で、各進数に変換
8	`console.log((15).toString());` // '15' 1Ø進数で解釈
9	`console.log((15).toString(10));` // '15' 1Ø進数で解釈
10	`console.log((15).toString(16));` // 'f' 16進数で解釈
11	`console.log((15).toString(8));` // '17' 8進数で解釈
12	`console.log((15).toString(2));` // '1111' 2進数で解釈

● 数値 .toFixed(n)

次に紹介するのは、.toFixed()です。引数の桁数の小数点数で文字列にします。引数を省略すると 0 と解釈します。引数は 0 以上 20 以下の値です。小数点以下の桁数を非常に大きくすると誤差が現れます。

7	// toFixed () で、引数の桁数の小数点数に変換
8	`console.log(123.456.toFixed());` // '123' 小数点Ø桁で解釈
9	`console.log(123.456.toFixed(2));` // '123.46' 小数点2桁で解釈
10	`console.log(123.456.toFixed(8));`
11	// '123.456ØØØØØ' 小数点8桁で解釈
12	`console.log(123.456.toFixed(20));`
13	// '123.456ØØØØØØØØØØØ3Ø6954' 小数点2Ø桁で解釈

● parseInt(s[, n])

文字列を数値に変換する方法を見ていきます。まずは parseInt()です。第 1 引数に数値として解釈したい文字列を書き、第 2 引数に解釈したい進数の数値を書きます。

第 1 引数の文字列は先頭から見ていき、ホワイトスペース(スペースや改行など)は無視します。そして、数値として解釈できるところまでを解釈します。まったく解釈できないときは NaN を返します。

第 2 引数の数値は省略できますが、なるべく書いた方がよいです。省略したときは、入力する値によって何進数と解釈されるかが変わります。きちんと書いておけば、思わぬ誤変換を避けられます。

►parseInt(s[, n]) で文字列を数値に変換		chapter3/string/parse-int.html
7	// parseInt() で、文字列を数値に変換	
8	console.log(parseInt('15', 10));	// 15　　10進数で解釈
9	console.log(parseInt(' 15point', 10));	// 15　　10進数で解釈
10	console.log(parseInt('point', 10));	// NaN　10進数で解釈
11	console.log(parseInt('12.34', 10));	// 12　　10進数で解釈
12	console.log(parseInt('ff', 16));	// 255　16進数で解釈

● parseFloat(s)

　次に紹介するのは、parseFloat()です。引数に数値として解釈したい文字列を書くと、浮動小数点数として解釈して数値を返します。parseInt()と同じように、文字列は先頭から見ていき、ホワイトスペース(スペースや改行など)は無視します。まったく解釈できないときは NaN を返します。

►parseFloat(s) で文字列を浮動小数点数に変換		chapter3/string/parse-float.html
7	// parseFloat() で、文字列を数値に変換	
8	console.log(parseFloat('12.34'));	// 12.34
9	console.log(parseFloat(' 12.34point'));	// 12.34
10	console.log(parseFloat('point'));	// NaN

3-3-4　undefined と null

　undefined は、変数宣言をしたあと、何も値を代入していないときに入っている値です。未定義を意味します。

　まだ説明していないですが、配列やオブジェクト、関数でも undefined が出てきます。配列の要素やオブジェクトのプロパティに値が設定されていないときに undefined が入っています。関数を呼ぶときに引数を省略したときは、呼ばれた関数の引数に undefined が渡されます。関数の戻り値を書いていないときは undefined が返ります。これらは、のちほど説明します。

　JavaScript では、多くの場面で undefined が出てきます。

　null は、存在しない、あるいは無効を意味する値です。関数の戻り値として得られることがあります。たとえば、文字列を検索する .match()というメソッドでは、検索に成功すると結果の配列を返し、失敗すると null を返します。このように何かの処理の結果、該当するものがないときに null を返すことが多いです。

真偽値

真偽値(しんぎち)は、日常生活ではなじみがないものですが、プログラムでは非常によく使います。真偽値は、JavaScript では Boolean というデータ型です。この型は、**true**(トゥルー、真)か、**false**(フォルス、偽)の２つの値を取ります。多くの場合、条件分岐と組み合わせて、プログラムの処理の内容を切りかえるために使います。

Fig 3-21 **真偽値と条件分岐**

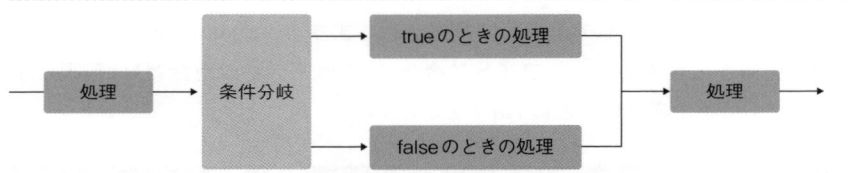

》真偽値を返す演算子

JavaScript には、計算の結果、真偽値を返す演算子が多くあります。たとえば２つの値が同じか、あるいは、どちらの値が大きいか。そうした計算の結果として、true(真、正しい)か false(偽、誤っている)の真偽値を返します。

まずは、最も簡単な真偽値を返す**否定演算子**です。

Table 3-12 **否定演算子**

演算子	説明
! 値	否定演算子。値を真偽値と見なし、真偽を逆転させる。

●否定演算子	chapter3/boolean/not.html
7	// 否定演算子
8	console.log(!true); // false
9	console.log(!false); // true

次は、左辺と右辺が同じかを判定する演算子です。JavaScript には４種類の演算子があります。

Table 3-13　**左辺と右辺が同じかを判定する演算子**

演算子	説明
A == B	等値演算子。AとBを同じと見せれるなら true。それ以外は false。
A != B	不等値演算子。AとBを同じと見なせるなら false。それ以外は true。
A === B	同値演算子。AとBが厳密に同じなら true。それ以外は false。
A !== B	非同値演算子。AとBが厳密に同じなら false。それ以外は true。

「==」と「!=」は**等価演算子**とも呼ばれます。左辺と右辺のデータ型が違っていても、同じと見なせるかを判定します。たとえば '1' == 1 は、文字列と数値という違う型ですが、どちらも1と見なせるので true になります。null == undefined も true になります。

「===」と「!==」は**厳密等価演算子**とも呼ばれます。左辺と右辺のデータ型まで含めて、同じかを判定します。たとえば '1' == 1 は、文字列と数値という違う型なので、false になります。null === undefined も違う型なので false になります。

特に理由がなければ、「===」と「!==」の厳密等価演算子を使った方がよいです。型が違う値を同じと見なしていると、適切な型ではない値が入力されたときに思わぬバグを出します。

◆左辺と右辺が同じかを判定する演算子　　　　　　　　　　chapter3/boolean/equal.html

```
 7    // 等値演算子
 8    console.log(1 == 1);       // true
 9    console.log(1 == 2);       // false
10    console.log('1' == 1);     // true
11    console.log(null == undefined);   // true
12
13    // 不等値演算子
14    console.log(1 != 1);       // false
15    console.log(1 != 2);       // true
16    console.log('1' != 1);     // false
17
18    // 同値演算子
19    console.log(1 === 1);       // true
20    console.log(1 === 2);       // false
21    console.log('1' === 1);     // false
22    console.log(null === undefined);   // false
```

```
23
24      // 非同値演算子
25      console.log(1 !== 1);    // false
26      console.log(1 !== 2);    // true
27      console.log('1' !== 1);  // true
```

次は**比較演算子**です。値の大小を比較します。

Table 3-14　**比較演算子**

演算子	説明
A < B	小なり演算子。A が B より小さければ true。それ以外は false。
A > B	大なり演算子。A が B より大きければ true。それ以外は false。
A <= B	小なりイコール演算子。A が B より小さい、あるいは同じなら true。それ以外は false。
A >= B	大なりイコール演算子。A が B より大きい、あるいは同じなら true。それ以外は false。

●比較演算子	chapter3/boolean/comparison.html

```
 7      // 小なり演算子
 8      console.log(2 < 1);    // false
 9      console.log(2 < 2);    // false
10      console.log(2 < 3);    // true
11
12      // 大なり演算子
13      console.log(2 > 1);    // true
14      console.log(2 > 2);    // false
15      console.log(2 > 3);    // false
16
17      // 小なりイコール演算子
18      console.log(2 <= 1);    // false
19      console.log(2 <= 2);    // true
20      console.log(2 <= 3);    // true
21
22      // 大なりイコール演算子
23      console.log(2 >= 1);    // true
24      console.log(2 >= 2);    // true
25      console.log(2 >= 3);    // false
```

比較演算子は、文字列の比較もおこないます。文字を辞書順で比較して、どちらが前にあるか（小さいと見なせるか）で判定します。以下の文字列は、辞書順に並べると「ant」「cat」「cats」「dog」になります。この場合、ant が最も前で（小さい）、dog が最も後に（大きく）なります。

● 比較演算子による文字列の比較		chapter3/boolean/comparison-string.html
7	// 文字列の比較	
8	console.log('cat' < 'ant');	// false
9	console.log('cat' < 'cats');	// true
10	console.log('cat' < 'dog');	// true

次は、論理積（AND）と論理和（OR）です。

Table 3-15　論理演算子

演算子	説明
A && B	論理積（AND）。A と B の両方が true と見なせるなら true。それ以外は false。
A || B	論理和（OR）。A と B のどちらかでも true と見なせるなら true。それ以外は false。

プログラムの言葉で書かれると、難しそうに見えますが、論理積と論理和は日常でもよく使います。たとえば「1000 円以内で、和食のメニューを食べる」という条件でメニューを選ぶときは、「1000 円以内が真」かつ「和食が真」という、両方が true なら true を返す、論理積の計算をしています。

また「サラダがついているか、漬物がついている」という条件でメニューを選ぶときは、「サラダが真」あるいは「漬物が真」という、どちらかが true なら true を返す、論理和の計算をしています。

Fig 3-22　論理積（AND）

	○ true	× false
○ true	○ true	× false
× false	× false	× false

Fig 3-23　論理和（OR）

	○ true	× false
○ true	○ true	○ true
× false	○ true	× false

》真偽値と見なされる値

　数値や文字列などの真偽値ではない JavaScript の値は、条件分岐などの条件式で、true か false のどちらかに見なされます。

　undefined や null は false と見なされます。数値は、0 と NaN のときに false と見なされ、それ以外は true と見なされます。文字列は、空文字 " のときに false と見なされ、それ以外は true と見なされます。

　配列は要素数が 0 のときに false と見なされ、それ以外は true と見なされます。オブジェクトはプロパティがないときに false と見なされ、それ以外は true と見なされます。

Table 3-16　条件式での真偽の判定

種類	false と見なされるもの	true と見なされるもの
特殊な値	undefined、null	
数値	0、NaN	左記以外
文字列	' '	左記以外
配列	[ ]	左記以外
オブジェクト	{ }	左記以外

3-4 大量のデータを あつかうデータ型

これまでは、1つの変数で、1つの値をあつかうデータ型を見てきました。ここでは、1つの変数で多くの値をまとめてあつかうデータ型を見ていきます。

3-4-1 オブジェクトと配列

プログラムの利点の1つは、大量のデータを機械的に処理してくれる点です。そのためには、多くのデータをまとめてあつかう仕組みが必要です。多くのプログラミング言語では、データが順番にならんだ**配列**や、名前(キー)と値のペアでデータを管理する**連想配列**のためのデータ構造が用意されています。

Fig 3-24　配列

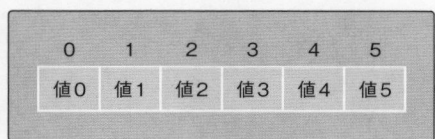

Fig 3-25　連想配列

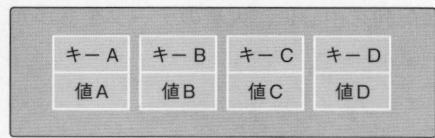

JavaScript にも、こうした仕組みのデータ構造があります。そのものズバリの配列と、連想配列のような**オブジェクト**です。JavaScript では配列は、オブジェクトから派生したデータ構造です。そのためオブジェクトから見ていきます。

オブジェクトは、名前と値がペアになった**プロパティ**を内部に持ちます。プロパティの値には、関数が入っていることもあります。関数が入っているプロパティのことを、特別に**メソッド**とも呼びます。

Fig 3-26　JavaScript のオブジェクト

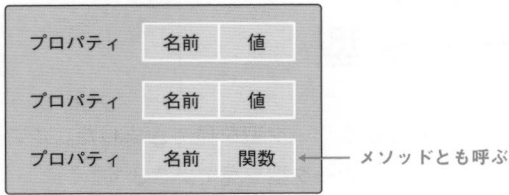

配列は 0 からはじまる連番の**要素**を持ち、要素の数をあらわす **length** プロパティを持ちます。要素の位置をあらわす数値のことを**添え字**と呼びます。また、配列を処理するための各種メソッドを持ちます。

Fig 3-27　配列の要素

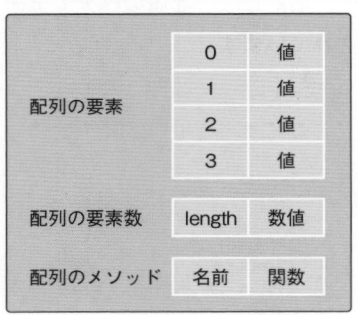

　ここでは、JavaScript のオブジェクトと配列を中心に、大量のデータをあつかうためのデータ構造を見ていきます。

3-4-2　オブジェクトリテラル

　JavaScript では、オブジェクトをプログラムの中に書くための方法が用意されています。この書き方で書いたデータのことを、**オブジェクトリテラル**と呼びます。

　オブジェクトリテラルではデータを「{ }」(波括弧)で囲い、1 つのプロパティは「名前：値」と「:」(コロン)で区切って書きます。また各プロパティは「,」(カンマ)で区切ってならべます。

132

プロパティ名は、どのような文字列でもかまいません。また、文字列のように「'」や「"」で囲う必要はありません。ただし、ハイフンなどの記号が入っているとエラーになります。その際は、文字列のように「'」や「"」で囲えばよいです。

→ 1行で書く chapter3/object/literal.html

```
10    // 1行で書く
11    menu = {coffee: '450円', cake: '600円', 'cake-set': '800円'};
```

オブジェクトリテラルは1行で書く必要はなく、改行を入れてデータを書くこともできます。

→ 複数行で書く chapter3/object/literal.html

```
13    // 複数行で書く
14    menu = {
15        coffee: '450円',
16        cake: '600円',
17        'cake-set': '800円'
18    };
```

また、オブジェクトリテラルは入れ子にすることもできます。値としてオブジェクトを書いたり、配列を書いたりすることもできます。

→ データを入れ子構造にする chapter3/object/literal.html

```
20    // データを入れ子にする
21    menu = {
22        coffee: {name: 'コーヒー', price: 450},
23        cake: {name: 'ケーキ', price: 600}
24    };
```

オブジェクトリテラルの中に変数の値を入れたいときは、短い書き方があります。変数名だけを書けば、変数名をプロパティ名、変数の値をプロパティの値にできます。

→ プロパティ名と値のセットを短く書く	chapter3/object/literal-short.html

7	// 変数の初期化
8	`const name = 'コーヒー';`
9	`const price = 450;`
10	
11	// オブジェクトリテラルの短い書き方
12	`const menu = {name, price};`
13	
14	// コンソールに出力
15	`console.log(menu);`

● Console

```
{name: "コーヒー", price: 450}
```

3-4-3 プロパティへのアクセス

オブジェクトのプロパティは、2種類の方法で利用できます。1つ目の方法は、「.」（ドット）を書き、そのあとにプロパティ名を書く方法です。2つ目の方法は、「[ ]」（角括弧）を書き、その中に文字列としてプロパティ名を書く方法です。こうした方法を使い、各プロパティの値を得たり、書きかえたりできます。

構文

```
オブジェクト.プロパティ名
オブジェクト['プロパティ名']
```

実際の例を示します。値を得たり、「=」で値を代入したりします。

→ プロパティへのアクセス	chapter3/object/access-1.html
7	// オブジェクトの作成
8	const menu = {coffee: '450円', cake: '600円'};
9	
10	// プロパティ値の出力
11	console.log(menu.coffee);
12	console.log(menu['cake']);
13	
14	// プロパティ値の書きかえ
15	menu.coffee = '460円';
16	menu['cake'] = '620円';
17	
18	// プロパティ値の出力
19	console.log(menu.coffee);
20	console.log(menu['cake']);

→ Console
450円
600円
460円
620円

　オブジェクトの中身が入れ子になっているときは、プロパティのあとに、またプロパティを書きます。「.」と「[ ]」の書き方は、まぜてもかまいません。プロパティを変数に入れたあと、その先のプロパティにアクセスすることもできます。

→ 入れ子構造のオブジェクトからプロパティの値を取得	chapter3/object/access-2.html
7	// 入れ子のオブジェクトを作成
8	const menu = {
9	coffee: {name: 'コーヒー', price: 450},
10	cake: {name: 'ケーキ', price: 600}
11	};
12	
13	// プロパティ値の出力
14	console.log(menu.coffee.name);
15	console.log(menu['cake']['name']);
16	console.log(menu['cake'].price);

▼

17	
18	// プロパティを変数に代入
19	const coffee = menu.coffee;
20	
21	// プロパティ値の出力
22	console.log(coffee.price);

```Console
コーヒー
ケーキ
600
450
```

存在しないプロパティの名前を書いて、その値を得ようとしたときは、undefined が得られます。エラーにはなりません。

3-4-4 オブジェクトと参照

プリミティブ型では、変数に値を直接代入しました。オブジェクトでは、変数に代入するのはオブジェクトそのものではなく**参照**と呼ばれるものになります。

オブジェクトは、現実世界でたとえると倉庫のようなものです。倉庫の中には、名前のついた荷物が納められています。倉庫そのものを持ち歩くことはできないので、鍵を持ち歩きます。鍵は複製を作り、他人に渡すこともできます。

同じようにオブジェクトは、内部にプロパティを持つデータの集合です。変数に入れるのはデータの集合ではなく、倉庫の鍵に当たる参照というものです。この参照は、複数の変数に代入できます。そのときはオブジェクトを共有することになります。

Fig 3-28 **倉庫と鍵**

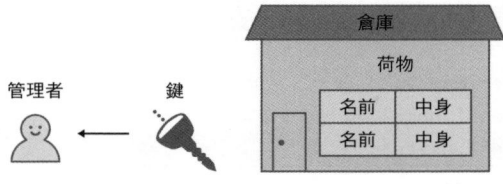

136

Fig 3-29　オブジェクトと参照

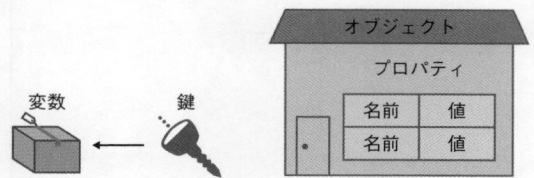

　複数の人で倉庫の鍵を管理しているとします。そして、鍵を持っている人の1人が、倉庫の中の荷物を別の物に変えたとします。すると、その後、誰が倉庫に入っても中の荷物は、変更された状態になっています。同じように、オブジェクトの参照を複数の変数に入れたときは、いずれかの変数でプロパティの値を変えたら、どの変数から値を見ても、中身が変わっています。

Fig 3-30　複数の変数

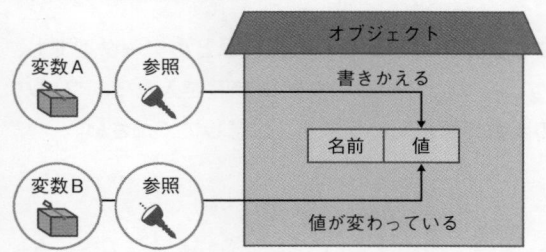

　この仕組みを知らないと、ときに混乱することがあります。プログラムの書きはじめの人には、なじみのないルールですが、知っておく必要があります。
　また、参照を代入する変数を const で宣言していても、プロパティは自由に書きかえられます。変数に代入する参照を変えることはできませんが、その先のプロパティは定数ではないからです。
　以下、複数の変数でオブジェクトを共有する例を示します。複製した参照を使ってプロパティの値を書きかえると、元の変数の方でもプロパティの値が変わっています。550 だったのが 500 になっています。

	プロパティの値を書きかえる	chapter3/object/multi-valiable.html
7	// オブジェクトを作成	
8	const obj1 = {name: 'チョコケーキ', price: 550};	
9		
10	// オブジェクトの参照を複製	
11	const obj2 = obj1;	
12		
13	// 複製した参照でプロパティの値を書きかえる	
14	obj2.price = 500;	
15		
16	// 元のオブジェクトのプロパティの値をコンソールに出力	
17	console.log(obj1.price);	

Console
500

　オブジェクトだけでなく、オブジェクトから派生した配列などのデータ型でも、同じように参照が変数に入ります。そのため複数の変数に参照を入れて、プロパティの値を書きかえると、全ての変数で値が変わります。注意してください。

3-4-5 　Object

　JavaScript のプログラムでデータを書くときは、**オブジェクト**をよく使います。また、**標準ビルトイン(組み込み)オブジェクト**と呼ばれる、JavaScript にはじめからあるオブジェクトもよく使います。こうしたオブジェクトの祖先をさかのぼると **Object オブジェクト**(通常は単純に Object と呼ぶ)にたどりつきます。Objectは、さまざまなオブジェクトの共通の祖先です。

Fig 3-31　**Object と子や孫**

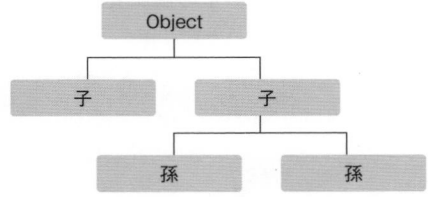

オブジェクトには、もとになるオブジェクト（**コンストラクター**）と、そのオブジェクトをもとに作られたオブジェクト（**インスタンス**）が存在します。通常はインスタンスを使い、そのプロパティやメソッドを利用します。オブジェクトリテラルで作るオブジェクトは、Object のインスタンスです。

また、コンストラクター（もとになるオブジェクト）からだけ使えるプロパティやメソッドもあります。こうしたものを静的プロパティや静的メソッドと呼びます。数値から整数部分を返す Math.trunk() など、静的メソッドはこれまでにもいくつか登場しています。

Fig 3-32　静的プロパティや静的メソッド

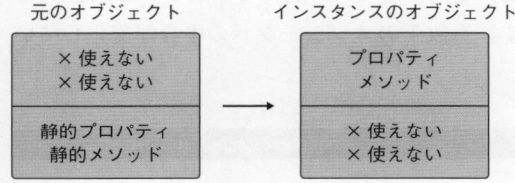

Object にもインスタンスで使うメソッドや、静的メソッドがあります。そうしたものの一部を紹介します。まずは、インスタンスで使うメソッドです。

Table 3-17　Object のインスタンスで使うメソッド

メソッド	説明
`.toString()`	そのオブジェクトの文字列表現を得る。
`.valueOf()`	そのオブジェクトのプリミティブな値を得る。

JavaScript のオブジェクトは、親や祖先のプロパティやメソッドが継承されています。そのため、Object から派生した各種オブジェクトでも、.toString()や .valueOf()といったメソッドを使えます。

次は静的メソッドです。

Table 3-18　**Object の静的メソッド**

メソッド	説明
`Object.keys(o)`	オブジェクト o のキーの配列を得る。
`Object.values(o)`	オブジェクト o の値の配列を得る。
`Object.entries(o)`	オブジェクト o の、[キー , 値]（要素数 2 の配列）の配列を得る。
`Object.assign(o1, o2[, …])`	オブジェクト o1 に、引数 2 以降のオブジェクトを統合する。また統合したオブジェクトを返す。

　以下に静的メソッドの例を示します。.keys()、.values()、.entries()では、それぞれプロパティ名、プロパティ値、名前と値のペアを得ています。.assign()では、オブジェクトを統合しています。引数 1 のオブジェクトの中身が変化しています。

●Object の静的メソッド　　　　　　　　　　　　　　　chapter3/object/static-method.html

```
 7     // オブジェクトを作成
 8     const obj1 = {name: 'チョコケーキ', price: 550};
 9
10     // コンソールに出力
11     console.log('keys    :', Object.keys(obj1));
12     console.log('values  :', Object.values(obj1));
13     console.log('entries :', Object.entries(obj1));
14
15     // オブジェクトを作成
16     const obj2 = {type: 'food', timing: '食後'};
17
18     // オブジェクトを統合
19     const obj3 = Object.assign(obj1, obj2);
20
21     // コンソールに出力
22     console.log('obj1 :', obj1);
23     console.log('obj2 :', obj2);
24     console.log('obj3 :', obj3);
```

```
● Console
keys    : (2) ["name", "price"]
values  : (2) ["チョコケーキ", 550]
entries : (2) [(2) ["name", "チョコケーキ"], (2) ["price", 550]]
obj1 : {name: "チョコケーキ", price: 550, type: "food", timing: "食後"}
obj2 : {type: "food", timing: "食後"}
obj3 : {name: "チョコケーキ", price: 550, type: "food", timing: "食後"}
```

3-4-6 標準ビルトインオブジェクト

標準ビルトイン（組み込み）オブジェクトについて触れます。JavaScript には、非常に多くのビルトインオブジェクトがあります。

たとえば、数の Number、数学の Math、日付の Date。文字列の String、正規表現（文字列をパターンであつかう）の RegExp などがあります。これらのいくつかは、のちほどくわしく説明します。

例外処理で出てくる、各種のエラーオブジェクトもあります。処理をまとめた関数（Function）も、JavaScript ではオブジェクトの１つです。JSON という、サーバーとのやり取りでよく使うデータ形式をあつかうオブジェクトもあります。

また、データ系のオブジェクトとして、配列の Array、連想配列の Map、重複しない値の集合の Set などがあります。データのあつかいを見ていくということで、このあとは配列を中心に説明していきます。

3-4-7 配列

配列はすでに何度か出てきています。配列は、０からの連番で値がならんだデータ構造です。配列は、JavaScript で非常によく出てくるために、プログラムの中にそのまま書くことができる**配列リテラル**が用意されています。配列は、「[ ]」（角括弧）を使い、「,」（カンマ）区切りで値をならべて書きます。

構文

```
[値0, 値1, 値2, 値3, ...]
```

配列の中にある個々のデータは要素と呼ばれます。要素は、要素０からはじまって、要素１、要素２と連続して続きます。要素の数は、要素数と呼ばれます。配列は Array オブジェクトのインスタンス（実体化したもの）です。配列の要素数は、.length プロパティで得られます。

　各要素にアクセスするには、配列のあとに「[ ]」（角括弧）を書き、何番目の要素かを整数で書きます。配列の要素は０からはじまるので、０以上の整数を書きます。この数字を添え字と呼びます。要素数より大きな要素や、中身のない要素にアクセスすると、undefined が得られます。

	配列を作成して、各要素を読み書きする	chapter3/array/literal.html
7	// 配列を作成	
8	const arr = ['コーヒー', '紅茶', 'ケーキ', 'クッキー'];	
9		
10	// コンソールに出力	
11	console.log(arr[-1], arr[0], arr[1], arr[2], arr[3], arr[4]);	
12	console.log('要素数 :', arr.length);	
13		
14	// 要素1をコンソールに出力	
15	console.log('要素1 :', arr[1]);	
16		
17	// 要素1を書きかえる	
18	arr[1] = 'ほうじ茶';	
19		
20	// 要素1をコンソールに出力	
21	console.log('要素1 :', arr[1]);	

```
● Console
undefined "コーヒー" "紅茶" "ケーキ" "クッキー" undefined
要素数 : 4
要素1 : 紅茶
要素1 : ほうじ茶
```

　配列も、オブジェクトのように入れ子にできます。

	●入れ子構造の配列	chapter3/array/literal-nest.html
7	// 配列を作成	
8	const arr = [	
9	['コーヒー', 450],	
10	['紅茶', 500]	
11	];	

　配列は、配列リテラルではなく Array() を使って作ることもできます。引数が 1 つで数値のときは、その要素数の空の配列を作ります。このとき 0 以上の整数でなければなりません。そうでないときはエラーが起きます。

　引数が 2 つ以上、あるいは 1 つだけれど数値以外のときは、引数を順番に要素に入れた新しい配列を作ります。

	●Array() による配列の作成	chapter3/array/new-array.html
7	// 配列を作成して、コンソールに出力	
8	const arr1 = new Array(2);	
9	console.log('arr1 要素数 : ' + arr1.length, arr1);	
10	console.log('arr1 : 0', arr1[0], '1', arr1[1]);	
11		
12	// 配列を作成して、コンソールに出力	
13	const arr2 = new Array(2, 4, 8);	
14	console.log('arr2 要素数 : ' + arr2.length, arr2);	
15		
16	// 配列を作成して、コンソールに出力	
17	const arr3 = new Array('プリン');	
18	console.log('arr3 要素数 : ' + arr3.length, arr3);	

```
●Console
arr1 要素数 : 2 (2) [empty × 2]
arr1 : 0 undefined 1 undefined
arr2 要素数 : 3 (3) [2, 4, 8]
arr3 要素数 : 1 ["プリン"]
```

　配列には、中のデータをあつかうためのメソッドが多くあります。また、Array オブジェクト自身の静的メソッドもあります。ここでは静的メソッドを紹介します。インスタンスのメソッドについては、のちほどデータ処理のところで紹介します。

Table 3-19　Array オブジェクトが持つ静的メソッド

メソッド	説明
`Array.isArray(a)`	引数 a が配列なら true、そうでないなら false を返す。
`Array.from(a)`	引数 a が、配列に変換可能なオブジェクトなら、新しい配列を作って返す。
`Array.of(a, b, …)`	引数を順番に要素へ入れた、新しい配列を作って返す。

3-4-8　Map

　Map は、オブジェクトや配列ほどよく出てくるわけではないので、必要になったときに目を通せばよいです。

　Map は Object のように、キーと値がセットになったデータ構造です。なぜ、同じような 2 種類のオブジェクトがあるかというと、Map は Object とはいくつかの異なった特徴があるからです。以下に、その特徴を挙げます。

- Map のインスタンスは、Object のインスタンスと違い、Object 固有のプロパティがない。
- Map のキーにはあらゆる値を設定できるが、Object のプロパティ名は基本的に文字列。
- Map に入れた値は順序が保存されるが、Object に入れた値は順不同になる。
- Map の項目数は size プロパティで手軽に得られる。
- Map は反復処理を直接使えるが、Object はメソッドでキーや値を得なければならない。
- Map の方が、処理の性能がよい。

　Map には上記のような特徴があるため、処理の効率が求められるシーンで、Object の代わりに使います。Map は、`new Map()`で、新しい Map オブジェクト（Map のインスタンス）を作ってから使用します。データの出し入れはメソッドでおこないます。

　下の表の説明で出てくる Iterator オブジェクトは、反復処理可能なオブジェクトのことです。のちほど説明する for of 文などで使います。またデータは、キーと値のセットをあらわすものとします。

144

Table 3-20　**Map のプロパティ**

プロパティ	説明
`.size`	データの数。

Table 3-21　**Map のメソッド**

メソッド	説明
`.clear()`	データを全て削除。
`.set(k, v)`	キー k と値 v のセットを登録。Map 自身を返す。
`.get(k)`	キー k の値を返す。
`.has(k)`	キー k のデータがあるなら true、ないなら false を返す。
`.delete(k)`	キー k のデータを削除。成功したら true、要素がなかったら false を返す。
`.keys()`	キーを挿入順に取り出せる Iterator オブジェクトを返す。
`.values()`	値を挿入順に取り出せる Iterator オブジェクトを返す。
`.entries()`	［キー，値］（要素数 2 の配列）を挿入順に取り出せる Iterator オブジェクトを返す。
`.forEach(f)`	関数 f で全てのデータを処理する。関数 f は、第 1 引数が値、第 2 引数がキー、第 3 引数が Map オブジェクト自身になる。

以下に例を示します。

```
● Map の作成と利用                                    chapter3/map/method.html
 7    // マップを作成
 8    const myMap = new Map();
 9    myMap.set('coffee', 'コーヒー');
10    myMap.set('tea', '紅茶');
11    myMap.set('cake', 'ケーキ');
12
13    // コンソールに出力
14    console.log('サイズ :', myMap.size);
15    console.log('coffee :', myMap.get('coffee'));
16
17    // 全てのキーと値を出力
18    myMap.forEach(function(value, key) {
19        console.log('forEach : ', key, ' : ', value);
20    });
```

```
● Console
サイズ : 3
coffee : コーヒー
forEach :  coffee  :  コーヒー
forEach :  tea  :  紅茶
forEach :  cake  :  ケーキ
```

　また、new Map()の引数として、キーと値のペアの配列を渡すことでも Map を初期化できます。

```
● キーと値のペアの配列を利用                          chapter3/map/new-map.html
7      // マップを作成
8      const myMap = new Map([
9          ['coffee', 'コーヒー'],
10         ['tea', '紅茶'],
11         ['cake', 'ケーキ']
12     ]);
13
14     // コンソールに出力
15     console.log(myMap);
```

```
● Console
Map(3) {"coffee" => "コーヒー", "tea" => "紅茶", "cake" => "ケーキ"}
```

3-4-9　Set

　Set は、オブジェクトや配列ほどよく出てくるわけではないので、必要になったときに目を通せばよいです。

　Set は、重複しない値の集合を作ります。値をどんどん追加していき、同じ値のときは格納しません。Set は、new Set()で、新しい Set オブジェクト(Set のインスタンス)を作ってから使用します。データの出し入れなどはメソッドでおこないます。

　下の表の説明で出てくる Iterator オブジェクトは、反復処理可能なオブジェクトのことです。のちほど説明する for of 文などで使います。

Table 3-22　**値の数を得る size プロパティ**

プロパティ	説明
.size	値の数。

Table 3-23　**Set オブジェクトのメソッド**

メソッド	説明
.clear()	データを全て削除。
.add(v)	値 v を登録。Set 自身を返す。
.has(v)	値 v がすでにあるなら true、ないなら false を返す。
.delete(v)	値 v を削除。値 v があったら true、なかったら false を返す。
.keys()	値を挿入順に取り出せる Iterator オブジェクトを返す。
.values()	値を挿入順に取り出せる Iterator オブジェクトを返す（.Keys() と同じ）。
.entries()	[値 , 値]（要素数 2 の配列）を挿入順に取り出せる Iterator オブジェクトを返す。
.forEach(f)	関数 f で全てのデータを処理する。関数 f は、第 1 引数が値、第 2 引数が値、第 3 引数が Set オブジェクト自身になる。

➜ set の作成と利用	chapter3/set/method.html

```
7     // セットを作成
8     const mySet = new Set();
9     mySet.add('コーヒー');
10    mySet.add('紅茶');
11    mySet.add('ケーキ');
12
13    // コンソールに出力
14    console.log('サイズ :', mySet.size);
15
16    // 全ての値を出力
17    mySet.forEach(function(value1, value2) {
18      console.log('forEach : ', value1, ' : ', value2);
19    });
```

```
サイズ ： 3
forEach ：　コーヒー　：　コーヒー
forEach ：　紅茶　：　紅茶
forEach ：　ケーキ　：　ケーキ
```

　また、new Set()の引数として、値の配列を渡すことでも Set を初期化すること
ができます。重複部分は取りのぞかれて、Set が作られます。

```
 7    // セットを作成
 8    const mySet = new Set(['コーヒー', 'コーヒー', '紅茶', 'ケーキ', '
      ケーキ']);
 9
10    // コンソールに出力
11    console.log(mySet);
```

```
Set(3) {"コーヒー", "紅茶", "ケーキ"}
```

3-4-10　分割代入

　配列やオブジェクトから値を取り出して、1つ1つ別の変数に代入していくの
は手間がかかります。**分割代入**という方法を使えば、配列の要素や、オブジェクト
のプロパティの値を、短い書き方で取り出せます。
　配列リテラルやオブジェクトリテラルに似た書き方を左辺に書くことで、右辺の
配列やオブジェクトから、対応する値を取り出せます。

　まずは配列の分割代入を示します。左辺に「[ ]」（角括弧）を書くことで、右辺の
配列から要素を得て、対応する位置に書いた変数に代入できます。

●配列の分割代入	chapter3/destructuring_assignment/array-1.html
7	// 配列を作成
8	const arr = ['コーヒー', '紅茶', 'ジュース', 'ほうじ茶', 'そば茶'];
9	
10	// 分割代入
11	const [a, b, c] = arr;
12	
13	// コンソールに出力
14	console.log(a, b, c);

●Console
コーヒー　紅茶　ジュース

　要素を飛ばしたいときは変数を書かずに「,」だけ書きます。また、残りの値を全て配列で得たいときは、末尾に「...」と書いたあと変数を書きます。

●要素のスキップや残余取得	chapter3/destructuring_assignment/array-2.html
7	// 配列を作成
8	const arr = ['コーヒー', '紅茶', 'ジュース', 'ほうじ茶', 'そば茶'];
9	
10	// 分割代入
11	const [a, , b, ...c] = arr;
12	
13	// コンソールに出力
14	console.log(a, b, c);

●Console
コーヒー　ジュース　["ほうじ茶", "そば茶"]

　配列の要素がなく、undefined が返ってきたときの規定値を、「=」(イコール)で設定することもできます。

●規定値を設定		chapter3/destructuring_assignment/array-3.html

```
7    // 配列を作成
8    const arr = ['コーヒー'];
9
10   // 分割代入
11   const [a = '紅茶', b = 'ジュース', c = 'ほうじ茶'] = arr;
12
13   // コンソールに出力
14   console.log(a, b, c);
```

●Console

```
コーヒー ジュース ほうじ茶
```

次に、オブジェクトの分割代入を示します。左辺に「{ }」(波括弧)と変数名を書くことで、右辺のオブジェクトから変数名と同じ名前のプロパティの値を得て、変数に代入できます。

●オブジェクトの分割代入		chapter3/destructuring_assignment/object-1.html

```
7    // 配列を作成
8    const obj = {menuA: 'コーヒー', menuB: '紅茶', menuC: 'ジュース
     '};
9
10   // 分割代入
11   const {menuA, menuB, menuC} = obj;
12
13   // コンソールに出力
14   console.log(menuA, menuB, menuC);
```

●Console

```
コーヒー 紅茶 ジュース
```

変数名を変えて受け取ることもできます。その際には、左辺に対応するプロパティ名を書き、値のところに変数名を書きます。

●変数名を変える分割代入		chapter3/destructuring_assignment/object-2.html
7	// 配列を作成	
8	const obj = {menuA: 'コーヒー', menuB: '紅茶', menuC: 'ジュース'};	
9		
10	// 分割代入	
11	const {menuA: a, menuB: b, menuC: c} = obj;	
12		
13	// コンソールに出力	
14	console.log(a, b, c);	

● Console

```
コーヒー 紅茶 ジュース
```

　配列と同じように、残りのプロパティを全て得たいときは、末尾に「...」と書いたあと変数を書きます。

●残りのプロパティを取得		chapter3/destructuring_assignment/object-3.html
7	// 配列を作成	
8	const obj = {menuA: 'コーヒー', menuB: '紅茶', menuC: 'ジュース'};	
9		
10	// 分割代入	
11	const {menuA, ...menu} = obj;	
12		
13	// コンソールに出力	
14	console.log(menuA, menu);	

● Console

```
コーヒー {menuB: "紅茶", menuC: "ジュース"}
```

　配列と同じように、プロパティがなく、undefined が返ってきたときの規定値を、「=」(イコール)で設定することもできます。

151

7	// 配列を作成
8	`const obj = {menuA: 'コーヒー', menuB: '紅茶', menuC: 'ジュース'};`
9	
10	// 分割代入
11	`const {menuA = 'ほうじ茶', menuD = 'そば茶'} = obj;`
12	
13	// コンソールに出力
14	`console.log(menuA, menuD);`

Console

```
コーヒー　そば茶
```

152

3-5 演算子

演算子は、値を計算して新しい値を返す記号です。すでに多くの演算子を紹介していますが、まだ触れていない演算子の中で、よく登場するものを紹介します。

3-5-1 代入演算子

左辺の変数に値を代入する「=」（イコール）はすでに何度も出てきています。それ以外にも多くの代入演算子が存在しています。演算子の左右の値を計算して値を返す演算子には、対応した代入演算子が存在しています。

たとえば数値を足したり、文字列を結合する「+」の演算子には「+=」という代入演算子があります。この代入演算子を使えば、変数にある値を足して、その結果を変数に代入する処理を短く書けます。以下の2つの式は同じ意味になります。

例

```
num = num + 7;
     ↓
num += 7;
```

同じように、引き算なら以下のように書けます。

例

```
num = num - 7;
     ↓
num -= 7;
```

掛け算や割り算など、多くの演算子で同じような代入演算子が存在しています。

演算子

3-5-2 インクリメントとデクリメント

プログラムの計算では、変数の値に 1 を足したり、1 を引いたりする計算がとても多いです。そのため、こうした計算を専門におこなう演算子が用意されています。1 を足す処理を**インクリメント**、1 を引く処理を**デクリメント**と呼びます。そして、1 を足す演算子「++」を**インクリメント演算子**、1 を引く演算子「--」を**デクリメント演算子**と呼びます。以下の 3 つの式は全て同じ計算です。

例
```
num = num + 1;
num += 1;
num ++;
```

例
```
num = num - 1;
num -= 1;
num --;
```

インクリメントやデクリメントは、単独で使うときには、特に注意すべきことはありません。しかし、他の式の中にまぜて使うときには注意が必要です。以下のような、手順で処理がおこなわれます。

例
```
数値 + num++
      ↓
数値 + num　の計算をする
      ↓
num = num + 1　の計算をする
```

計算式で値を使い、そのあとで 1 を足したり引いたりします。実際のプログラムで、この処理を見てみましょう。

	インクリメントの処理順	chapter3/operator/increment-after.html
7	// 変数を宣言	
8	let num = 8;	
9		
10	// 計算の中にインクリメントをまぜる1	
11	console.log('計算式 :', 7 + num++);	// 7+8 を出力
12	console.log('計算後 :', num);	// 9 になっている
13		
14	// 計算の中にインクリメントをまぜる2	
15	console.log('計算式 :', num++);	// 9 を出力
16	console.log('計算後 :', num);	// 10 になっている

Console
計算式 : 15
計算後 : 9
計算式 : 9
計算後 : 10

　インクリメントやデクリメントの演算子は、変数のあとに置くだけでなく、前に置くこともできます。前に置いたときは、先に 1 を足したり引いたりしたあと計算をします。

例

```
数値 + ++num
　　↓
num = num + 1　の計算をする
　　↓
数値 + num　の計算をする
```

実際のプログラムで、この処理を見てみましょう。

7	// 変数を宣言
8	let num = 8;
9	
10	// 計算の中にインクリメントをまぜる1
11	console.log('計算式 :', 7 + ++num); // 7+9 を出力
12	console.log('計算後 :', num); // 9 を出力
13	
14	// 計算の中にインクリメントをまぜる2
15	console.log('計算式 :', ++num); // 10 を出力
16	console.log('計算後 :', num); // 10 を出力

```
→ Console
計算式 : 16
計算後 : 9
計算式 : 10
計算後 : 10
```

　変数のあとに「++」や「--」を書いたものを**後置型インクリメント演算子**、**後置型デクリメント演算子**と呼びます。変数の前に「++」や「--」を書いたものを**前置型インクリメント演算子**、**前置型デクリメント演算子**と呼びます。

3-5-3 　条件（三項）演算子

　条件演算子と呼ばれる、条件によって違う値を得る演算子があります。この演算子は、3つの演算対象を書くので、**三項演算子**とも呼ばれます。条件演算子は、「?」と「:」（コロン）を使い、「条件」「真のときの値」「偽のときの値」を書きます。そして、条件が true のときは第 2 項を、条件が false のときは第 3 項を得ます。

構文

条件 ? 真のときの値 : 偽のときの値

以下に例を示します。

	●条件（三項）演算子	chapter3/operator/conditional-operator.html
7	// 条件が真の場合	
8	const res1 = 1200 > 1000 ? '割引チケット2枚' : '割引チケット1枚';	
9	console.log('trueの場合　:', res1);	
10		
11	// 条件が偽の場合	
12	const res2 = 450 > 1000 ? '割引チケット2枚' : '割引チケット1枚';	
13	console.log('falseの場合 :', res2);	

●Console

```
trueの場合　:　割引チケット2枚
falseの場合 :　割引チケット1枚
```

3-5-4 特殊な演算子

少し特殊な演算子をまとめて紹介します。

まずは delete 演算子です。オブジェクトからプロパティを削除します。

	●delete 演算子	chapter3/operator/delete.html
7	// オブジェクトを作成	
8	const menu = {coffee: '450円', cake: '600円'};	
9		
10	// プロパティを削除	
11	delete menu.cake;	
12		
13	// コンソールに出力	
14	console.log(menu);	

●Console

```
{coffee: "450円"}
```

typeof 演算子です。型を判別します。数値や文字列、真偽値や undefined、関数などいくつかの型は typeof で判別できますが、それ以外は object と見なされるので注意が必要です。また、null は実は特殊なオブジェクトなので object と判定されます。

157

7	// 型を判別
8	`console.log(typeof 16);`
9	`console.log(typeof 'コーヒー');`
10	`console.log(typeof true);`
11	`console.log(typeof undefined);`
12	`console.log(typeof parseInt);`
13	`console.log(typeof [1, 2, 3]);`
14	`console.log(typeof {a: 2, b: 4});`
15	`console.log(typeof null);`

Console

```
number
string
boolean
undefined
function
object
object
object
```

in 演算子です。オブジェクトが、指定のプロパティを持っているか判別します。

7	// オブジェクトを作成
8	`const menu = {coffee: '450円', cake: '600円'};`
9	
10	// プロパティの存在を確認
11	`console.log('coffee' in menu);`
12	`console.log('tea' in menu);`

Console

```
true
false
```

instanceof 演算子です。オブジェクト（インスタンス）が、あるオブジェクト（コンストラクター）から作られているかを確認します。以下の例では、空配列「[ ]」と、空オブジェクト「{}」を、Array と Object に対して確認しています。

●instanceof 演算子		chapter3/operator/instanceof.html
7	// インスタンスか判定	
8	console.log([] instanceof Array);	
9	console.log([] instanceof Object);	
10	console.log({} instanceof Array);	
11	console.log({} instanceof Object);	

```
●Console
true
true
false
true
```

注意すべき点は、[ ] instanceof Object が true になることです。「[ ]」は Array ですが、Array の祖先は Object です。「[ ]」は Array でもあり、Object でもあります。そのために true になります。

3-5-5 演算子の優先順位

演算子には優先順位があります。優先順位が高い計算ほど先におこなわれ、同じ優先順位のときは左から順に処理されます。以下に、演算子の優先順位を示します。数字が大きいほど優先順位が高く、先に処理されます。

Table 3-24　**演算子の優先順位**

優先度	優先順位	演算子	説明
高い	21	(…)	グループ化
	20	… . … … […]	オブジェクトや配列の値へのアクセス
		new … (…)	引数つきでオブジェクトを生成
		… (…)	関数呼び出し
	19	new …	引数なしでオブジェクトを生成
	18	… ++	後置インクリメント
		… --	後置デクリメント
	17	! … + … - …	単項演算子
		++ … -- …	前置インクリメント 前置デクリメント
		typeof …	型を文字列で返す
		delete …	オブジェクトのプロパティを削除
		await …	非同期処理の待機（Chapter 8 で解説）
	16	… ** …	べき乗
	15	… * …	乗算
		… / …	除算
		… % …	剰余
	14	… + …	加算
		… - …	減算
	13	… << … … >> … … >>> …	ビットシフト
低い	12	… < … … <= … … > … … >= …	比較

160

優先度	優先順位	演算子	説明
高い	11	⋯ == ⋯ ⋯ != ⋯ ⋯ === ⋯ ⋯ !== ⋯	等価、不等価
	10	⋯ & ⋯	ビット単位 AND
	9	⋯ ^ ⋯	ビット単位 XOR
	8	⋯ | ⋯	ビット単位 OR
	7	⋯ && ⋯	論理積 AND
	6	⋯ || ⋯	論理和 OR
	5	⋯ ?? ⋯	Null 合体
	4	⋯ ? ⋯ : ⋯	条件
	3	⋯ = ⋯ ⋯ += ⋯ 他	代入
	2	yield ⋯	本書では解説をおこなわない
低い	1	⋯ , ⋯	カンマ

　まだ紹介していない演算子もあります。「ビット」と名がつく演算子は、数値を
2 進数で見て、それぞれの桁を計算するものです。Web ページを作るための
JavaScript では、ほぼ使うことはないでしょう。

　上記の表を全て覚える必要はありません。大まかな優先順位として、以下の表を
覚えておくとよいでしょう。

Table 3-25　**演算子の大まかな優先順位**

優先順位	演算子	説明
高い	(…)	グループ化
	… ． … … […]	オブジェクトや配列の値へのアクセス
	… (…)	関数の呼び出し
	… * … … / …	乗除の計算
	… + … … − …	加減の計算
低い	… < … … <= … … > … … >= …	左右の値の比較

関数、制御構文、データ処理

　ここでは、関数、プログラムの制御、繰り返し処理について学びます。

　関数は、プログラムの処理をまとめて、再利用可能にする方法です。データを入力して、処理をして、データを出力することができます。

　プログラムの制御では、値の条件により、処理の内容を変える方法を身につけます。繰り返し処理では、大量のデータを処理するさまざまな方法を確かめていきます。

4-1 関数

　関数は、さまざまな処理を 1 つの命令にまとめて、好きな場所から呼び出せる
ようにしたものです。関数は、引数（ひきすう）という入力値を設定でき、内部で処
理をおこなったあと、戻り値（返り値）という出力値を得ることができます。

Fig 4-01　関数

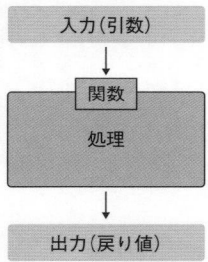

　JavaScript では、関数はさまざまな形を取ります。多くの場合、呼び出すとき
に「関数名（引数）」と書きます。引数は 0 個のときもあれば、複数のときもありま
す。0 個のときは「( )」（丸括弧）内に何も書かず、複数のときは「,」（カンマ）区切
りで並べて書きます。引数は左から順に、第 1 引数、第 2 引数のように呼びます。

構文

```
関数名()
```

構文

```
関数名(第1引数，第2引数，...)
```

　関数は、引数をもとに処理をおこない、結果を戻り値として返します。式の中に
書いた関数は、戻り値に置き換えて計算します。

```
値 ＋ 関数名(引数) ＋ 値
              ↓
値 ＋    戻り値    ＋ 値
```

JavaScript では、関数はオブジェクトの一種です。関数オブジェクトと呼ばれる特別なオブジェクトです。typeof 演算子で関数を判別すると function という文字列が得られます。関数は値の 1 つですので、変数に入れたり、オブジェクトのプロパティの値にしたり、配列に格納したりすることができます。JavaScript の関数は、さまざまな形で出てきます。

- プログラミング言語の仕様として組み込まれているグローバル関数。
- 標準ビルトイン(組み込み)オブジェクトのメソッド。
- ユーザー定義関数(開発者が自分で作った関数)。

開発者が作る関数は、名前をつけないこともあります。こうした関数は**匿名(無名)関数**と呼びます。関数の引数として関数を書くこともあります。このときは**コールバック関数**と呼びます。オブジェクトのプロパティに入っている関数は**メソッド**と呼びます。

4-1-1 グローバル関数を使う

JavaScript に組み込まれているグローバル関数を簡単に紹介します。

≫parseInt (s [, n])

第 1 引数 s の文字列を、第 2 引数 n の進数として解釈して整数を得ます。第 2 引数は省略可能です。

文字列の先頭のホワイトスペース(スペースや改行など)を除去して、整数として解釈できるところまで解釈します。まったく整数として解釈できないときは NaN を返します。また、第 2 引数に 2 よりも小さい、あるいは 36 より大きな整数を書いたときも NaN を返します。

» parseFloat (s)

引数 s の文字列を、小数点数として解釈して浮動小数点数を得ます。文字列の先頭のホワイトスペース(スペースや改行など)を除去して、小数点数として解釈できるところまで解釈します。まったく小数点数として解釈できないときは NaN を返します。

» isNaN (n)

引数 n が NaN であれば true を、そうでないなら false を返します。ただしこの関数は、引数が '123'(文字列)のように数値でないときに、強制的に 123 のような数値にしようとします。そのため、厳密な判定をおこなう Number.isNaN()を使う方がよいです。

» isFinite (n)

引数 n が有限数になる(無限にならない)ときは true を、そうでないときは false を返します。ただしこの関数は、引数が '123'(文字列)のように数値でないときに、強制的に 123 のような数値にしようとします。そのため、厳密な判定をおこなう Number.isFinite()を使う方がよいです。

» encodeURI () / encodeURIComponent ()

引数の文字列を、検索結果の URL などで見る「%E3%81%82%E3%81%84%E3%81%86」という形式に変換します。encodeURI() と encodeURIComponent()の違いは、変換しない文字の種類です。encodeURI()は、URL に使用される文字(:/?&=# など)はエンコードしません。encodeURIComponent()はエンコードします。そのため、URL を丸ごとエンコードしたいときは、encodeURIComponent()を使うとよいです。

Table 4-01 **変換しない文字の種類**

関数	変換しない文字の種類
encodeURI	A-Z a-z 0-9 ; , / ? : @ & = + $ - _ . ! ~ * ' ( ) #
encodeURIComponent	A-Z a-z 0-9 - _ . ! ~ * ' ( )

以下に例を示します。Google の検索結果の URL を、2 つの方法でエンコード

してコンソールに出力します。

	エンコードした URL の出力	chapter4/gobal-function/encode.html
7	// URLの文字列	
8	const url = 'https://www.google.com/search?q=関数&ie=UTF-8';	
9		
10	// コンソールに出力	
11	console.log(encodeURI(url));	
12	console.log(encodeURIComponent(url));	

Console
```
https://www.google.com/search?q=%E9%96%A2%E6%95%B0&ie=UTF-8
https%3A%2F%2Fwww.google.com%2Fsearch%3Fq%3D%E9%96%A2%E6%95%B0%26ie%
3DUTF-8
```

» decodeURI() / decodeURIComponent()

エンコードした文字列を、元の状態に戻します。こうした処理をデコードと呼びます。encodeURI()でエンコードした文字列は、decodeURI()で元に戻せます。encodeURIComponent()でエンコードした文字列は、decodeURIComponent()で元に戻せます。

以下に例を示します。先ほどエンコードした文字列を、元の状態に戻します。

	エンコードした文字列をもとに戻す	chapter4/gobal-function/decode.html
7	// URLの文字列	
8	const s1 = 'https://www.google.com/search?q=%E9%96%A2%E6%95% B0&ie=UTF-8';	
9	const s2 = 'https%3A%2F%2Fwww.google.com%2Fsearch%3Fq%3D%E9% 96%A2%E6%95%B0%26ie%3DUTF-8';	
10		
11	// コンソールに出力	
12	console.log(decodeURI(s1));	
13	console.log(decodeURIComponent(s2));	

Console
```
https://www.google.com/search?q=関数&ie=UTF-8
https://www.google.com/search?q=関数&ie=UTF-8
```

» eval ()

引数の文字列を、JavaScript のプログラムとして実行します。非常に強力な関数ですが、セキュリティ的な問題があります。ユーザーが入力した文字列をプログラムとして実行すれば、どんな悪さでもできます。基本的に使わない方がよい関数です。

● eval () メソッド	chapter4/gobal-function/eval.html
7	// 文字列の作成
8	const str = '1 + 2 + 3';
9	
10	// 文字列をJavaScriptのプログラムとして実行
11	const res = eval(str);
12	
13	// コンソールに出力
14	console.log(res);

● Console
6

4-1-2 ビルトインオブジェクトの関数を使う

次に、ビルトイン（組み込み）オブジェクトの関数（静的メソッド）を紹介します。非常に多いので、よく使うと思われる関数を中心に紹介します。

» Number

Number オブジェクトの静的メソッドから、一部を紹介します。

Table 4-02　**Number オブジェクトの静的メソッド**

メソッド	意味
`Number.isNaN(n)`	n が数値かつ NaN なら true を、そうでなければ false を返す。isNaN()よりも堅牢に判定。
`Number.isFinite(n)`	n が数値かつ有限数(無限にならない)なら true を、そうでなければ false を返す。isFinite()よりも堅牢に判定。
`Number.isInteger(n)`	n が数値かつ整数であるなら true を、そうでないなら false を返す。
`Number.isSafeInteger(n)`	n が数値かつ安全な整数であるなら true を、そうでないなら false を返す。

Number.isSafeInteger()の安全な整数とは、誤差の発生しない、-(2^{53}-1) 〜 2^{53}-1 の範囲の整数のことです。

Table 4-03　**Number.isSafeInteger()の安全な整数の範囲**

範囲 1	範囲 2
-(2^{53}-1)	-9,007,199,254,740,991
2^{53}-1	9,007,199,254,740,991

》Math

Math オブジェクトの静的メソッドから、一部を紹介します。

Table 4-04　**Math オブジェクトの静的メソッド**

メソッド	意味
`Math.abs(n)`	n の絶対値を返す。
`Math.trunc(n)`	n の整数部分を返す。
`Math.floor(n)`	n 以下の最大の整数を返す。
`Math.ceil(n)`	n 以上の最小の整数を返す。
`Math.round(n)`	n を四捨五入した整数を返す。
`Math.max(n1, n2, …)`	引数の中で最大の値を返す。
`Math.min(n1, n2, …)`	引数の中で最小の値を返す。
`Math.random()`	0 以上 1 未満の疑似乱数を返す。
`Math.sqrt(n)`	n の平方根を返す。
`Math.cbrt(n)`	n の立方根を返す。
`Math.sin(n)`	n のサインを返す。
`Math.cos(n)`	n のコサインを返す。

ここに掲載した以外にも、Math オブジェクトには三角関数についての関数や、対数についての関数が多数あります。また、Math オブジェクトの静的プロパティには、円周率をあらわす Math.PI や、各種対数をあらわすプロパティがさまざまあります。Web ページを更新する用途で JavaScript を利用するときには関係ないですが、そうした値があることを覚えておくとよいです。

ユーザー定義関数を使う

　JavaScript にはじめから組み込まれている関数を見てきましたが、ここでは自分で関数を作ります。基本的な書き方からはじめて、さまざまな書き方で関数を作っていきます。はじめに最も基本的な関数の書き方を示します。

構文

```
function 関数名(引数) {
    処理
    return 戻り値;
}
```

　この関数は、「関数名(引数)」と書くことで、同じ関数スコープ以下で呼び出せます。以下、実例を示します。

→ 関数を作り呼び出す　　　　　　　　　　　chapter4/function/function-basic.html

```
 7      // 文字列をデコレートする関数
 8      function decorationMenu(food) {
 9          const res = `☆★☆${food}☆★☆`;
10          return res;
11      }
12
13      // 関数を呼び出して、戻り値を得る
14      const res = decorationMenu('パンケーキ');
15
16      // コンソールに出力
17      console.log(res);
```

→ Console

```
☆★☆パンケーキ☆★☆
```

　引数が 2 つ以上のときは、「,」(カンマ)で区切って引数を並べます。引数が 0 のときは「( )」の中を空にします。

```
function 関数名(引数, 引数, 引数) {
    処理
    return 戻り値;
}
```

```
function 関数名() {
    処理
    return 戻り値;
}
```

戻り値が必要なければ、return は特に必要ありません。その際は、undefined
が戻り値になります。また、戻り値なしで return だけ書いてもかまいません。こ
の場合も、undefined が戻り値になります。

```
function 関数名(引数) {
    処理
}
```

```
function 関数名(引数) {
    処理
    return;
}
```

処理の途中で return を書くと、そこで処理を終了します。「return 戻り値」と書
くと、戻り値を返して終了します。途中で return を書く方法は、のちほど紹介す
る条件分岐と組み合わせて利用します。

```
function 関数名(引数) {
    処理(ここは処理される)
    条件分岐 {
        return 戻り値;
    }
    処理 (ここは処理されない)
}
```

　return の直後に改行を書いたとき、そこで return の行は終了していると見なされます。そのため改行後に戻り値を書いても無視されます。以下の 2 つの関数は、プログラムの書き方で、処理がどのように変わるのかを示しています。

	意図通りに動作しない関数／動作する関数　　　　　　　　　chapter4/function/function-return.html
7	// 文字列をデコレートする関数（上手く動作しない）
8	function decorationMenu1(food) {
9	return
10	`☆★☆${food}☆★☆`;
11	}
12	
13	// 文字列をデコレートする関数（きちんと動作する）
14	function decorationMenu2(food) {
15	return '☆★☆'
16	+ food
17	+ '☆★☆';
18	}
19	
20	// 関数を呼び出して、戻り値を得る
21	const res1 = decorationMenu1('バナナサンデー');
22	const res2 = decorationMenu2('チョコサンデー');
23	
24	// コンソールに出力
25	console.log(res1);
26	console.log(res2);

```
undefined
☆★☆チョコサンデー☆★☆
```

4-1-4 名前のない関数

先ほどは名前(関数名)をつけて関数を作りました。関数は、名前をつけずに作ることもできます。

構文

```
function(引数) {
    処理
    return 戻り値;
}
```

名前のない関数は、そのままでは関数名がないので呼べません。そのため変数に入れるか、オブジェクトのプロパティに入れるか、関数の引数にするか、すぐにその場で使うかしなければなりません。

このうち、オブジェクトのプロパティに入れたときは**メソッド**と呼びます。関数の引数にするときは**コールバック関数**と呼びます。すぐにその場で使うときは**即時実行関数**と呼びます。

以下は、変数に入れた場合です。

構文

```
let func = function(引数) {
    …
};
```

以下は、メソッドの場合です。

```
構文
let obj = {};
obj.func = function(引数) {
    …
};
```

以下は、コールバック関数の場合です。

```
構文
myFunction(function(引数) {
    …
});
```

以下は、即時実行関数の場合です。

```
構文
(function(引数) {
    …
})(引数に渡す値);
```

4-1-5 引数の仕様

　関数の引数は、細かな仕様が多くあります。いきなり全てを覚える必要はありません。他人のプログラムを見ていて、見たことのない書き方だなと思ったときや、自分が書いたプログラムの動きが想定とは違うなと思ったときに、思い出せばよいです。そのため「こういった書き方もあるのか」という程度の把握で、流して読んでいくとよいでしょう。

≫プリミティブ型とオブジェクト

　関数の引数に渡す値がプリミティブ型のとき、引数の変数には値がそのまま代入されます。しかし、値がオブジェクトのときは参照が代入されます。そのため、関数の中でオブジェクトのプロパティを書きかえると、関数の呼び出し元でもプロパティが書きかわります。

Fig 4-02 引数の値

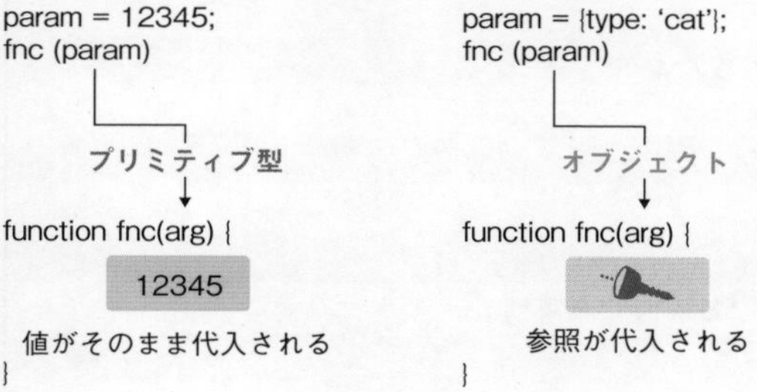

```
param = 12345;                      param = {type: 'cat'};
fnc (param)                          fnc (param)
        ┐                                    ┐
        │                                    │
    プリミティブ型                         オブジェクト
        ↓                                    ↓
function fnc(arg) {                  function fnc(arg) {

      12345                                🔑

  値がそのまま代入される                 参照が代入される
}                                    }
```

以下に例を示します。

	関数の中でプロパティの値を書きかえる	chapter4/function/arg-object.html
7	// プロパティ値を書きかえる関数	
8	`function myFunc(argObj) {`	
9	`    argObj.price = 0;`	
10	`}`	
11		
12	// オブジェクトを作り、関数に渡す	
13	`let item = {name: 'コーヒー', price: 450};`	
14	`myFunc(item);`	
15		
16	// コンソールに出力	
17	`console.log(item);`	

Console

```
{name: "コーヒー", price: 0}
```

　配列も同じです。要素を書きかえると関数の呼び出し元でも配列の中身が変わります。以下に例を示します。

関数の中で配列の値を書きかえる

● 関数の中で配列の値を書きかえる	chapter4/function/arg-array.html

7	// 要素を書きかえる関数
8	function myFunc(argArray) {
9	argArray[0] = 'xxx';
10	}
11	
12	// 配列を作り、関数に渡す
13	let item = ['コーヒー', '紅茶', '煎茶'];
14	myFunc(item);
15	
16	// コンソールに出力
17	console.log(item);

● Console
(3) ["xxx", "紅茶", "煎茶"]

》引数を渡さなかったとき、多く渡したとき

関数は、引数を全て書かなくても呼び出せます。引数に値が設定されていないときは、関数の「( )」内の変数には undefined が入ります。また、引数を多めに渡した場合、エラーにはなりませんが1つ目の引数のみが出力されます。

以下に例を示します。引数が0のとき、1のとき、2のときです。関数側では引数を1つしか利用していません。引数を書かないときは undefined になっています。

● 引数を渡さない場合／引数が未定義の場合	chapter4/function/arg-length.html

7	// 文字列をデコレーションする関数
8	function decorationMenu(food) {
9	const res = `☆★☆${food}☆★☆`;
10	return res;
11	}
12	
13	// 引数の数を変えてコンソールに出力
14	console.log(decorationMenu());
15	console.log(decorationMenu('チョコパフェ'));
16	console.log(decorationMenu('ホットコーヒー', 'アイスコーヒー'));

```
☆★☆undefined☆★☆
☆★☆チョコパフェ☆★☆
☆★☆ホットコーヒー☆★☆
```

》デフォルト引数

関数の引数は、値が渡されないときや、undefined が渡されたときのデフォルト値を書けます。デフォルト値は「=」（イコール）を使って書きます。

構文

```
function 関数名(引数 = デフォルト値) {
    処理
    return 戻り値;
}
```

以下に例を示します。

デフォルト引数	chapter4/function/arg-default.html

```
7     // メニューを作る関数
8     function formatMenu(food = '未入力', price = 0) {
9         const res = `${food} : ${price}円`;
10        return res;
11    }
12
13    // 引数を変えてコンソールに出力
14    console.log(formatMenu('ホットコーヒー', 450));
15    console.log(formatMenu('スマイル', undefined));
16    console.log(formatMenu());
```

```
ホットコーヒー ： 450円
スマイル ： 0円
未入力 ： 0円
```

≫残余引数

関数で引数を受け取るとき、いくつの引数が渡されるか分からず、まとめて配列として受け取りたいときがあります。そうしたときの書き方があります。「...」（ドットを3つ）のあとに引数を書くと、全てまとめて配列として受け取れます。こうした引数を**残余引数**と呼びます。

構文

```
function 関数名(...残余引数) {
    処理
    return 戻り値;
}
```

残余引数は、通常の引数と組み合わせて使うこともできます。注意すべき点は、残余引数は、引数の末尾に書かなければなりません。

構文

```
function 関数名(引数, 引数, ...残余引数) {
    処理
    return 戻り値;
}
```

以下に例を示します。

●残余引数	chapter4/function/arg-rest.html
7	// 注文を受ける関数
8	function setOrder(firstOrder, ...restOrder) {
9	console.log(firstOrder);
10	console.log(restOrder);
11	}
12	
13	// 関数を実行してコンソールに出力
14	setOrder('ホットコーヒー', 'アイスコーヒー', '紅茶', 'ほうじ茶');

● Console

```
ホットコーヒー
(3) ["アイスコーヒー", "紅茶", "ほうじ茶"]
```

≫ スプレッド構文

　スプレッド構文は、関数に値を渡すときに配列を展開して渡す方法です。関数に引数が複数あるときに、配列の要素を 1 つずつ取り出して渡すのは面倒です。「...」（ドットを 3 つ）のあとに配列を書く方法で、配列の要素を 1 つずつ引数に渡すことができます。

構文

```
関数名(...配列)
```

以下に例を示します。

● スプレッド構文　　　　　　　　　　　　　　　　　　　　chapter4/function/arg-spread.html

```
7    // 注文を受ける関数
8    function setOrder(order1, order2, order3, order4) {
9        console.log(order1, order2, order3, order4);
10   }
11
12   // 配列を作成
13   const orders = ['ホットコーヒー', 'アイスコーヒー', '紅茶', 'ほうじ茶'];
14
15   // 関数を実行してコンソールに出力
16   setOrder(...orders);
```

● Console

```
ホットコーヒー　アイスコーヒー　紅茶　ほうじ茶
```

≫ arguments

　関数を呼び出すときに、引数に渡した値は、「( )」内に書いた変数以外でも取り出せます。arguments という、関数内で使えるオブジェクトで引数を取り出せます。arguments は配列風のオブジェクトであり、要素と length を持っています。

以下に例を示します。要素数は 2 です。範囲外の要素を得ようとすると、undefined が得られます。

```
● arguments                                      chapter4/function/arg-arguments.html
7       // 注文を受け付ける関数
8       function setOrder() {
9           console.log(arguments.length);
10          console.log(arguments[0]);
11          console.log(arguments[1]);
12          console.log(arguments[2]);
13      }
14
15      // 関数を実行してコンソールに出力
16      setOrder('ホットコーヒー', 'アイスコーヒー');
```

```
● Console
2
ホットコーヒー
アイスコーヒー
undefined
```

4-1-6 this

プログラミングでは、自分自身を指すキーワードとして **this** が出てくることがあります。JavaScript でも this が出てきますが、this が指す対象は必ずしも自分自身ではありません。

関数スコープの外の this は、**グローバルオブジェクト**を指します。グローバルオブジェクトは、プログラム中のどこからでもアクセスできる特別なオブジェクトです。Web ブラウザで使う JavaScript では、グローバルオブジェクトは **window オブジェクト**です。対して関数スコープの中では、条件により this が指す対象が変わります。

まず、**厳格モード**かどうかで this の対象は変わります。JavaScript では、プログラムに `'use strict'` という文字列を書くと、その関数スコープ以下が厳格モードになり、いくつかの仕様が変わります。

厳格モードでないとき、関数スコープ内の this は、関数スコープ外の this と同様にグローバルオブジェクトを指します。Web ブラウザなら window オブジェクトです。

以下に例を示します。

	厳格モードではないときの this の対象	chapter4/function/this-1.html
7	// 関数	
8	function fnc1() {	
9	// 関数の中	
10	console.log('中', this);	
11		
12	// 内側の関数	
13	function fnc2() {	
14	// 内側の関数の中	
15	console.log('内', this);	
16	}	
17		
18	// 内側の関数を実行	
19	fnc2();	
20	}	
21		
22	// グローバル	
23	console.log('外', this);	
24		
25	// 関数を実行	
26	fnc1();	

Console
外 Window
中 Window
内 Window

厳格モードのときは、関数スコープ内の this は undefined になります。

以下に例を示します。

181

```
 7    'use strict'
 8
 9    // 関数
10    function fnc1() {
11        // 関数の中
12        console.log('中', this);
13
14        // 内側の関数
15        function fnc2() {
16            // 内側の関数の中
17            console.log('内', this);
18        }
19
20        // 内側の関数を実行
21        fnc2();
22    }
23
24    // グローバル
25    console.log('外', this);
26
27    // 関数を実行
28    fnc1();
```

● Console

```
外 Window
中 undefined
内 undefined
```

　また、関数が何かのオブジェクトのメソッドのときは、this はそのオブジェクト
を指します。以下に例を示します。

```
7     // オブジェクトを作成
8     const obj = {fnc: function() {
9         // メソッドの中
10        console.log('中', this);
11
12        // 内側の関数
13        function fnc2() {
14            // 内側の関数の中
15            console.log('内', this);
16        }
17
18        // 内側の関数を実行
19        fnc2();
20    }};
21
22    // グローバル
23    console.log('外', this);
24
25    // メソッドを実行
26    obj.fnc();
```

●Console
```
外 Window
中 {fnc: f}
内 Window
```

　メソッドの場合も、厳格モードのときは、関数スコープ内の this は undefined になります。

　以下に例を示します。

7	`'use strict'`
8	
9	`// オブジェクトを作成`
10	`const obj = {fnc: function() {`
11	`// メソッドの中`
12	`console.log('中', this);`
13	
14	`// 内側の関数`
15	`function fnc2() {`
16	`// 内側の関数の中`
17	`console.log('内', this);`
18	`}`
19	
20	`// 内側の関数を実行`
21	`fnc2();`
22	`}};`
23	
24	`// グローバル`
25	`console.log('外', this);`
26	
27	`// メソッドを実行`
28	`obj.fnc();`

● Console

```
外 Window
中 {fnc: f}
内 undefined
```

　何度か触れていますが、JavaScript の関数はオブジェクトです。そのため関数を作ると、関数オブジェクトのメソッドを使うことができます。

　関数オブジェクトの .call() や .apply() メソッドを使うと、this を指定して関数を実行できます。また、.bind() メソッドを使うと、this を固定した新しい関数オブジェクトを作れます。

　.call() や .apply() は第 1 引数に、this にする値を書きます。.call() は、第 2 引数以降に、関数に引数として渡す値を書きます。.apply() は第 2 引数に、関数に引数

として渡す値を配列で書きます。

```
関数.call(thisにする値, 引数1, 引数2, ...)
```

```
関数.apply(thisにする値, 引数にする配列)
```

.bind()は、this にする値を引数に書き、this を固定した新しい関数オブジェクトを作ります。

```
新しい関数 = 関数.bind(thisにする値)
```

以下に例を示します。

●this を指定／固定するメソッド		chapter4/function/this-method.html
7	// 関数	
8	function fnc1(arg1, arg2, arg3) {	
9	console.log(this, arg1, arg2, arg3);	
10	}	
11		
12	// callとapplyの例	
13	fnc1.call('call - thisを設定', '値1', '値2', '値3');	
14	fnc1.apply('apply - thisを設定', ['値1', '値2', '値3']);	
15		
16	// bindの例	
17	let fnc2 = fnc1.bind('bind - thisを設定');	
18	fnc2('値1', '値2', '値3');	

```
●Console
String {"call - thisを設定"} 値1 値2 値3
String {"apply - thisを設定"} 値1 値2 値3
String {"bind - thisを設定"} 値1 値2 値3
```

アロー関数

アロー関数は、ES6(ES2015)で加わった新しい関数の書き方です。短い方法で書けるようになっており、通常の関数とは少し違う点があります。アロー関数には、function や関数名を書きません。そして、引数のあとにアロー記号「=>」(イコール、大なり)を書きます。アロー関数は多くの場合、関数の引数に設定するコールバック関数(P.173「4-1-4 名前のない関数」参照)として使います。

構文

```
(引数) => {
    処理
    return 戻り値;
}
```

引数を複数書くときは、通常の関数と同じように「,」(カンマ)で区切ります。

構文

```
(引数, 引数, 引数) => {
    処理
    return 戻り値;
}
```

引数が 0 のときは、「( )」(丸括弧)だけを書きます。

構文

```
() => {
    処理
    return 戻り値;
}
```

引数が 1 つだけのときは、「( )」を省略できます。

```
引数 => {
    処理
    return 戻り値;
}
```

処理が 1 行で終わるときは、「{ }」（波括弧）と return を省略できます。その場合
は、処理の結果が、そのまま戻り値になります。

```
(引数) => 処理
```

以下に例を示します。配列の .forEach() メソッドを使い、全ての要素に対して
処理をおこなう例です。.forEach() はコールバック関数を取り、コールバック関
数の第 1 引数は、取り出した配列の要素になります。

```
●アロー関数                                          chapter4/function/arrow.html
7     // 配列を作成
8     const arr = [0, 1, 2, 3];
9
10    // アロー関数で、各要素をコンソールに出力
11    arr.forEach(x => console.log(x));
```

```
●Console
0
1
2
3
```

アロー関数について、通常の関数とは違う注意すべき点は、this を持たないこと
です。そのため、this を使ったときには、アロー関数の外側と同じ this になりま
す。.call() や .apply() で this を設定しても無視されます。

メソッド、getter、setter

オブジェクトのプロパティの値を関数にしたとき、そのプロパティは**メソッド**と呼ばれます。

オブジェクトのプロパティの中には、値を取り出したときに内部で処理をおこなう **getter** と呼ばれるものや、値を代入したときに内部で処理をおこなう **setter** と呼ばれるものがあります。

こうした、オブジェクトで使われる関数を、オブジェクトリテラル内で手軽に書くための方法が用意されています。ここでは、その方法を示します。

構文

```
{
    ：
    プロパティ名: 値,
    メソッド名(引数) {
        メソッドの処理
        return 戻り値;
    },
    get プロパティ名() {
        Getterの処理
        return 戻り値;
    },
    set プロパティ名(引数) {
        Setterの処理
    },
    プロパティ名: 値,
    ：
}
```

以下に例を示します。

```
7      // オブジェクトを作成
8      let obj = {
9          // メソッド
10         method(arg1, arg2) {
11             return `${arg1}★${arg2}`;
12         },
13
14         // 通常のプロパティ
15         prop: 'プロパティ',
16
17         // getter
18         get prop2() {
19             return this.prop + '！';
20         },
21
22         // setter
23         set prop3(x) {
24             this.prop = x;
25         }
26     };
27
28     // コンソールに出力
29     console.log(obj.method('引数1', '引数2'));
30     console.log(obj.prop);
31     console.log(obj.prop2);
32
33     // 値を設定してコンソールに出力
34     obj.prop3 = 'ぷろぱてぃ';
35     console.log(obj.prop);
36     console.log(obj.prop2);
```

4
関数、制御構文、データ処理

→ Console

```
引数1★引数2
プロパティ
プロパティ！
ぷろぱてぃ
ぷろぱてぃ！
```

4-1-9 クロージャ

　JavaScript では、ときおり**クロージャ**と呼ばれるものが出てきます。クロージャは関数閉包と訳されます。クロージャを簡単に説明すると、関数内のローカル変数" 以外の " 変数を取り込んでいる関数です。JavaScript のクロージャは、言葉で説明するよりも、実際のコードを見た方が分かりやすいです。

●クロージャ	chapter4/function/closure-1.html

```
7      // 関数を返す関数
8      function getFunc() {
9          // innerFunc関数外の変数
10         const name = 'チョコパフェ';
11
12         // 内部の関数
13         function innerFunc() {
14             // innerFunc関数内の変数
15             const price = 800;
16
17             // nameを取り込んで使える
18             console.log(`${name} : ${price}円`);
19         }
20
21         // 関数を返す
22         return innerFunc;
23     }
24
25     // 関数を返す関数を実行
26     const func = getFunc();
27
28     // 受け取って関数を実行
29     func();
```

●Console
```
チョコパフェ : 800円
```

　上記の例では innerFunc()が、自身の外側にある getFunc()内の変数を使って

います。こうした関数外の変数を取り込んだ関数オブジェクトのことをクロージャと呼びます。

　クロージャは、関数に初期値や変化する値などを持たせたいときに便利です。どのようなケースで利用されるか、例を示します。呼び出すごとにカウンターの数字を増やしていく関数オブジェクトを作ります。2つの関数オブジェクトを作り、それぞれが独立して動作する様子が分かります。また、外側の関数の引数もクロージャで利用できます。

	クロージャを利用したカウント関数　　　　　　　　　　　　　chapter4/function/closure-2.html
7	// 注文回数をカウントする関数
8	function countOrder(foodName) {
9	// カウント用の変数
10	let cnt = 0;
11	
12	// 内部の関数
13	function func() {
14	// 呼ばれるとカウントを増やす
15	cnt ++;
16	
17	// 注文の呼び出し回数を返す
18	return `${foodName} : ${cnt}回`;
19	}
20	
21	return func;
22	}
23	
24	// 注文回数をカウントする関数を得る
25	const cntCoffee = countOrder('コーヒー');
26	const cntCake = countOrder('ケーキ');
27	
28	// 注文があるごとに関数を呼び出して、コンソールに出力
29	console.log(cntCoffee());
30	console.log(cntCake());
31	console.log(cntCake());
32	console.log(cntCoffee());
33	console.log(cntCake());
34	console.log(cntCake());

```
コーヒー ： 1回
ケーキ ： 1回
ケーキ ： 2回
コーヒー ： 2回
ケーキ ： 3回
ケーキ ： 4回
```

4-1-10 再帰関数

再帰関数は、JavaScript 特有の仕様ではありません。一般的なプログラミングの知識になります。再帰関数は、関数が自身をふたたび呼び出す関数のことを指します。

以下に例を示します。引数 n をコンソールに出力したあと 2 倍にして、引数 max を超えたら終了、それ以外はふたたび関数を呼び出す処理です。一般的に再帰関数は、引数をもとに再起を停止する条件を設けます。

● 再起関数   chapter4/function/recursive.html

```
 7      // 再帰関数
 8      function recursion(n, max) {
 9          // 引数nをコンソールに出力
10          console.log(n);
11
12          // 引数を2倍にする
13          n *= 2;
14
15          // nがmaxを超えたら終了
16          if (n > max) { return; }
17
18          // 再帰的に呼び出す
19          recursion(n, max);
20      }
21
22      // 初期の値を16、最大値を1000として実行
23      recursion(16, 1000);
```

```
● Console
16
32
64
128
256
512
```

プログラムの制御

　プログラムは、人間が1つ1つ面倒を見なくても、入力される値によって処理を変えて、適切な結果を出力することができます。こうしたことができるのは、プログラムに処理の流れを変える方法が用意されているからです。

　プログラムでは、**条件分岐**の構文を使って、処理の流れを変えます。また、**例外処理**という方法でも、処理の流れを変えられます。ここでは条件分岐として、if 文や switch 文を紹介します。例外処理は、try catch 文や throw、エラーオブジェクトについて解説します。

4-2-1　if文

　if 文は、最も基本的な条件分岐です。if ( ) { } と書き、「( )」内の条件式を計算して、true と見なせるときに「{ }」内の処理をおこないます。

構文

```
if（条件式）{
    処理1：条件式がtrueと見なせるときの処理
}
```

Fig 4-03　**if 文**

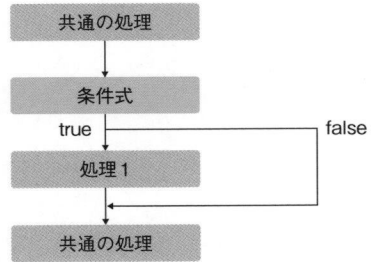

　また、if ( ) { } else { } と書くことで、false と見なせるときに、else のあとの「{ }」内の処理をおこなえます。

```
if (条件式) {
    処理1：条件式がtrueと見なせるときの処理
} else {
    処理2：条件式がfalseと見なせるときの処理
}
```

Fig 4-04 if else 文

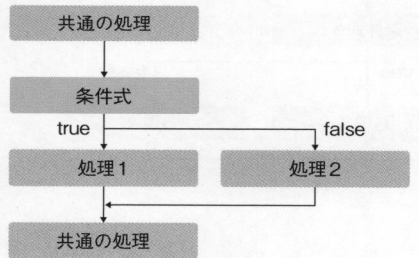

さらに、else if を使うことで、その前までの条件式が全て false のときの条件を書くことができます。else if を使うときは、最後の else では、全ての条件式が false のときの処理を書きます。

```
if (条件式1) {
    処理1：条件式1がtrueと見なせるときの処理
} else if (条件式2) {
    処理2：条件式1がfalseで、条件式2がtrueと見なせるときの処理
} else if (条件式3) {
    処理3：条件式1、2がfalseで、条件式3がtrueと見なせるときの処理
} else {
    処理4：全ての条件式がfalseと見なせるときの処理
}
```

Fig 4-05　else if

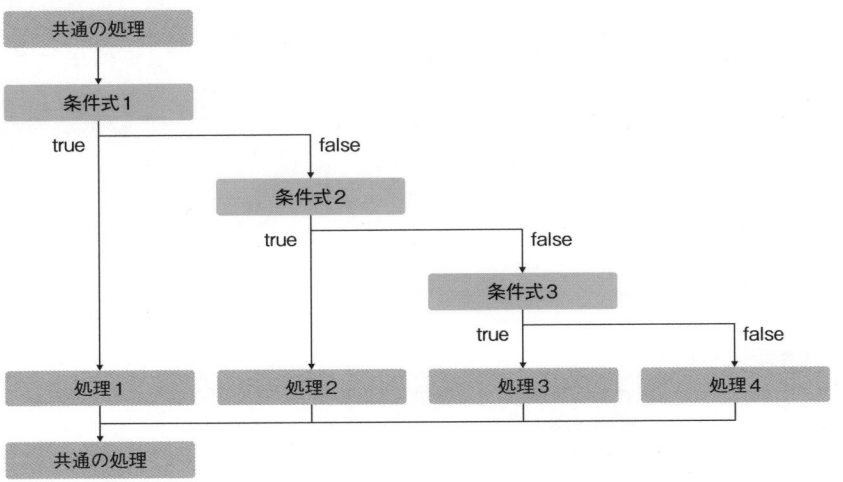

　以下に if 文の処理の例を示します。価格を引数にして、割引対象かを確かめる関数です。この関数内で条件分岐をしています。

● if 文の処理	chapter4/control/if.html
7	// 割引対象か確認する関数
8	function checkSale(price) {
9	// 条件分岐
10	if (price >= 2000) {
11	// 価格が2000円以上
12	console.log(`${price}円は、割引対象です。`);
13	} else {
14	// 価格が2000円未満
15	console.log(`${price}円は、割引対象ではありません。`);
16	}
17	}
18	
19	// 価格の確認をおこなう
20	checkSale(1800);
21	checkSale(1900);
22	checkSale(2000);
23	checkSale(2100);

```
●→ Console
1800円は、割引対象ではありません。
1900円は、割引対象ではありません。
2000円は、割引対象です。
2100円は、割引対象です。
```

4-2-2 switch文

　switch 文は、if 文ほどは使いません。複数の値を用意して、その値に対応した処理をおこなうときに使う条件分岐です。switch 文は、switch（ ）{ } と書き、「( )」内の値が、「{ }」内の case のあとに書いた値と「===」で一致していれば、その場所に処理を移動します。一致する値がなければ、default の場所に移動します。また、break があると、「{ }」から抜けます。

構文

```
switch (値) {
    case 値:
        処理
    case 値:
        処理
    case 値:
        処理
    default:
        処理
}
```

Fig 4-06　switch 文

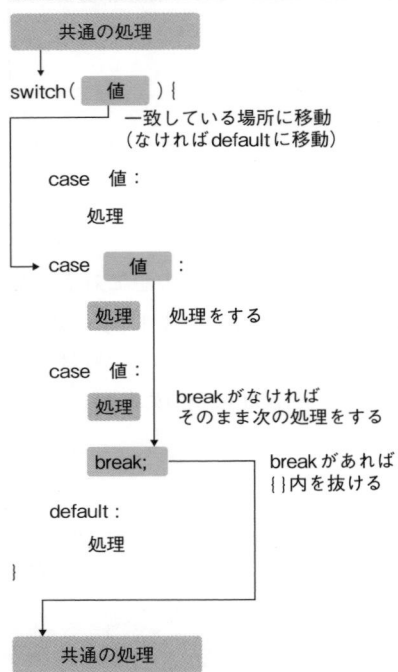

```
共通の処理

switch(   値   ) {
              一致している場所に移動
              （なければdefaultに移動）

    case  値 :
        処理

    case   値  :

        処理   処理をする

    case  値 :
        処理
                break がなければ
                そのまま次の処理をする
        break;
                break があれば
                { }内を抜ける

    default :
        処理
}

共通の処理
```

　以下に例を示します。メニューを引数にして、価格を確かめる関数です。この関数内で条件分岐をしています。

● switch 文の処理	chapter4/control/switch.html
7	// メニューから値段を得る関数
8	function getPrice(menu) {
9	// 戻り値用の変数
10	let res;
11	
12	// 条件分岐
13	switch (menu) {
14	case 'ホットコーヒー':
15	case 'アイスコーヒー':
16	case '紅茶':
17	// ホットコーヒー、アイスコーヒー、紅茶は450円
18	res = 450;

```
19            break;
20        case 'チョコパフェ':
21        case 'フルーツパフェ':
22            // チョコパフェ、フルーツパフェは800円
23            res = 800;
24            break;
25        default:
26            // その他は500円
27            res = 500;
28    }
29
30    // 得た価格を戻す
31    return res;
32 }
33
34 // 価格の確認をおこなう
35 console.log('ホットコーヒー', getPrice('ホットコーヒー'));
36 console.log('アイスコーヒー', getPrice('アイスコーヒー'));
37 console.log('チョコパフェ', getPrice('チョコパフェ'));
38 console.log('サンドイッチ', getPrice('サンドイッチ'));
```

Console
```
ホットコーヒー 450
アイスコーヒー 450
チョコパフェ 800
サンドイッチ 500
```

4 関数、制御構文、データ処理

例外処理文

if 文や switch 文は、条件によって処理の流れを変える方法でした。例外処理文は、ある条件が起きたときに処理を止めて、別の場所に移動して処理の続きをおこなう方法です。

JavaScript では、try catch 文を利用して例外処理をおこないます。try { } catch( ) { } と書き、try のあとの「{ }」(波括弧)内で例外が発生したとき、catch のあとの「{ }」内に移動します。例外が発生しないときは catch のあと「{ }」は無視されます。また、catch のあとの「( )」(丸括弧)内の変数を使い、例外の内容を受け取れます。

構文

```
try {
    例外が起きる可能性のある処理
} catch(例外の内容が入った変数) {
    例外が起きたときの処理
}
```

また、例外が起きても起きなくても必ず実行したい処理があるときは、finally を利用します。

構文

```
try {
    例外が起きる可能性のある処理
} catch(例外の内容が入った変数) {
    例外が起きたときの処理
} finally {
    例外が起きても起きなくてもおこなう処理
}
```

例外は、以下のようなときに発生します。

• 変数の中身が undefined や null のときにプロパティを参照する。
• 例外が起きる関数を使う。

それ以外にも、throw文を使って自分で例外を投げることができます。throw（投げる）とcatch（捕まえる）は対になっています。

関数の中で例外が起きたとき、関数の中でcatchしなければ、関数の呼び出し元でcatchするか確認します。そこでもcatchしなければ、さらに呼び出し元でcatchするか確認します。どんどんさかのぼり、グローバル領域でもcatchしなかったときは、例外をcatchしなかったということでプログラムは終了します。

以下に例を示します。関数の入れ子の中で、nullのメソッドを使おうとしたために例外が起きます。この例外は、関数の中でcatchされず、どんどん上位の関数にさかのぼっていきます。そして、関数の外でcatchされて、例外の内容を出力します。

関数、制御構文、データ処理

● 例外処理　　　　　　　　　　　　　　　　chapter4/control/exception.html

```
7      // 入れ子になった関数
8      function fnc1(arg) {
9          function fnc2(arg) {
10             function fnc3(arg) {
11                 // 入れ子で渡された引数を文字列化してコンソールに出力
12                 console.log(arg.toString());
13             }
14             fnc3(arg)
15         }
16         fnc2(arg)
17     }
18
19     // try catch文
20     try {
21         // 例外が起きるかもしれない処理
22         console.log('処理1');
23
24         // 引数をnullにして関数を実行
25         fnc1(null);
26
27         console.log('処理2');
28     } catch(e) {
29         // 例外が起きたときの処理
30         console.log('エラー発生', e);
31     }
```

```
● Console
処理1
エラー発生 TypeError: Cannot read property 'toString' of null
    at fnc3 (exception.html:12)
    at fnc2 (exception.html:14)
    at fnc1 (exception.html:16)
    at exception.html:25
```

throw 文について解説します。throw 文では、throw のあとに値を書けます。たとえば文字列を書けば catch のあとの「( )」(丸括弧)内に書いた変数に、文字列が渡ります。数値なら数値が渡ります。また、エラーオブジェクトを作って渡すことで、詳細な情報を伝達することもできます。

エラーオブジェクトを使うと、ファイル名や行数といった発生箇所の情報も自動で渡せるので、throw を使うときはエラーオブジェクトを使った方がよいです。

以下に例を示します。文字列とエラーオブジェクトのそれぞれで throw をおこなっています。エラーオブジェクトの方が、詳細な情報を得られます。

	throw で例外を発生させる	chapter4/control/throw.html
7	// try catch文	
8	try {	
9	// エラーが起きるかもしれない処理	
10	console.log('処理1');	
11		
12	// 文字列で例外を投げる	
13	throw '文字列';	
14		
15	console.log('処理2');	
16	} catch(e) {	
17	// エラーが起きたときの処理	
18	console.log('エラー発生', e);	
19	}	
20		
21	// try catch文	
22	try {	
23	// エラーが起きるかもしれない処理	
24	console.log('処理1');	

25	
26	// エラーオブジェクトで例外を投げる
27	throw new Error('エラーオブジェクト');
28	
29	console.log('処理2');
30	} catch(e) {
31	// エラーが起きたときの処理
32	console.log('エラー発生', e);
33	}

● Console

```
処理1
エラー発生 文字列
処理1
エラー発生 Error: エラーオブジェクト
    at throw.html:27
```

関数、制御構文、データ処理

203

4-3 繰り返し処理

プログラムは、大量のデータをあつかうことが得意です。そうした処理は、配列
などにデータを格納しておき、**繰り返し処理**をおこなうことで実現します。ここで
は配列の処理を中心に、同じ処理を何度もおこなう繰り返し処理を学んでいきます。

4-3-1 for文

指定回数の処理をおこなうのに適した繰り返し処理の構文です。配列と組み合わ
せて、要素の先頭から末尾まで処理する目的でよく使われます。

for文は、for ( ) { } という形を取ります。「( )」(丸括弧)の中には、「;」(セミコ
ロン)区切りで、初期化式、条件式、変化式を書きます。

初期化式は最初の1回のみ実行します。条件式は毎回判定して、trueのあいだ
「{ }」(波括弧)内の処理を繰り返します。変化式は「{ }」内の処理が終わるごとに、
条件を更新するために使います。

構文

```
for (初期化式; 条件式; 変化式) {
    繰り返す処理
}
```

Fig 4-07　**for 文**

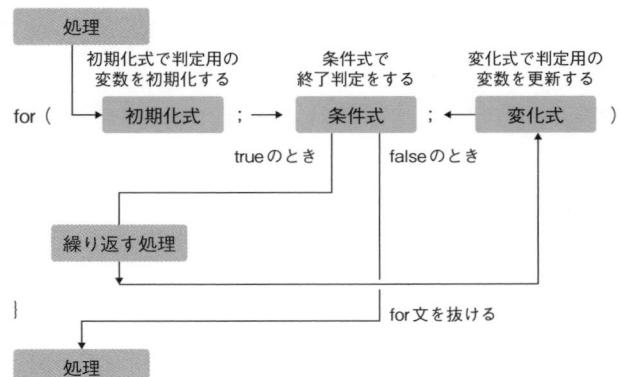

204

以下に for 文の例を示します。判定用の変数 i を 0 からはじめて 3 まで処理します。

● for 文の処理	chapter4/loop/for.html
7	// 繰り返し処理
8	for (let i = 0; i < 4; i ++) {
9	console.log(`変数iの値は${i}`);
10	}

● Console
変数iの値は0
変数iの値は1
変数iの値は2
変数iの値は3

配列を使った例を示します。配列の .length プロパティを利用して、要素数の繰り返し処理をおこないます。

● 配列の繰り返し処理	chapter4/loop/for-array.html
7	// 配列を作成
8	const arr = ['コーヒー', '紅茶', 'ケーキ', 'ピザ'];
9	
10	// 繰り返し処理
11	for (let i = 0; i < arr.length; i ++) {
12	console.log(`変数iの値は${i}、この位置の要素は「${arr[i]}」`);
13	}

● Console
変数iの値は0、この位置の要素は「コーヒー」
変数iの値は1、この位置の要素は「紅茶」
変数iの値は2、この位置の要素は「ケーキ」
変数iの値は3、この位置の要素は「ピザ」

for in文

　for in文は、for文と似ていますが、処理の内容は違います。for のあとの「(変数 in オブジェクト)」の構文を使い、オブジェクトの列挙可能なプロパティの名前を変数に入れて、繰り返し処理をおこないます。

構文

```
for (変数 in オブジェクト) {
    繰り返す処理
}
```

　以下に例を示します。

►for in 文の処理	chapter4/loop/for-in.html
7	// オブジェクトを作成
8	const item = {name: 'ホットコーヒー', price: 450, countDay: 8};
9	
10	// 繰り返し処理
11	for (const propName in item) {
12	console.log(`${propName} : ${item[propName]}`);
13	}

►Console
name : ホットコーヒー
price : 450
countDay : 8

4-3-3 for of文

　for of文は、Array、Map、Set、arguments などの反復可能オブジェクトの値を得て、繰り返し処理をおこないます。for のあとの「(変数 of オブジェクト)」の構文を使い、変数に値を得ます。

```
for (変数 of 反復可能オブジェクト) {
    繰り返す処理
}
```

以下に例を示します。

	for of 文の処理	chapter4/loop/for-of.html
7	// 配列を作成	
8	const arr = ['コーヒー', '紅茶', 'ケーキ', 'ピザ'];	
9		
10	// 繰り返し処理	
11	for (const param of arr) {	
12	console.log(param);	
13	}	

Console

```
コーヒー
紅茶
ケーキ
ピザ
```

4-3-4 while文

　繰り返し処理には、while 文もあります。while 文はとてもシンプルです。while
( ) { } と書き、「( )」(丸括弧)内の条件式が true と見なせるあいだ、繰り返し処理
を続けます。

```
while (条件式) {
    繰り返す処理
}
```

以下に例を示します。

```
 7    // 繰り返し用のカウンターを作る
 8    let n = 0;
 9
10    // 繰り返し処理
11    while (n < 3) {
12        // コンソールに出力
13        console.log(n);
14
15        // カウンターの値を増加
16        n ++;
17    }
```

●Console

```
0
1
2
```

4-3-5　do while文

while 文の仲間です。while 文との違いは、継続の判定をする while が、繰り返し処理の末尾にあります。そのため、最低でも 1 回は処理をします。

構文

```
do {
    繰り返す処理
} while (条件式)
```

以下に例を示します。条件式は最初から満たしていませんが、1 度だけ処理をおこないます。

	do while 文の処理	chapter4/loop/do-while.html
7	// 繰り返し用のカウンターを作る	
8	let n = 0;	
9		
10	// 繰り返し処理	
11	do {	
12	// コンソールに出力	
13	console.log(n);	
14		
15	// カウンターの値を増加	
16	n ++;	
17	} while (n < 0)	

	Console
0	

4-3-6 break

繰り返し処理を中断して、処理の「{ }」（波括弧）内から抜けるには、break を使います。

以下に例を示します。i が 2 のときに処理を中断して、繰り返し処理から抜けます。

	break の処理	chapter4/loop/break.html
7	// 繰り返し処理	
8	for (let i = 0; i < 8; i ++) {	
9	console.log(i, '前');	
10		
11	// iが2のときに処理を打ち切る	
12	if (i === 2) {	
13	break;	
14	}	
15		
16	console.log(i, '後');	
17	}	

```
0 "前"
0 "後"
1 "前"
1 "後"
2 "前"
```

break のあとにラベル名を書くと、ラベル文を中断して抜けられます。ラベル文は、「{}」のブロックに、「:」(コロン)でラベルをつけた構文です。

構文

```
ラベル名: {
    処理
}
```

以下は、ラベル文を break で抜ける例です。

● ラベル文を break で抜ける   chapter4/loop/label.html

```
 7    // ラベルouterのブロック
 8    outer: {
 9        console.log('outer 前');
10
11        // ラベルinnerのブロック
12        inner: {
13            console.log('inner 前');
14            break outer;
15            console.log('inner 後');
16        }
17
18        console.log('outer 後');
19    }
20
21    console.log('離脱');
```

```
outer 前
inner 前
離脱
```

繰り返し処理とラベル文を組み合わせると、入れ子になった繰り返し処理を一気に抜けることができます。

● 入れ子になった繰り返し処理を抜ける　　　　　　chapter4/loop/break-label.html

```
7      // ラベルouterつきの繰り返し処理
8      outer:
9      for (let i = 0; i < 3; i ++) {
10         for (let j = 0; j < 3; j ++) {
11             console.log(i, j, '前');
12
13             // iが1、jが1のとき、ラベルouterの繰り返し処理を抜ける
14             if (i === 1 && j === 1) {
15                 break outer;
16             }
17
18             console.log(i, j, '後');
19         }
20     }
21
22     console.log('離脱');
```

● Console

```
0 0 "前"
0 0 "後"
0 1 "前"
0 1 "後"
0 2 "前"
0 2 "後"
1 0 "前"
1 0 "後"
1 1 "前"
離脱
```

continue

繰り返し処理を中断して、for 文なら変化式に移動して、while 文なら条件式に
移動します。

以下に例を示します。

● continue の処理	chapter4/loop/continue.html

```
7      // 繰り返し処理
8      for (let i = 0; i < 4; i ++) {
9          // iが2のときに処理を飛ばす
10         if (i === 2) {
11             continue;
12         }
13
14         console.log(i);
15     }
```

● Console

```
0
1
3
```

また、ラベルを使うことで、特定の for 文や while 文に移動することもできます。

● ラベルの位置の for 文に移動	chapter4/loop/continue-label.html

```
7      // ラベルouterつきの繰り返し処理
8      outer:
9      for (let i = 0; i < 3; i ++) {
10         for (let j = 0; j < 3; j ++) {
11             // iが1、jが1のときに、ラベルouterに処理を飛ばす
12             if (i === 1 && j === 1) {
13                 console.log(i, j, 'continue');
14                 continue outer;
15             }
```

16	
17	`            console.log(i, j);`
18	`        }`
19	`    }`

```
● Console
0 0
0 1
0 2
1 0
1 1 "continue"
2 0
2 1
2 2
```

4-3-8 無限ループ

　繰り返し処理は、終了条件を間違うと永遠に終わらず処理が続いてしまいます。こうした状態を**無限ループ**と呼びます。

　Google Chrome で無限ループが起きたときは、そのページ(タブ)を閉じると処理が止まります。

　以下は無限ループの例です。

● 無限ループ	chapter4/loop/infinite-loop.html
7	`// 無限ループ`
8	`while(true) {`
9	`}`

4-4 配列の処理

JavaScript では、オブジェクトを除けば、配列が最も多く使われるデータ構造です。そのため配列にはさまざまなメソッドが用意されています。それらを利用した配列の処理について紹介します。

4-4-1 値の追加と削除

Array オブジェクトには、配列の末尾や先頭に対して、値を追加したり削除したりするメソッドが用意されています。

Table 4-05　**Array オブジェクトのメソッド**

メソッド	説明
.push(x[, y, …])	末尾に引数の要素を追加。複数追加したときは、最後の引数が末尾になる。新しい配列の要素数を返す。
.pop()	末尾から要素を取りのぞく。取りのぞいた要素(空のときは undefined) を返す。
.unshift(x[, y, …])	先頭に引数の要素を追加。複数追加したときは、最初の引数が先頭になる。新しい配列の要素数を返す。
.shift()	先頭から要素を取りのぞく。取りのぞいた要素(空のときは undefined) を返す。

Fig 4-08　**値の追加と削除**

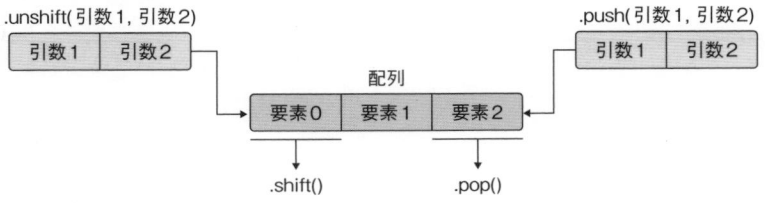

以下に例を示します。

214

```javascript
 7      // 配列を作成してコンソールに出力
 8      const arr = [20, 21, 22];
 9      console.log('元の配列');
10      console.log('  ', arr);
11
12      // 末尾に追加してコンソールに出力
13      arr.push(30, 31, 32);
14      console.log('末尾に追加したあとの配列');
15      console.log('  ', arr);
16
17      // 先頭に追加してコンソールに出力
18      arr.unshift(10, 11, 12);
19      console.log('先頭に追加したあとの配列');
20      console.log('  ', arr);
21
22      // 末尾の要素を取りのぞいてコンソールに出力
23      const tail = arr.pop();
24      console.log('末尾を取りのぞいたあとの値と配列');
25      console.log('  ', tail);
26      console.log('  ', arr);
27
28      // 先頭の要素を取りのぞいてコンソールに出力
29      const head = arr.shift();
30      console.log('先頭を取りのぞいたあとの値と配列');
31      console.log('  ', head);
32      console.log('  ', arr);
```

4 関数、制御構文、データ処理

215

```
●━Console
元の配列
    (3) [20, 21, 22]
末尾に追加したあとの配列
    (6) [20, 21, 22, 30, 31, 32]
先頭に追加したあとの配列
    (9) [10, 11, 12, 20, 21, 22, 30, 31, 32]
末尾を取りのぞいたあとの値と配列
    32
    (8) [10, 11, 12, 20, 21, 22, 30, 31]
先頭を取りのぞいたあとの値と配列
    10
    (7) [11, 12, 20, 21, 22, 30, 31]
```

4-4-2 配列自体の操作

　配列自体を操作するメソッドを紹介します。この中で、.join()メソッドは非常に
よく使います。

Table 4-06　**配列自体を操作するメソッド**

メソッド	説明
`.join([x])`	全ての要素を結合した文字列を返す。引数がないときは「,」、あるときは その引数を区切り文字にする。
`.fill(x[, s, e])`	全ての要素をxで埋める。変更後の配列を返す。 sは先頭位置、eは末尾の次の位置。sやeが指定されたときは指定範囲 を埋める。sだけ指定したときは、その位置以降全てを埋める。
`.reverse()`	配列の向きを逆転させる。変更後の配列を返す。
`.flat([d])`	配列の入れ子を平坦化した新しい配列を返す。dを指定すると平坦化する 深さ。指定しなければ1。

　各メソッドの例を以下に示します。

≫.join([x])

　以下に.join()の例を示します。引数がないときは「,」、あるときはその引数を区
切り文字にします。

●.join()メソッド	chapter4/array/join.html
7	// 配列を作成
8	const arr = ['コーヒー', '紅茶', '煎茶'];
9	
10	// .join()で結合してコンソールに出力
11	console.log(arr.join());
12	console.log(arr.join(' / '));
13	console.log(arr.join(''));

●Console
コーヒー,紅茶,煎茶
コーヒー / 紅茶 / 煎茶
コーヒー紅茶煎茶

».fill(x [, s, e])

以下に.fill()の例を示します。中身を特定の値で埋めた配列を作るのに便利です。

●.fill()メソッド	chapter4/array/fill.html
7	// 配列を作成してコンソールに出力
8	const arr1 = new Array(4);
9	console.log(arr1);
10	
11	// .fill()で埋めてコンソールに出力
12	const arr2 = arr1.fill('★');
13	console.log(arr1);
14	console.log(arr2);
15	
16	// 指定範囲を埋めて
17	const arr3 = arr1.fill('☆', 1, 3);
18	console.log(arr1);
19	console.log(arr3);

●Console
(4) [empty × 4]
(4) ["★", "★", "★", "★"]
(4) ["★", "★", "★", "★"]
(4) ["★", "☆", "☆", "★"]
(4) ["★", "☆", "☆", "★"]

» .reverse()

配列の向きを逆転させます。配列を逆向きに処理したいときに、あらかじめ向き
を逆転させておく場合に使います。

	.reverse() メソッド	chapter4/array/reverse.html
7	// 配列を作成してコンソールに出力	
8	const arr = [1, 2, 3, 4];	
9	console.log(arr);	
10		
11	// .reverse()で向きを逆転させてコンソールに出力	
12	arr.reverse();	
13	console.log(arr);	

```
Console
(4) [1, 2, 3, 4]
(4) [4, 3, 2, 1]
```

» .flat([d])

配列を平坦にした新しい配列を返します。引数なしなら、1段階の入れ子まで平
坦化します。引数が指定されたときは、その数値の深さまで平坦化します。元の配
列は変化しません。

	.flat() メソッド	chapter4/array/flat.html
7	// 配列を作成してコンソールに出力	
8	const arr = [1, 2, [3, 4], [[5, 6], [[7, 8], [9, 10]]]];	
9	console.log(arr);	
10		
11	// .flat()で平坦化してコンソールに出力	
12	console.log(arr.flat());	
13	console.log(arr.flat(2));	
14	console.log(arr.flat(Infinity));	
15		
16	// 元の配列をコンソールに出力	
17	console.log(arr);	

```
●Console
(4) [1, 2, [3, 4], [[5, 6], [[7, 8], [9, 10]]]]
(6) [1, 2, 3, 4, [5, 6], [[7, 8], [9, 10]]]
(8) [1, 2, 3, 4, 5, 6, [7, 8], [9, 10]]
(10) [1, 2, 3, 4, 5, 6, 7, 8, 9, 10]
(4) [1, 2, [3, 4], [[5, 6], [[7, 8], [9, 10]]]]
```

4-4-3 配列の結合と分離

配列は、複数の配列を結合した新しい配列を作ったり、配列の一部から新しい配列を作ったりすることができます。

Table 4-07　**配列の結合と分離をおこなうメソッド**

メソッド	説明
.concat(x[, y, …])	引数の配列の要素、あるいは引数の値を順に並べた新しい配列を作って返す。元の配列は影響を受けない。
.slice(s[, e])	位置 s から、位置 e の 1 つ前までの要素の新しい配列を作って返す。元の配列は影響を受けない。 位置 s や位置 e を負の数にしたときは、末尾からの位置で数える。位置 e を省略したときは、末尾の要素までが対象となる。
.splice(s[, n, v1, v2, …])	位置 s から n 個の要素を取りのぞき、v1, v2, ... の要素をその位置に追加する。元の配列は影響を受ける。 取りのぞいた要素を返す。要素が取りのぞかれなかったときは空の配列が返る。第 2 引数 n を省略すると、末尾までの要素を取りのぞく。

それぞれのメソッドについて例を示して説明します。

».concat(x [, y, …])

以下に .concat() の例を示します。配列や値を結合して、新しい配列を作ります。

.concat() メソッド	chapter4/array/concat.html

```
7      // 配列を作成
8      const arr1 = ['コーヒー', '紅茶'];
9      const arr2 = ['ケーキ', 'クッキー'];
10     const arr3 = ['サンドイッチ', 'トースト'];
11
12     // .concat()で結合してコンソールに出力
13     console.log(arr1.concat(arr2, arr3));
14     console.log(arr1.concat('プリン', arr2, 'ゼリー'));
15
16     // 元の配列は影響を受けない
17     console.log(arr1);
```

● Console

```
(6) ["コーヒー", "紅茶", "ケーキ", "クッキー", "サンドイッチ", "トースト"]
(6) ["コーヒー", "紅茶", "プリン", "ケーキ", "クッキー", "ゼリー"]
(2) ["コーヒー", "紅茶"]
```

».slice(s [, e])

以下に .slice()の例を示します。配列の一部を、元の配列を変更せずに取り出せます。

.slice() メソッド	chapter4/array/slice.html

```
7      // 配列を作成
8      const arr = ['コーヒー', '紅茶', 'ケーキ', 'クッキー', 'プリン'];
9
10     // .slice()で一部を抜き出してコンソールに出力
11     console.log(arr.slice(1, 3));
12     console.log(arr.slice(2));
13     console.log(arr.slice(-2));
14
15     // 元の配列は影響を受けない
16     console.log(arr);
```

220

```
(2) ["紅茶", "ケーキ"]
(3) ["ケーキ", "クッキー", "プリン"]
(2) ["クッキー", "プリン"]
(5) ["コーヒー", "紅茶", "ケーキ", "クッキー", "プリン"]
```

》.splice(s [, n, v1, v2, ...])

.splice()は、十徳ナイフのように、さまざまな機能を持つメソッドです。そのため例も多く示します。

以下に例を示します。まずは、要素1から開始して2つ要素を取りのぞきます。

● .splice () メソッド	chapter4/array/splice-1.html
7	// 配列を作成
8	const arr1 = ['コーヒー', '紅茶', 'ケーキ', 'クッキー', 'プリン'];
9	
10	// .splice()で一部を抜き出す
11	const arr2 = arr1.splice(1, 2);
12	
13	// 抜き出した配列をコンソールに出力
14	console.log(arr2);
15	
16	// 元の配列は影響を受ける
17	console.log(arr1);

● Console

```
(2) ["紅茶", "ケーキ"]
(3) ["コーヒー", "クッキー", "プリン"]
```

次の例は、要素2から開始して残りの全ての要素を取りのぞきます。

```
7     // 配列を作成
8     const arr1 = ['コーヒー', '紅茶', 'ケーキ', 'クッキー', 'プリン'];
9
10    // .splice()で一部を抜き出す
11    const arr2 = arr1.splice(2);
12
13    // 抜き出した配列をコンソールに出力
14    console.log(arr2);
15
16    // 元の配列は影響を受ける
17    console.log(arr1);
```

● Console

```
(3) ["ケーキ", "クッキー", "プリン"]
(2) ["コーヒー", "紅茶"]
```

最後の例は、要素1から開始して2つの要素を取りのぞき、その場所に '★',
'☆', '★' を挿入します。

```
7     // 配列を作成
8     const arr1 = ['コーヒー', '紅茶', 'ケーキ', 'クッキー', 'プリン'];
9
10    // .splice()で一部を抜き出して、他の要素を追加
11    const arr2 = arr1.splice(1, 2, '★', '☆', '★');
12
13    // 抜き出した配列をコンソールに出力
14    console.log(arr2);
15
16    // 元の配列は影響を受ける
17    console.log(arr1);
```

● Console

```
(2) ["紅茶", "ケーキ"]
(6) ["コーヒー", "★", "☆", "★", "クッキー", "プリン"]
```

4-4-4 特定の要素が含まれているか判定

配列の中に、特定の要素が含まれているか判定することは多いです。そのための
メソッドも数多く用意されています。

Table 4-08 特定の要素を判定できるメソッド

メソッド	説明
.includes(v[, s])	値 v が含まれていたら true を、そうでないなら false を返す。 整数 s を指定したときは、その位置以降の値を見て判定する。s が負の数のときは開始位置は末尾から数える。
.indexOf(v[, s])	値 v と同じ要素の位置を返す。見つからないときは -1 を返す。先頭から探す。 整数 s を指定したときは検索開始位置。s が負の数のときは、開始位置は末尾から数える。
.lastIndexOf(v[, s])	値 v と同じ要素の位置を返す。見つからないときは -1 を返す。末尾から探す。 整数 s を指定したときは検索開始位置。s が負の数のときは開始位置は末尾から数える。
.find(f)	テスト関数 f を満たす最初の要素を返す。見つからないときは undefined を返す。
.findIndex(f)	テスト関数 f を満たす最初の要素の位置を返す。見つからないときは -1 を返す。
.every(f)	テスト関数 f を全て満たしたときに true、それ以外のときは false を返す。
.some(f)	テスト関数 f を 1 つでも満たしたときに true、それ以外のときは false を返す。

テスト関数は引数に「要素」「位置」「配列そのもの」を取る関数です。true と見
なせる値を返せば満たしたと見なします。テスト関数に渡される要素の値は、メ
ソッド実行時の値です。

それぞれのメソッドの例を見ていきます。

≫ .includes(v[, s])

以下に .includes()の例を示します。値が含まれているかを真偽値で得ます。数
値の 2 と文字列の '2' は同じと見なされません。

.includes () メソッド	chapter4/array/includes.html
7	// 配列を作成
8	`let arr = [1, 2, 3, 4, 5];`
9	
10	// .includes()で判定してコンソールに出力
11	`console.log(arr.includes(3));`
12	`console.log(arr.includes('3'));`
13	`console.log(arr.includes(3, 3));`
14	`console.log(arr.includes(3, -3));`

Console
true
false
false
true

» .indexOf (v [, s]) / .lastIndexOf (v [, s])

以下に .indexOf()の例を示します。先ほどと同様、数値の 1 と文字列の '1' は同じと見なされません。

.indexOf () メソッド	sample/chapter4/array/index-of.html
7	// 配列を作成
8	`let arr = [1, 2, 3, 1];`
9	
10	// .indexOf()で探してコンソールに出力
11	`console.log(arr.indexOf(1));`
12	`console.log(arr.indexOf('1'));`
13	`console.log(arr.indexOf(4));`
14	`console.log(arr.indexOf(1, 2));`
15	`console.log(arr.indexOf(1, -2));`

Console
0
-1
-1
3
3

以下に .lastIndexOf() の例を示します。.indexOf() と .lastIndexOf() で、検索が一致する場所が違うことに注意してください。

```
.lastIndexOf() メソッド                               chapter4/array/last-index-of.html
7    // 配列を作成
8    let arr = [1, 2, 3, 1];
9
10   // .lastIndexOf()で探してコンソールに出力
11   console.log(arr.lastIndexOf(1));
12   console.log(arr.lastIndexOf('1'));
13   console.log(arr.lastIndexOf(4));
14   console.log(arr.lastIndexOf(1, 2));
15   console.log(arr.lastIndexOf(1, -2));
```

```
Console
3
-1
-1
0
0
```

» .find (f) / .findIndex (f)

テスト関数で判定するメソッドのため、これまでのメソッドと比べて、少し複雑になります。

以下に .find() と .findIndex() の例を示します。テスト関数は、アロー関数で書いています。各要素の price の値が、一定金額以上かを判定しています。

```
7     // 配列を作成
8     const arr = [
9         {name: 'コーヒー', price: 450},
10        {name: '紅茶',    price: 450},
11        {name: 'ケーキ',   price: 500}
12    ];
13
14    // .find()で探してコンソールに出力
15    console.log(arr.find(x => x.price >= 500));
16    console.log(arr.find(x => x.price >= 1000));
17
18    // .findIndex()で探してコンソールに出力
19    console.log(arr.findIndex(x => x.price >= 500));
20    console.log(arr.findIndex(x => x.price >= 1000));
```

●Console
```
{name: "ケーキ", price: 500}
undefined
2
-1
```

》.every (f) / .some (f)

テスト関数で判定するメソッドです。

以下に .every() と .some() の例を示します。テスト関数は、アロー関数で書いています。各要素の price の値が、一定金額以上かを判定しています。

7	// 配列を作成
8	const arr = [
9	{name: 'コーヒー', price: 450},
10	{name: '紅茶', price: 450},
11	{name: 'ケーキ', price: 500}
12	];
13	
14	// .every()で判定してコンソールに出力
15	console.log(arr.every(x => x.price >= 400));
16	console.log(arr.every(x => x.price >= 500));
17	
18	// .some()で探してコンソールに出力
19	console.log(arr.some(x => x.price >= 500));
20	console.log(arr.some(x => x.price >= 600));

●Console

```
true
false
true
false
```

4-4-5 反復メソッドを使った処理

　コールバック関数を取り、配列の全ての要素に対して処理をおこなうメソッドが
いくつかあります。それらを紹介します。コールバック関数は引数に「要素」「位置」
「配列そのもの」を取ります。コールバック関数に渡される値は、メソッド実行時の
値です。また、コールバック関数が呼ばれるのは、値が代入済みの要素のみです。

Table 4-09　配列の全ての要素に対して処理をおこなうメソッド

メソッド	説明
.forEach(f)	配列の各要素をコールバック関数 f で処理する。
.map(f)	配列の各要素をコールバック関数 f で処理して、関数の戻り値から新しい配列を作って返す。
.filter(f)	配列の各要素をコールバック関数 f で処理して、true と見なす値を返した要素のみの新しい配列を作って返す。

以下に各メソッドの例を示していきます。関数はアロー関数で書きます。

>> .forEach(f)

以下に .forEach()の例を示します。値を代入していない要素は処理されません。

● .forEach() メソッド		chapter4/array/for-each.html
7	// 配列とカウンターを作成	
8	const arr = [1,2,,,,,,3];	
9	let cnt = 0;	
10		
11	// .forEach()で各要素を処理	
12	arr.forEach((x, i) => {	
13	console.log(`要素${i}、値は「${x}」`);	
14	cnt ++;	
15	});	
16		
17	// コンソールに出力	
18	console.log(`要素数は${arr.length}、実行数は${cnt}`);	

```
● Console
要素0、値は「1」
要素1、値は「2」
要素7、値は「3」
要素数は8、実行数は3
```

>> .map(f)

以下に .map()の例を示します。数値から作った文字列の配列を作ります。

● .map(f) メソッド		chapter4/array/map.html
7	// 配列を作成	
8	const arr = [1, 2, 3, 4];	
9		
10	// .map()で新しい配列を作成	
11	const arr2 = arr.map(x => `${x}番目`);	
12		
13	// コンソールに出力	
14	console.log(arr2);	

●—Console

```
(4) ["1番目", "2番目", "3番目", "4番目"]
```

≫ .filter (f)

以下に .filter()の例を示します。偶数の要素だけを選んで新しい配列を作ります。

●—.filter () メソッド   chapter4/array/filter.html

```
 7    // 配列を作成
 8    const arr = [0, 1, 2, 3, 4, 5];
 9
10    // .filter()で偶数の要素だけを選ぶ
11    const arr2 = arr.filter(x => x % 2 === 0);
12
13    // コンソールに出力
14    console.log(arr2);
```

●—Console

```
(3) [0, 2, 4]
```

.filter()、.map()、.forEach()などのメソッドは、組み合わせて利用することもできます。戻り値が配列のときは、そのまま配列のメソッドを書くことができます。

以下に例を示します。まず .map()で、位置と値を記録したオブジェクトを作り、次に .filter()で値が偶数の要素のみを抜き出します。最後に、.forEach()で文字列にして出力します。

●—.map()、.filter ()、.forEach ()を組み合わせて利用   chapter4/array/combo.html

```
 7    // 配列に対して、メソッドチェーンで処理
 8    [11, 22, 33, 44, 55, 66]
 9    .map((x, i) => ({i: i, n: x}))
10    .filter(x => x.n % 2 === 0)
11    .forEach(x => console.log(`${x.i}番目${x.n}`));
```

```
● Console
1番目22
3番目44
5番目66
```

4-4-6 リドュース

reduce は、減らす、単純化する、まとめるなどの意味を持つ言葉です。配列の .reduce()メソッドは、第1引数にコールバック関数を取り、配列の要素を計算して単一の結果を返します。このメソッドは、配列の合計値を求める用途などで使います。また第2引数を設定したときは、計算の初期値になります。設定しなかったときは、配列の最初の要素が初期値として使用されます。

.reduce()のコールバック関数は、最低でも2つの引数を取ります。第1引数は、アキュームレーターと呼ばれる、戻り値を蓄積していく変数です。第2引数は、現在の要素です。第3引数は、要素が何番目かの数値です。第4変数は、配列自身です。コールバック関数の戻り値は、アキュームレーターに蓄積されていきます。

構文

```
配列.reduce(関数(蓄積値, 現在値, 番号, 配列自身){}, 初期値);
```

Table 4-10　リドュースの処理をおこなうメソッド

メソッド	説明
`.reduce(f)`	コールバック関数 f でリドュースの処理をおこなう。先頭から順に処理する。
`.reduceRight(f)`	コールバック関数 f でリドュースの処理をおこなう。末尾から順に処理する。

》.reduce(f) / .reduceRight(f)

以下に .reduce()の例を示します。合計値を求めるものです。はじめの処理は初期値なし、次の処理は初期値ありです。それぞれ1回目の呼び出し時に、変数 a と b に入っている値をよく確かめてください。

```
7     // 配列を作成
8     const arr = [10, 20, 30, 40];
9
10    // 初期値なしの.reduce()
11    console.log('- reduce1 -');
12    const sum1 = arr.reduce((a, b, i) => {
13        console.log(i, a, b);
14        return a + b;
15    });
16    console.log(sum1);
17
18    // 初期値ありの.reduce()
19    console.log('- reduce2 -');
20    const sum2 = arr.reduce((a, b, i) => {
21        console.log(i, a, b);
22        return a + b;
23    }, 10000);
24    console.log(sum2);
```

```
● Console
- reduce1 -
1 10 20
2 30 30
3 60 40
100
- reduce2 -
0 10000 10
1 10010 20
2 10030 30
3 10060 40
10100
```

以下に .reduceRight()の例を示します。要素を参照する順番が、.reduce()の逆向きになります。

231

7	// 配列を作成
8	const arr = [10, 20, 30, 40];
9	
10	// .reduceRight()を実行
11	const sum = arr.reduceRight((a, b, i) => {
12	console.log(i, a, b);
13	return a + b;
14	}, 0);
15	console.log(sum);

```
●Console
3 0 40
2 40 30
1 70 20
0 90 10
100
```

4-4-7　ソート

　配列の中身をならべかえることを**ソート**と呼びます。配列には .sort()メソッド
があります。

».sort([f])

　.sort()メソッドは、値を辞書ならびの昇順にならべかえます。数値も文字列に
変換して文字としてならべかえます。.sort()は、配列の順序を変えます。そして、
ソート後の配列を返します。

構文

```
配列.sort()
```

　.sort()メソッドは、引数に**比較関数**を書くと、ならべ方が変わります。比較関
数は、第1引数と第2引数で2つの要素を受け取ります。この要素を比較して戻
り値を返すことで、ならべ方を変えます。

戻り値が０より小さいときは、第１引数を前に移動します。０より大きいときは、第２引数を前に移動します。０のときは順序の変更をしません。

```
構文
配列.sort(function(a, b) {
    return 数値
})
```

Table 4-11　比較関数の戻り値として指定する値

戻り値	説明
０より小さい	第１引数を前に移動。
０	順序の変更をしない。
０より大きい	第２引数を前に移動。

　以下に例を示します。辞書のならびのため、１文字目が「1」の10、11、12は、7、8、9より前に来ます。

```
.sort() メソッド                                        chapter4/array/sort-1.html
7     // 配列を作成
8     const arr1 = [7, 8, 9, 10, 11, 12];
9
10    // ソート
11    const arr2 = arr1.sort();
12
13    // コンソールに出力
14    console.log(arr1);
15    console.log(arr2);
```

```
Console
(6) [10, 11, 12, 7, 8, 9]
(6) [10, 11, 12, 7, 8, 9]
```

　以下に比較関数を使った例を示します。各要素を数値として比較しています。第１引数が小さければ負の数になり前に、大きければ正の数になり後に移動します。

233

関数、制御構文、データ処理

同じ数値のときは 0 で移動しません。

	sort() メソッドで比較関数を利用	chapter4/array/sort-2.html
7	// 配列を作成	
8	const arr = [10, 11, 12, 7, 8, 9];	
9		
10	// ソート	
11	arr.sort((a, b) => a - b);	
12		
13	// コンソールに出力	
14	console.log(arr);	

● Console
```
(6) [7, 8, 9, 10, 11, 12]
```

4-4-8 イテレータを得る

　配列では使うことはあまりありませんが、Map オブジェクトや Set オブジェクトのように、.keys()、.values()、.entries() メソッドもあります。それぞれ、キー、値、キーと値のペアの iterator（反復子）を得ます。

Table 4-12　**iterator（反復子）を得るメソッド**

メソッド	説明
.keys()	キーの iterator（反復子）を得る。
.values()	値の iterator（反復子）を得る。
.entries()	キーと値のペアの iterator（反復子）を得る。

　以下に .keys() の例を示します。

●.keys() メソッド	chapter4/array/keys.html

```
7      // 配列を作成
8      const arr = ['コーヒー', '紅茶', 'ケーキ'];
9
10     // iteratorを得る
11     const iterator = arr.keys();
12
13     // 繰り返し処理で、コンソールに出力
14     for (const key of iterator) {
15         console.log(key);
16     }
```

● Console

```
0
1
2
```

以下に .values() の例を示します。

●.values() メソッド	chapter4/array/values.html

```
7      // 配列を作成
8      const arr = ['コーヒー', '紅茶', 'ケーキ'];
9
10     // iteratorを得る
11     const iterator = arr.values();
12
13     // 繰り返し処理で、コンソールに出力
14     for (const value of iterator) {
15         console.log(value);
16     }
```

● Console

```
コーヒー
紅茶
ケーキ
```

以下に .entries() の例を示します。

```
.entries() メソッド                                    chapter4/array/entries.html
7     // 配列を作成
8     const arr = ['コーヒー', '紅茶', 'ケーキ'];
9
10    // iteratorを得る
11    const iterator = arr.entries();
12
13    // 繰り返し処理で、コンソールに出力
14    for (const entry of iterator) {
15        console.log(entry);
16    }
```

```
Console
(2) [0, "コーヒー"]
(2) [1, "紅茶"]
(2) [2, "ケーキ"]
```

Chapter

5

基本編

さまざまな処理

　ここでは、文字列をあつかう処理として、正規表現と String オブジェクトのメソッドを見ていきます。また、日時の処理もあつかいます。さらに、Web ブラウザの情報を利用したり、操作したりする window オブジェクトについても学んでいきます。

5-1 文字列処理

Webページのプログラムでは、文字列処理をよくおこないます。ここでは、文字列のパターンを指定して検索する**正規表現**と、JavaScriptの**正規表現リテラル**、正規表現をあらわす**RegExpオブジェクト**、そして文字列をあらわす**Stringオブジェクト**について解説していきます。

5-1-1 正規表現

プログラムで文字列をあつかうとき、検索や置換を効率的におこなうために、正規表現という「文字の並びの表現方法」がよく使われます。正規表現は、文字と記号を使い、文字のパターンを指定して、該当する部分を検索したり、置換したりします。

ここでは、JavaScriptに組み込まれている正規表現について解説していきます。

》正規表現とは

正規表現は、文字と記号を使い、文字のパターンを指定して、検索をしたり置換したりする方法です。正規表現には、任意の1文字をあらわすものや繰り返しをあらわすもの、いくつかの文字のどれかをあらわすものなど、多くの種類があります。また、こうしたパターンとは別に、文字の一致方法を指定する**フラグ**と呼ばれるものがあります。

JavaScriptの正規表現は、2種類の方法で書けます。1つ目は**正規表現リテラル**です。「/」(スラッシュ)で囲んだ中に正規表現のパターンを書き、その右側にフラグを書きます。2つ目はnew RegExp()を使う方法です。こちらは第1引数に正規表現のパターンを書き、第2引数にフラグを書きます。いずれの場合も、フラグはなくてもかまいません。

通常は正規表現リテラルを使い、変数をもとに正規表現を組み立てるときはnew RegExp()を使います。正規表現リテラルを使っても、new RegExp()を使っても、RegExpオブジェクト(正規表現オブジェクト)が作られます。

/正規表現のパターン/フラグ

new RegExp('正規表現のパターン', 'フラグ')

　よく使われる正規表現の記号を示します。正規表現の記号には「¥」(バックスラッシュ)がつくものが多いです。「¥」自身を書きたいときは「¥¥」のように「¥」を2つ重ねます。また、正規表現のパターンの中に「/」を含めたいときは「¥/」のように書きます。

Table 5-01　正規表現の記号

記号	説明
^a	文字列先頭に a。m フラグがあるときは行頭。
a$	文字列末尾に a。m フラグがあるときは行末。
.	任意の1文字。改行以外。
a?	a が0回か1回。
a+	a を1回以上、なるべく長く一致させる。最長一致。
a*	a を0回以上、なるべく長く一致させる。最長一致。
a+?	a を1回以上、なるべく短く一致させる。最短一致。
a*?	a を0回以上、なるべく短く一致させる。最短一致。
a{n}	a を n 回繰り返す。
a{n,}	a を n 回以上繰り返す。
a{n1,n2}	a を n1 から n2 の範囲繰り返す。
[abc]	a か b か c の1文字。角括弧内の任意の1文字。
[^abc]	a か b か c 以外の1文字。角括弧内以外の任意の1文字。
[A-C]	角括弧内の文字 A から C の範囲の任意の1文字。
[^A-B]	角括弧内の文字 A から C の範囲以外の任意の1文字。
¥n	改行。
¥d	数字。[0-9] と同じ。
¥D	数字以外。[^0-9] と同じ。

記号	説明
¥w	アンダースコアを含む英数字。[A-Za-z0-9_] と同じ。
¥W	アンダースコアを含む英数字以外。[^A-Za-z0-9_] と同じ。
abc|def	abc あるいは def。
a(bc|de)f	abcf あるいは adef。( ) 内をグループ化。

次にフラグを示します。複数使うときは、**/ 正規表現のパターン /gmi** のように、順不同でならべて書きます。

Table 5-02 **フラグ**

フラグ	説明
g	global の意味。正規表現のパターンに該当する全ての文字の組み合わせと一致させる。
i	ignoreCase の意味。大文字小文字の違いを無視する。
m	multiline の意味。このフラグを使うと文字列頭「^」と文字列末尾「$」の記号の意味が変わり、行頭・行末にマッチするようになる。
s	ES2018 で加わった。dotAll の意味。本来は改行と一致しない「 . 」が、改行と一致するようになる。

》正規表現を利用するメソッド

RegExp オブジェクトでは、以下のメソッドが使えます。

Table 5-03 **RegExp オブジェクトのメソッド**

メソッド	説明
.exec(s)	文字列 s の中で一致するものを検索する。一致するものがあれば最初の情報を格納した配列を、なければ null を返す。
.test(s)	文字列 s の中で一致するものがあれば true を、なければ false を返す。

これらのメソッドは、複数ある一致場所を順番に得ていくことができます。この挙動は、内部的に RegExp オブジェクトの .lastIndex プロパティに結果を記録することで実現しています。

g フラグを設定していなければ、.lastIndex は 0 のままです。g フラグを設定していれば、実行するごとに最後の一致部分の次の位置が .lastIndex に記録され、その位置から次の検索をおこないます。検索に失敗すると 0 に戻ります。.lastIndex

が0以外のときに、他の文字列でメソッドを使うと、途中からの検索になるので注意が必要です。

　.exec()の例を示します。iフラグを使い、大文字小文字の区別をなくして文字を検索します。

● .exec() メソッド   chapter5/regexp/exec.html

```
 7      // 正規表現オブジェクトを作成
 8      const re = /[a-cs]級/i;
 9
10      // .exec()の結果をコンソールに出力
11      console.log(re.exec('ランクはB級です。'));
12      console.log(re.exec('c級1位の実力です。'));
```

● Console

```
[
    0: "B級",
    length: 1,
    index: 4,
    input: "ランクはB級です。",
    groups: undefined
]
[
    0: "c級",
    length: 1,
    index: 0,
    input: "c級1位の実力です。",
    groups: undefined
]
```

.test()の例を示します。文字列の先頭に http: か https: があるかの判定です。

● .test() メソッド   chapter5/regexp/test.html

```
 7      // .test()の結果をコンソールに出力
 8      console.log(/^https?:/.test('https://example.com/'));
 9      console.log(/^https?:/.test('URL: https://example.com/'));
```

```
●→ Console
true
false
```

　次に、正規表現を利用する String オブジェクトのメソッドを紹介します。以下
の表の引数が r のところは、単純な文字列も指定可能です。

Table 5-04　正規表現を利用する String オブジェクトのメソッド

メソッド	説明
`.match(r)`	正規表現 r が一致するか検索する。一致するものがあれば最初の情報を格納した配列を、なければ null を返す。 g フラグ設定時は、一致した全ての文字列を格納した配列を返す。
`.matchAll(r)`	正規表現 r が一致する全ての結果を格納した iterator（反復子）を返す。
`.search(r)`	正規表現 r が一致するか検索する。一致するものがあれば最初の位置の数値を、なければ -1 を返す。
`.replace(r, s)`	正規表現 r が一致する場所を文字列 s に置き換える。第 2 引数は関数も指定可能。関数のときは複雑な置換ができる。 g フラグ設定時は、一致した全ての文字列を置換する。
`.split(r)`	正規表現 r が一致する場所で文字列を分割して配列にする。

● .match（r）

　以下に .match() の例を示します。簡易的なタグの抜き出しです。まずは g フラグがないときです。

```
●→ g フラグがないときの .match() メソッド                    chapter5/regexp/match-1.html
 7        // 正規表現オブジェクトを作成
 8        const re = /<.+?>/;
 9
10        // .match() の結果をコンソールに出力1
11        const str1 = 'メニュー<span class="strong">コーヒー</span>';
12        console.log(str1.match(re));
13
14        // .match() の結果をコンソールに出力2
15        const str2 = 'メニュー : コーヒー';
16        console.log(str2.match(re));
```

```
● Console
[
    0: "<span class="strong">",
    length: 1,
    index: 4,
    input: "メニュー<span class="strong">コーヒー</span>",
    groups: undefined
]
null
```

　次は g フラグがあるときの例を示します。g フラグがあるときは、全ての結果を配列で受け取ります。

● g フラグがあるときの .match() メソッド	chapter5/regexp/match-2.html
7	// 正規表現オブジェクトを作成
8	const re = /<.+?>/g;
9	
10	// .match()の結果をコンソールに出力1
11	const str1 = 'メニュー<span class="strong">コーヒー</span>';
12	console.log(str1.match(re));
13	
14	// .match()の結果をコンソールに出力2
15	const str2 = 'メニュー : コーヒー';
16	console.log(str2.match(re));

```
● Console
(2) ["<span class="strong">", "</span>"]
null
```

.matchAll（r）

以下に .matchAll() の例を示します。正規表現に g フラグが必要です。文章中の金額を抜き出す処理です。

```
.matchAll() メソッド                                    chapter5/regexp/match-all.html
7      // 正規表現オブジェクトを作成
8      const re = /[\d,¥-円]+/g;
9
10     // 文字列を作成して、一致したiteratorを得る
11     const s = '借金が1,280円増えました。所持金は-2,890円です。';
12     const iterator = s.matchAll(re);
13
14     // 繰り返し処理でコンソールに出力
15     for (const m of iterator) {
16         console.log(m);
17     }
```

```
Console
[   0: "1,280円",
    length: 1,
    index: 3,
    input: "借金が1,280円増えました。所持金は-2,890円です。",
    groups: undefined
]
[
    0: "-2,890円",
    length: 1,
    index: 19,
    input: "借金が1,280円増えました。所持金は-2,890円です。",
    groups: undefined
]
```

.search（r）

以下に .search() の例を示します。正規表現のグループ化を使って単語を組み立てています。「自動車」「電車」「馬車」に一致します。

● .search()メソッド	chapter5/regexp/search.html
7	// 正規表現オブジェクトを作成
8	const re = /(自動|電|馬)車/;
9	
10	// .search()の結果をコンソールに出力
11	console.log('通勤は電車です。'.search(re));
12	console.log('牧場で馬車に乗りました。'.search(re));
13	console.log('自動車を買いました。'.search(re));
14	console.log('飛行機で旅行します'.search(re));

● Console
3
3
0
-1

● .replace(r, s)

　以下に .replace()の例を示します。.replace()については、キャプチャのところでさらに詳しく書きます。

● .replace()メソッド	chapter5/regexp/replace.html
7	// 正規表現オブジェクトを作成
8	const re = /[!！]+/;
9	
10	// .replace()の結果をコンソールに出力
11	console.log('すげえ！！！！！'.replace(re, '。'));
12	console.log('すげえ!!!!!'.replace(re, '。'));

● Console
すげえ。
すげえ。

● .split(r)

以下に .split() の例を示します。引数があるときはその内容で、空文字のときは
1 文字ずつ区切ります。

.split() メソッド		chapter5/regexp/split.html
7	// 文字列を作成	
8	const s = '今日の天気は、晴れです。明日の天気は、雨です。';	
9		
10	// .split()の結果をコンソールに出力	
11	console.log(s.split(/[のは、。]/));	
12	console.log(s.split(''));	

```
● Console
(9) ["今日", "天気", "", "晴れです", "明日", "天気", "", "雨です", ""]
(23) ["今", "日", "の", "天", "気", "は", "、", "晴", "れ", "で", "す", "
。", "明", "日", "の", "天", "気", "は", "、", "雨", "で", "す", "。"]
```

》キャプチャ

正規表現では、「( )」(丸括弧)で囲んだ場所がキャプチャ(格納)されます。「( )」
は、グループ化とともにキャプチャもおこないます。

正規表現のパターンの中で、¥1、¥2、¥3、……のように書くと、キャプチャし
た文字をパターンの中で使えます。¥1 は 1 番目のキャプチャ、¥2 は 2 番目の
キャプチャ、……の意味になります。

たとえば、ぞくぞく、どきどき、わくわくのような繰り返す言葉を書くとき
に、/(ぞく|どき|わく)¥1/ のように、このキャプチャは利用できます。

キャプチャした文字は、置換文字列の中でも使えます。置換文字列の中では、
$1、$2、$3、……のように書きます。$1 は 1 番目のキャプチャ、$2 は 2 番目
のキャプチャ、……の意味になります。

以下に、正規表現のパターンの中でキャプチャを使う例を示します。

キャプチャ		chapter5/regexp/capture-1.html
7	// 正規表現オブジェクトを作成	
8	const re = /(ぞく|どき|わく)¥1/g;	
9		
10	// .match()の結果をコンソールに出力	
11	const s = 'どきどきとわくわくを提供します。';	
12	console.log(s.match(re));	

```
(2) ["どきどき", "わくわく"]
```

以下に、置換文字列の中でキャプチャを使う例を示します。

置換文字列の中でキャプチャを使う　　　　　　　　　　　　chapter5/regexp/capture-2.html

```
7      // 正規表現オブジェクトを作成
8      const re = /^(.+?)( = )(.+?)$/g;
9
10     // .replace()の結果をコンソールに出力
11     const s = 'a * b = b * a';
12     console.log(s.replace(re, '$3$2$1'));
```

Console

```
b * a = a * b
```

Stringオブジェクトの.replace()は、第2引数に関数を書くことで、複雑な置換をおこなうことができます。この関数は、第1引数に一致した全体、第2引数以降に「( )」(丸括弧)でキャプチャした文字列が順番に入ります。

以下に、関数を使った置換の例を示します。

.replace()メソッドによる置換　　　　　　　　　　　　chapter5/regexp/capture-3.html

```
7      // 正規表現オブジェクトを作成
8      const re = /([¥*_]{2,})(.+?)(¥1)/g;
9
10     // 文字列を作成
11     const s = 'マークダウンでは、**強調**を***アスタリスク***か___アンダーバー___
       を2つあるいは3つでおこなえます。無駄に*****たくさん*****書いてみました。';
12
13     // 関数を使って置換
14     const rep = s.replace(re, (s, s1, s2, s3) => {
15         // 変数の初期化
16         const len = s1.length;
17         let tag = [];
18
19         // s1の長さによって、タグを変える
```

20	`        if (len === 2) { tag = ['<strong>', '</strong>']; }`
21	`        if (len >= 3)  { tag = ['<em><strong>', '</strong></em>']; }`
22	
23	`        // タグではさんだ文字列を返す`
24	`        return tag[0] + s2 + tag[1];`
25	`    });`
26	
27	`    // コンソールに出力`
28	`    console.log(rep);`

●Console

マークダウンでは、強調をアスタリスクかアンダーバーを2つあるいは3つでおこなえます。無駄にたくさん書いてみました。

5-1-2 String のメソッド

JavaScript は Web ページのプログラミング言語のため、文字列の加工をよくおこないます。そのため String オブジェクトには、文字列処理のメソッドや仕様が豊富に用意されています。これらのメソッドや仕様を種類ごとに紹介します。

正規表現を利用するメソッドはすでに紹介しているので省きます。また、ほとんど使うことがないと思われるものも省きます。

》1 文字単位の操作

文字列を 1 文字単位で操作する方法です。それほど必要になるわけではないですが、知っておくと便利なこともあります。

まず、最も簡単な方法です。文字列のあとに「[ ]」(角括弧)をつけて数値を書くと、1 文字単位の配列のように文字を得られます。

構文

文字列[数値]

同じ処理は、.charAt()メソッドを使うことでもできます。

文字列.charAt(数値)

また、「...」(ドットを3つ)のスプレッド構文を使い、文字列を配列に展開することもできます。この方式なら、絵文字のまざった文字列を配列に格納することもできます。ただし合成絵文字などは上手くいきません。そうしたものにも対応する必要があるなら、複雑な処理をおこなってくれるライブラリを探しましょう。

[...文字列]

以下に、文字列を1文字ずつあつかう例を示します。

●文字列を1文字ずつあつかう　　　　　　　　　　　　　　　　chapter5/string/char.html

```
7      // 文字列を作成
8      const s = 'チョコレートパフェ';
9
10     // 1文字ずつ得る
11     console.log(s[0], s[1], s[2]);
12     console.log(s.charAt(3), s.charAt(4), s.charAt(5));
13
14     // スプレッド構文で分割
15     console.log(...s);
16
17     // スプレッド構文で配列に格納
18     const arr = [...s];
19     console.log(arr);
```

●Console

```
チ ョ コ
レ ー ト
チ ョ コ レ ー ト パ フ ェ
(9) ["チ", "ョ", "コ", "レ", "ー", "ト", "パ", "フ", "ェ"]
```

文字列を 1 文字ずつあつかう方法は、他にもあります。次は、文字コードやコードポイントを使う方法です。

　文字コードは、コンピューター上で文字を表現するために、文字に割り当てられた数値のことです。バイナリエディター（byte の数値でファイルを見るエディター）で、この数値を入力して保存すれば、テキストエディターで開いた際に、そのまま文字として読めます。

　コードポイントは、Unicode の文字集合内で頭から順番に振った数値のことです。文字集合内での位置であり、文字コードとは違うものです。

　以下は、文字コードやコードポイントを使って文字を作る、String の静的メソッドです。

Table 5-05　**String の静的メソッド**

メソッド	説明
`String.fromCharCode(n1, n2, …)`	引数の数値（文字コード）を使い、文字列を作る。
`String.fromCodePoint(n1, n2, …)`	引数の数値（コードポイント）を使い、文字列を作る。

　以下は、文字列から文字コードやコードポイントを得る、Srting オブジェクトのメソッドです。

Table 5-06　**String オブジェクトのメソッド**

メソッド	説明
`.charCodeAt(n)`	位置 n の文字の、UTF-16 の数値を返す。
`.codePointAt(n)`	位置 n の文字の、UTF-16 のコードポイントの数値を返す。

　以下、例を示します。絵文字をあつかうときは、コードポイントを利用した方が便利なのが分かります。.charCodeAt() では文字化けしています。

```
7     // 文字列を作成
8     const s = 'abあい😄😆';   // アルファベットと日本語と絵文字
9
10    // .charCodeAt()で文字コードを得る
11    const a1 = s.charCodeAt(0);
12    const a2 = s.charCodeAt(2);
13    const a3 = s.charCodeAt(4),   // 文字コードだと2文字分
14          a4 = s.charCodeAt(5);
15    console.log(a1, a2, a3, a4);
16
17    // .codePointAt()でコードポイントを得る
18    const b1 = s.codePointAt(0);
19    const b2 = s.codePointAt(2);
20    const b3 = s.codePointAt(4);
21    console.log(b1, b2, b3);
22
23    // String.fromCharCode()で文字コードから文字を作る
24    console.log(
25        String.fromCharCode(a1),
26        String.fromCharCode(a2),
27        String.fromCharCode(a3),
28        String.fromCharCode(a4),
29        String.fromCharCode(a3, a4),   // 文字コードだと2文字分
30        String.fromCharCode(a1, a2, a3, a4)
31    );
32
33    // String.fromCodePoint()でコードポイントから文字を作る
34    console.log(
35        String.fromCodePoint(b1),
36        String.fromCodePoint(b2),
37        String.fromCodePoint(b3),
38        String.fromCodePoint(b1, b2, b3)
39    );
40
41    // 文字の分割
42    console.log(s.split(''));   // 絵文字を2文字にしてしまう
43    console.log([...s]);   // 絵文字をきれいに配列にできる
```

5

さまざまな処理

```
→Console
97 12354 55357 56832
97 12354 128512
a ぁ � � 😁 aぁ😁
a ぁ 😁 aぁ😁
(8) ["a", "b", "ぁ", "い", "�", "�", "�", "�"]
(6) ["a", "b", "ぁ", "い", "😁", "😁"]
```

» 文字列の加工

文字列の単純な加工をするメソッドです。表のホワイトスペースは、スペース、タブ、改行などです。

Table 5-07 **文字列の加工をするメソッド**

メソッド	説明
.padEnd(n[, s])	文字列長をnにするために、末尾を文字列sで埋めた文字列を返す。元の文字列がnより短いときはそのまま返す。sを省力したときは半角スペース。
.padStart(n[, s])	文字列長をnにするために、先頭を文字列sで埋めた文字列を返す。元の文字列がnより短いときはそのまま返す。sを省力したときは半角スペース。
.repeat(n)	文字列をn回繰り返す。
.trim()	前後のホワイトスペースを除去した文字列を返す。
.trimStart()	先頭のホワイトスペースを除去した文字列を返す。
.trimEnd()	末尾のホワイトスペースを除去した文字列を返す。
.toLowerCase()	小文字に変換した文字列を返す。
.toUpperCase()	大文字に変換した文字列を返す。

◉ .padEnd(n [, s]) / .padStart(n [, s])

.padEnd()と.padStart()は、実例を見た方が分かりやすいので以下に例を示します。数値の見栄えを整えたりするときに、よく使われます。以下の例では、文字列の長さよりも小さな数値を指定した場合に、元の文字列がそのまま表示されていることに注意してください。文字列の長さを強制的に短くしたい場合は、後述の他のメソッドを使う必要があります。ここでは、.substr()で短くする例もつけておきます。説明は、のちほど出てくる説明を参考にしてください。

```
7      // .padEnd()の結果をコンソールに出力
8      console.log('--- padEnd ---');
9      console.log('|', 'abc'.padEnd(8, '#'),  '|');
10     console.log('|', 'abc'.padEnd(8, ':-'),  '|');
11     console.log('|', 'abc'.padEnd(8),        '|');
12     console.log('|', 'abc'.padEnd(2, '@'),   '|');
13
14     // .padStart()の結果をコンソールに出力
15     console.log('--- padStart ---');
16     console.log('|', '1234'.padStart(8, '0'), '|');
17     console.log('|', '1234'.padStart(8),      '|');
18     console.log('|', '1234'.padStart(2, '0'), '|');
19
20     // .substr()で短くする
21     console.log('--- substr ---');
22     console.log('|', 'abc'.substr(0, 2), '|');    // 前2文字
23     console.log('|', 'abc'.substr(-2),   '|');    // 後2文字
```

●Console

```
--- padEnd ---
| abc##### |
| abc:-:-: |
| abc      |
| abc |
--- padStart ---
| 00001234 |
|     1234 |
| 1234 |
--- substr ---
| ab |
| bc |
```

》単純検索

文字列の中に、特定の文字列が含まれているかを探す系のメソッドです。文字列の処理では、ある文字列の中に、特定の文字や単語が含まれているか探すことがよくあります。そのため種類も多いです。正規表現を使うメソッド以外を、ここでは紹介します。

Table 5-08 文字列を検索するメソッド

メソッド	説明
`.includes(s[, n])`	文字列 s が含まれるなら true、それ以外は false を返す。n は検索開始位置で省略可能。
`.startsWith(s[, n])`	先頭が文字列 s なら true、それ以外は false を返す。n は先頭位置で省略可能。
`.endsWith(s[, n])`	末尾が文字列 s なら true、それ以外は false を返す。n は文字列長（末尾位置）で省略可能。
`.indexOf(s[, n])`	文字列 s の位置を先頭から探して返す。ないなら -1。n は検索開始位置で省略可能。
`.lastIndexOf(s[, n])`	文字列 s の位置を末尾から探して返す。ないなら -1。n は検索開始位置で省略可能。

以下に例を示します。

●文字列の検索   chapter5/string/includes.html

```
 7    // 文字列を作成
 8    const s = '当店のチョコレートパフェは、'
 9            + 'チョコをふんだんに使っています。';
10
11    // .includes()の結果をコンソールに出力
12    console.log('--- includes ---');
13    console.log(s.includes('チョコ'));
14    console.log(s.includes('バナナ'));
15
16    // .startsWith()の結果をコンソールに出力
17    console.log('--- startsWith ---');
18    console.log(s.startsWith('当店'));
19    console.log(s.startsWith('お店'));
20
21    // .endsWith()の結果をコンソールに出力
22    console.log('--- endsWith ---');
23    console.log(s.endsWith('。'));
24    console.log(s.endsWith('！'));
25
26    // .indexOf()の結果をコンソールに出力
27    console.log('--- indexOf ---');
28    console.log(s.indexOf('チョコ'));
29    console.log(s.indexOf('バナナ'));
```

30	
31	// .lastIndexOf()の結果をコンソールに出力
32	console.log('--- lastIndexOf ---');
33	console.log(s.lastIndexOf('チョコ'));
34	console.log(s.lastIndexOf('バナナ'));

```
●Console
--- includes ---
true
false
--- startsWith ---
true
false
--- endsWith ---
true
false
--- indexOf ---
3
-1
--- lastIndexOf ---
14
-1
```

»文字列の抜き出し

文字列の一部を抜き出して新しい文字列を作る処理は多いです。ここでは、そうしたメソッドを紹介します。似たようなメソッドが多いですが、少しずつ仕様が違います。全てのメソッドで、元の文字列は変化しません。

Table 5-09 **文字列を抜き出すメソッド**

メソッド	説明
`.substr(a[, b])`	aから開始して、文字数b個分の文字を得る。bを省略したときは末尾まで。 aが負のときは末尾から開始。bが負のときは0と見なす。
`.substring(a[, b])`	aから開始して、bの1つ前までの文字を得る。bを省略したときは末尾まで。 a、bが負のときは0と見なす。bがaより小さいときは、aとbを交換する。
`.slice(a[, b])`	aから開始して、bの直前までの文字を得る。bを省略したときは末尾まで。 aが負のときは末尾から開始。bが負のときは末尾から数える。

以下に例を示します。似たようなメソッドですが、微妙に使い方が違います。混乱しやすいので注意してください。.substr()が最もシンプルで使いやすいです。

.substr() メソッド	chapter5/string/substr.html

```
7    // 文字列を作成
8    const s = '零一二三四五六七八九';
9
10   // .substr()の結果をコンソールに出力
11   console.log('--- substr ---');
12   console.log(s.substr(5));
13   console.log(s.substr(5, 2));
14   console.log(s.substr(-3, 2));
15
16   // .substring()の結果をコンソールに出力
17   console.log('--- substring ---');
18   console.log(s.substring(5));
19   console.log(s.substring(5, 7));
20   console.log(s.substring(7, 5));
21   console.log(s.substring(-2, 3));
22
23   // .slice()の結果をコンソールに出力
24   console.log('--- slice ---');
25   console.log(s.slice(5));
26   console.log(s.slice(5, 7));
27   console.log(s.slice(7, 5));
28   console.log(s.slice(-3, -1));
```

```
● Console
--- substr ---
五六七八九
五六
七八
--- substring ---
五六七八九
五六
五六
零一二
--- slice ---
五六七八九
五六

七八
```

さまざまな処理

5

257

5-2 日時処理

プログラムでは日時をあつかうことがあります。日時の処理にはプログラミング言語にかかわらず、いくつかの共通した特徴があります。

- 基準となる年月日時分秒(ここでは基準時間と呼ぶ)から、何ミリ秒経過したのかで時間を管理する(時間の単位はミリ秒ではないこともある)。
- 基準時間からの経過時間から、年や月、日、時、分、秒などを計算する関数が用意されている。
- 各国の日時の表現の違いに対応した文字列化をする関数が用意されている。
- 時差に対応する方法が用意されている。

日時の処理は複雑です。こうしたプログラムを自分で書くのは大変です。そのためプログラミング言語に用意された機能を使ってください。JavaScript では、Date オブジェクトが、こうした機能をになっています。JavaScript の基準時間は、1970 年 1 月 1 日 00:00:00 です。

5-2-1 Date オブジェクト

日時の処理は、new Date() で Date オブジェクトを作ることでおこないます。引数なしのときは、現在の日時の Date オブジェクトが、引数があるときは、その引数に応じた日時のオブジェクトが作られます。引数は基準日時からのミリ秒を書く方法や、年月日時分秒の数値をカンマ区切りで書く方法(月は 0 から 11 なので注意)、文字列で日時を書く方法があります。

構文

```
new Date()
```

構文

```
new Date(基準時間からのミリ秒)
```

```
new Date(年, 月, 日, 時, 分, 秒)
```

```
new Date(日時の文字列)
```

　文字列で日時を書くときは、ISO 8601 形式で書くとよいです。ISO 8601 では、YYYY-MM-DDTHH:mm:ss.sssZ の形で、それぞれ年（Y4 桁）、月（M2 桁）、日（D2 桁）、時（H2 桁）、分（m2 桁）、秒（ss2 桁、ss.sss でミリ秒まで）で書きます。途中まで書いて、以降の数値を省略しても大丈夫です。こちらは月をふつうに 1 から 12 であらわします。

　末尾はタイムゾーン（時差のある世界各地の標準時）です。Z は UTC（世界協定時）を指します。日本は協定世界時より 9 時間進んでいます。UTC について説明すると非常に長くなるのですが、大まかに本初子午線（経度 0 度、イギリスのグリニッジ）の時間とイメージしておくとよいです。

　静的メソッドの Date.UTC() を使い、年月日時分秒の数値をカンマ区切りで書く方法で、世界協定時の基準時間からのミリ秒を得ることもできます。

　Date オブジェクトの .toISOString() メソッドを使うと、ISO 8601 の文字列が得られます。その他にも、文字列などを得るメソッドがいくつかありますので、まずは、それらを紹介します。

Table 5-10　**日時処理のメソッド**

メソッド	説明
`.toISOString()`	ISO 8601 の文字列で得る。
`.toJSON()`	JSON 用の文字列を得る。得られる文字列は、.toISOString() と同じ。
`.toUTCString()`	UTC タイムゾーンを使用する文字列を得る。
`.toString()`	文字列を得る。
`.toLocaleString()`	その言語の書式で文字列を得る。
`.toDateString()`	日付部分の文字列を得る。
`.toLocaleDateString()`	その言語の書式で日付部分の文字列を得る。
`.toTimeString()`	時刻部分の文字列を得る。

メソッド	説明
`.toLocaleTimeString()`	その言語の書式で時刻部分の文字列を得る。
`.valueOf()`	数値を返す。
`.getTime()`	時間の数値を得る。得られる数値は .valueOf() と同じ。
`.getTimezoneOffset()`	現地の時間帯のオフセットの分数を返す。

　以下の2つの結果は9時間のずれがあります。最初は現地時刻（日本標準時）で
Date オブジェクトを作ります。

● 現地時刻（日本標準時）で Date オブジェクトを作成して処理	chapter5/date/date.html
7	`// Dateオブジェクトを作成`
8	`const d = new Date(1999, 0, 1);`
9	
10	`// 各メソッドの結果をコンソールに出力`
11	`console.log(d.toISOString());`
12	`console.log(d.toUTCString());`
13	`console.log(d.toString());`
14	`console.log(d.toDateString());`
15	`console.log(d.toLocaleDateString());`
16	`console.log(d.toTimeString());`
17	`console.log(d.toLocaleTimeString());`
18	`console.log(d.valueOf());`
19	`console.log(d.getTimezoneOffset());`

```
● Console
1998-12-31T15:00:00.000Z
Thu, 31 Dec 1998 15:00:00 GMT
Fri Jan 01 1999 00:00:00 GMT+0900 （日本標準時）
Fri Jan 01 1999
1999/1/1
00:00:00 GMT+0900 （日本標準時）
0:00:00
915116400000
-540
```

次は UTC（世界協定時）で Date オブジェクトを作ります。先ほどの例と、9 時間の時差があるのが分かります。

	UTC（世界協定時）で Date オブジェクトを作成して処理　　　　　　　chapter5/date/date-utc.html
7	// Dateオブジェクトを作成
8	const d = new Date(Date.UTC(1999, 0, 1));
9	
10	// 各メソッドの結果をコンソールに出力
11	console.log(d.toISOString());
12	console.log(d.toUTCString());
13	console.log(d.toString());
14	console.log(d.toDateString());
15	console.log(d.toLocaleDateString());
16	console.log(d.toTimeString());
17	console.log(d.toLocaleTimeString());
18	console.log(d.valueOf());
19	console.log(d.getTimezoneOffset());

```
Console
1999-01-01T00:00:00.000Z
Fri, 01 Jan 1999 00:00:00 GMT
Fri Jan 01 1999 09:00:00 GMT+0900 (日本標準時)
Fri Jan 01 1999
1999/1/1
09:00:00 GMT+0900 (日本標準時)
9:00:00
915148800000
-540
```

　タイムゾーンを指定して ISO 8601 で時間を書いた例を以下に示します。最初が日本標準時の時差ありのもの、次が UTC（世界協定時）の時間です。もう 1 つ、new Date()を使い、現地時間（日本標準時）で指定したものも示します。
　さまざまな時間が出てくるので混乱すると思いますが、日本の時間だけでなく、世界の時間を見るときもありますので、覚えておくとよいです。

7	// ISO 8601で時差を指定
8	const d1 = new Date('1999-01-01T00:00:00+09:00');
9	console.log(d1.toISOString());
10	
11	// ISO 8601でUTC
12	const d2 = new Date('1999-01-01T00:00:00Z');
13	console.log(d2.toISOString());
14	
15	// 現地時間で指定
16	const d3 = new Date(1999, 0, 1, 0, 0, 0);
17	console.log(d3.toISOString());

● Console

```
1998-12-31T15:00:00.000Z
1999-01-01T00:00:00.000Z
1998-12-31T15:00:00.000Z
```

5-2-2 日時の取得や変更

　年月日時分秒を得たり変えたりするメソッドがそれぞれあります。取得は get、
変更は set のついたメソッドでおこないます。以下の表の地方時は、その地域の時
刻を指します。

　注意すべきは、月と曜日です。0 からはじまります。日本では月は、1 月、2 月
のように数値であらわします。しかしアメリカでは、January、February のよう
に文字列であらわします。こうした文字列を配列に格納して取り出すには 0 から
はじまった方が都合がよいです。日本で月の値を利用するときは、1 を足して表示
する必要があります。また、Web ページ上でユーザーが入力した月の数値を、
Date オブジェクトで利用するときには、入力値から 1 を引く必要があります。

Table 5-11 **日時取得のメソッド**

メソッド	説明
`.getFullYear()`	地方時の年（1999 など）を返す。
`.getMonth()`	地方時の月（0 ～ 11）を返す。
`.getDate()`	地方時の日（1 ～ 31）を返す。
`.getDay()`	地方時の曜日（0 ～ 6）を返す。
`.getHours()`	地方時の時（0 ～ 23）を返す。
`.getMinutes()`	地方時の分（0 ～ 59）を返す。
`.getSeconds()`	地方時の秒（0 ～ 59）を返す。
`.getMilliseconds()`	地方時のミリ秒（0 ～ 999）を返す。

Table 5-12 **日時取得（UTC）のメソッド**

メソッド	説明
`.getUTCFullYear()`	UTC の年（1999 など）を返す。
`.getUTCMonth()`	UTC の月（0 ～ 11）を返す。
`.getUTCDate()`	UTC の日（1 ～ 31）を返す。
`.getUTCDay()`	UTC の曜日（0 ～ 6）を返す。
`.getUTCHours()`	UTC の時（0 ～ 23）を返す。
`.getUTCMinutes()`	UTC の分（0 ～ 59）を返す。
`.getUTCSeconds()`	UTC の秒（0 ～ 59）を返す。
`.getUTCMilliseconds()`	UTC のミリ秒（0 ～ 999）を返す。

Table 5-13 **日時変更のメソッド**

メソッド	説明
`.setFullYear(n)`	地方時の年（1999 など）を数値 n に設定する。
`.setMonth(n)`	地方時の月（0 ～ 11）を数値 n に設定する。
`.setDate(n)`	地方時の日（1 ～ 31）を数値 n に設定する。
`.setDay(n)`	地方時の曜日（0 ～ 6）を数値 n に設定する。
`.setHours(n)`	地方時の時（0 ～ 23）を数値 n に設定する。
`.setMinutes(n)`	地方時の分（0 ～ 59）を数値 n に設定する。
`.setSeconds(n)`	地方時の秒（0 ～ 59）を数値 n に設定する。
`.setMilliseconds(n)`	地方時のミリ秒（0 ～ 999）を数値 n に設定する。

Table 5-14　日時変更（UTC）のメソッド

メソッド	説明
.setUTCFullYear(n)	UTC の年（1999 など）を数値 n に設定する。
.setUTCMonth(n)	UTC の月（0 〜 11）を数値 n に設定する。
.setUTCDate(n)	UTC の日（1 〜 31）を数値 n に設定する。
.setUTCDay(n)	UTC の曜日（0 〜 6）を数値 n に設定する。
.setUTCHours(n)	UTC の時（0 〜 23）を数値 n に設定する。
.setUTCMinutes(n)	UTC の分（0 〜 59）を数値 n に設定する。
.setUTCSeconds(n)	UTC の秒（0 〜 59）を数値 n に設定する。
.setUTCMilliseconds(n)	UTC のミリ秒（0 〜 999）を数値 n に設定する。

　以下に例を示します。日本時刻で 2030 年 1 月 1 日 0 時 0 分 0 秒の Date オブジェクトを作り、年月日時分秒を出力しています。また、それぞれ 1 大きくして再度出力しています。

●年月日時分秒の出力と変更　　　　　　　　　　　　　　　chapter5/date/get-set.html

```
 7    // Dateオブジェクトを作成
 8    const d = new Date(2030, 0, 1, 0, 0, 0);
 9
10    // 年月日時分秒を得て、コンソールに出力
11    console.log(
12        d.getFullYear(),
13        d.getMonth() + 1,
14        d.getDate(),
15        d.getHours(),
16        d.getMinutes(),
17        d.getSeconds()
18    );
19
20    // 年月日時分秒を1ずつ大きくする
21    d.setFullYear(d.getFullYear() + 1);
22    d.setMonth(d.getMonth() + 1);
23    d.setDate(d.getDate() + 1);
24    d.setHours(d.getHours() + 1);
25    d.setMinutes(d.getMinutes() + 1);
26    d.setSeconds(d.getSeconds() + 1);
```

27	
28	// 年月日時分秒を得て、コンソールに出力
29	console.log(
30	d.getFullYear(),
31	d.getMonth() + 1,
32	d.getDate(),
33	d.getHours(),
34	d.getMinutes(),
35	d.getSeconds()
36	);

```
● Console
2030 1 1 0 0 0
2031 2 2 1 1 1
```

5-2-3 経過時間を計算する

　ある時間から、ある時間までの経過時間は、Date オブジェクトを利用することで計算できます。最初に基準日時からのミリ秒数を得て、時間が経ったあとふたたび基準日時からのミリ秒数を得て差を求めると、経過時間が分かります。

　この用途には、静的メソッドの Date.now() が使えます。Date.now() メソッドは、基準日時からの現在のミリ秒数を返します。

　以下に例を示します。それなりに時間のかかる処理をしたあと時間の差分を求めています。start から end のあいだで時間が経っているのが分かります。

	経過時間の計算	chapter5/date/elapse.html

```
7      // 開始時間のミリ秒数を取得
8      const start = Date.now();
9
10     // 時間のかかる処理
11     for (let i = 0; i < 5000; i ++) {
12         const str1 = '@'.repeat(5000);
13         const arr  = [...str1];
14         const str2 = arr.join();
15     }
16
17     // 終了時間のミリ秒数を取得
18     const end = Date.now();
19
20     // 差分を求めて、コンソールに出力
21     const diff = end - start;
22     console.log(`開始${start}、終了${end}。経過時間は${diff}ミリ秒。`);
```

Console

開始1602100287240、終了1602100287911。経過時間は671ミリ秒。

5-3 window

Web ブラウザの JavaScript では、グローバル変数の window にさまざまなプロパティやメソッドがあります。これらはウィンドウ自体の情報や、ウィンドウを操作する機能になっています。ここでは、それらの中から、よく使うものを中心に紹介していきます。

また、window のプロパティやメソッドは、window.alert()のように window をつけても使えますし、alert()のように window をつけなくても使えます。多くの場合、つけずに使用します。そのため以降は、つけない状態で紹介します。

5-3-1 ダイアログを出す

window には、ダイアログを出すメソッドがいくつかあります。最近の Web ページでは、独自の UI コンポーネントを使ってダイアログを出すことが多いですが、単純なコードでダイアログを出せるこれらのメソッドは非常に有用です。

以下のメソッドでダイアログを出しているあいだ、JavaScript のプログラムは止まります。ダイアログが閉じたあとにプログラムは再開します。

Table 5-15 **ダイアログを出すメソッド**

メソッド	説明
`alert(s)`	文字列 s を表示した警告ダイアログを出す。[OK] ボタンをクリックすると閉じる。
`confirm(s)`	文字列 s を表示した確認ダイアログを出す。[OK] ボタンをクリックすると true、[キャンセル] ボタンをクリックすると false が返る。
`prompt(s, v)`	文字列 s を表示して、値が v の入力ダイアログを出す。[OK] ボタンをクリックすると入力した文字列が、[キャンセル] ボタンをクリックすると null が返る。

以下に例を示します。ダイアログで会話が続くようになっています。

7	// 入力を得る
8	const order = prompt('注文を入力してください。', 'コーヒー');
9	if (order === null) {
10	// ダイアログを出す
11	alert('またのお越しをお待ちしております。');
12	} else {
13	// 確認をおこなう
14	const takeout = confirm(`${order}ですね。店内でお召し上がりですか?`);
15	if (takeout) {
16	// ダイアログを出す
17	alert('席をご用意しますのでお待ちください。');
18	} else {
19	// ダイアログを出す
20	alert('お持ち帰りですね。');
21	}
22	}

5-3-2 指定時間後処理、定期処理

　プログラムでは、指定時間後に処理をしたり、定期的に処理をしたいときがあります。たとえば、占いアプリで、数秒待ってから結果を出したり、定期的に画面を書きかえてアニメーションしたりするときに、こうした処理が役に立ちます。

　JavaScript には、指定時間後に処理をする setTimeout()と、定期的に処理をする setInterval()があります。これらの関数を実行すると ID の数値を返します。この ID を使って、clearTimeout()や clearInterval()で、タイマーやインターバルを止められます。

Table 5-16　指定時間後の処理 / 定期的な処理のメソッド

メソッド	説明
`setTimeout(f[, n])`	n ミリ秒後に、関数 f を実行する。n を省略したときは 0。timerID を返す。
`clearTimeout(id)`	timerID を引数にして、setTimeout() をキャンセルする。
`setInterval(f, n)`	n ミリ秒待って、関数 f を実行する処理を繰り返す。n の最小値は 10。intervalID を返す。
`clearInterval(id)`	intervalID を引数にして、setInterval() をキャンセルする。

以下に例を示します。100 ミリ秒ごとに繰り返し処理をおこない、1000 ミリ秒
経ったら処理を停止します。

	指示時間後の処理／定期的な処理のメソッド	chapter5/window/timer.html
7	// 繰り返し処理	
8	const start = Date.now();	
9	const intervalID = setInterval(() => {	
10	console.log(Date.now() - start, '繰り返し');	
11	}, 100);	
12		
13	// 一定時間後に処理	
14	setTimeout(() => {	
15	// 繰り返し処理を停止	
16	clearInterval(intervalID);	
17	console.log(Date.now() - start, '停止');	
18	}, 1000);	

```
●Console
100  "繰り返し"
201  "繰り返し"
300  "繰り返し"
401  "繰り返し"
501  "繰り返し"
601  "繰り返し"
701  "繰り返し"
801  "繰り返し"
901  "繰り返し"
1001 "繰り返し"
1001 "停止"
```

5-3-3 アドレス情報を得る

Web ブラウザで表示されている現在のページの URL を見たり、履歴を操作した
りするプロパティやメソッドを紹介します。

現在のページの情報は、location を使って得られます。location にはプロパティ
やメソッドもありますので、それらのいくつかを紹介します。

Table 5-17 アドレス情報を得る location のプロパティ

プロパティ	説明
`.href`	URL 全体。値を代入すると、その URL に移動する。
`.protocol`	URL のプロトコルスキーム。
`.hostname`	URL のホスト。
`.pathname`	URL のパス部分。
`.search`	URL の ? 以降の値。
`.hash`	URL の # 以降の値。

　以下に例を示します。今回はファイルを開くのではなく、「https://www.google. com/search?q=a#a」を開いて、コンソールから実行します。

```
●Console から実行
1    // https://www.google.com/search?q=a#a でコンソールから実行
2    console.log(location.protocol);
3    console.log(location.hostname);
4    console.log(location.pathname);
5    console.log(location.search);
6    console.log(location.hash);
```

```
●Console
https://www.google.com/search?q=a#a
https:
www.google.com
/search
?q=a
#a
```

　location にはメソッドもあります。

Table 5-18 location のメソッド

メソッド	説明
`.assign(s)`	引数の URL を読み込む。
`.reload()`	現在の URL を再読み込みする。引数に true を指定すると、常にサーバーから読み込む。
`.replace()`	現在のページを、引数の URL で置きかえる。履歴に保存されない。

以下に例を示します。location.href に URL を代入する方が、使用頻度は高いです。

```
.assign(s) メソッド                                    chapter5/window/location.html
7   // URLを移動
8   location.assign('https://www.google.com/search?q=a');
```

履歴を利用した操作は、history を使います。以下に history のメソッドのいくつかを紹介します。

Table 5-19 **history のメソッド**

メソッド	説明
.back()	1 つ前のページへ移動。[戻る] ボタンをクリックしたのと同じ。
.forward()	1 つ次のページへ移動。[次へ] ボタンをクリックしたときと同じ。
.go(n)	相対位置 n のページへ移動。-1 は前のページ、1 は次のページ。
.pushState(o, t, url)	履歴スタックに状態を追加。見かけ上、url に移動して、関連づけたオブジェクト o を登録。t はタイトルだが、多くのブラウザで未実装。
.replaceState(o, t, url)	現在の履歴を置き換える。見かけ上、url に移動して、関連づけたオブジェクト o を登録。t はタイトルだが、多くのブラウザで未実装。

.pushState()、.replaceState()は、説明だけ見ても、何をするのか分かりにくいです。これらの機能を利用すると、Web を閲覧するとたまに見る、同一ページでの状態遷移(Web ページの読み込みはしていないのに、URL が変わっていく)を実現できます。

以下に例を示します。ローカルで利用する際は制限があるので、自分で試すときは Chapter 1 の「ローカル開発用に Web セキュリティを無効にする」(P.36)を参考にしてください。

[移動] ボタンを押すと、0.html、1.html、2.html、……とアドレス欄が変化していきます。また、state として「cnt is 0.」といった情報を記録して、履歴と関連づけています。Web ブラウザの [戻る] ボタンをクリックすると、popstate イベントが呼び出されて、コールバック関数の引数 e の state プロパティから、情報を

取り出せます。ここでは [移動] [戻る] ボタンをクリックしたときに、view()関数で情報を表示しています。

こうした仕組みを利用して、同一ページでの状態遷移を実現します。

```
 1  <!DOCTYPE html>
 2  <html lang="ja">
 3    <head>
 4      <meta charset="utf-8">
 5    </head>
 6    <body>
 7      <button id="exec" onclick="exec()">移動</button>
 8      <div id="output">index.html</div>
 9      <script>
10
11      // 戻るボタンのときの処理
12      window.addEventListener('popstate', e => {
13          // 情報を表示
14          view(e.state);
15      });
16
17      // カウンター用変数を作成
18      let cnt = 0;
19
20      // 移動ボタンを押すごとにページを移動
21      function exec() {
22          // 文字列を作成してstateオブジェクトを作る
23          const pg = `${cnt}.html`;
24          const state = {text: `cnt is ${cnt}.`};
25
26          // 情報を表示
27          view(state);
28
29          // Stateを追加して、見かけ上移動する
30          history.pushState(state, '', `${cnt}.html`); // 移動
31
32          // カウンターを更新する
33          cnt ++;
34      }
```

35	
36	`    // #outputに表示`
37	`    function view(state) {`
38	`        // 表示する文字列を作成`
39	`        let t = 'index.html';`
40	
41	`        // stateが有効なら、文字列を取り出す`
42	`        if (state !== null) { t = state.text; }`
43	
44	`        // idがoutputの要素に文字列を設定`
45	`        document.querySelector('#output').innerText = t;`
46	`    }`
47	
48	`    </script>`
49	`  </body>`
50	`</html>`

5-3-4　Web ブラウザの情報を得る

window には、Web ブラウザについての情報を得る navigator プロパティがあ
ります。この中には Web ブラウザが何者なのかを知る navigator.userAgent があ
ります。しかし、歴史的に navigator の情報は不確定なところがあり、信用できな
いといった事情があります。後発の Web ブラウザが先発の Web ブラウザの振り
をして、恩恵をこうむろうとしていた経緯があり、情報が混沌としているためで
す。

たとえば、Google Chrome の navigator.userAgent の値は、以下のようになっ
ています。本来なら、Chrome とそのバージョンだけを書けばよいはずなのです
が、先発の Web ブラウザたちを真似た情報が多数含まれています。

```
Console
Mozilla/5.0 (Windows NT 10.0; Win64; x64) AppleWebKit/537.36 (KHTML,
like Gecko) Chrome/85.0.4183.121 Safari/537.36
```

また、こうした情報は、Web ページを閲覧している人を推測するための方法と
しても利用されており、セキュリティ的な懸念のもとになっています。そのため、

User Agent Client Hints という新しいルールが、本書執筆の時点で考えられています。しかし、多くの人が使うようになるには時間がかかるでしょう。そのためしばらくは、Web ブラウザの違いを知るために、navigator.userAgent を見るという方法が使われ続けると推測されます。

　Web ブラウザは多くあり、バージョンアップがよくあるため、情報を得るプログラムを自分で書くのはやめた方がよいです。もし Web ブラウザの違いを知りたいときは、ライブラリを使うとよいでしょう。

　現時点で、一定の評価を受けているライブラリを 2 つ掲載しておきます。

UAParser.js
URL https://github.com/faisalman/ua-parser-js

---

platform.js
URL https://github.com/bestiejs/platform.js/

5-3-5 　ウィンドウサイズとスクロール

　コンテンツの表示をスクロールと連動させるために、ウィンドウのサイズや、スクロール位置を得たいときがあります。また、プログラムからスクロールをおこなうときもあります。そうしたときのプロパティやメソッドを紹介します。

Table 5-20 　**コンテンツ領域のサイズやスクロール位置を得るプロパティ**

プロパティ	説明
`innerWidth`	Web ページのコンテンツ領域の幅。垂直スクロールバーの幅も含む。
`innerHeight`	Web ページのコンテンツ領域の高さ。水平スクロールバーの高さも含む。
`scrollX`	水平にスクロールされているピクセル数。
`scrollY`	垂直にスクロールされているピクセル数。

Table 5-21 　**スクロールをおこなうメソッド**

メソッド	説明
`scrollTo(x, y)`	絶対位置スクロール。x 位置、y 位置までスクロール。
`scrollBy(x, y)`	相対位置スクロール。x 量、y 量だけスクロール。

以下に例を示します。0.1秒ごとに、右に50ピクセル、下に100ピクセルずつ移動します。そして5秒後に左上端(0, 0)の位置に戻します。また、scrollX、scrollYと、innerWidth、innerHeightの情報をWebページの左上に表示します。

● スクロールをおこない各種情報を表示する	chapter5/window/scroll.html

```
 1  <!DOCTYPE html>
 2  <html lang="ja">
 3    <head>
 4      <meta charset="utf-8">
 5      <style>
 6  body {
 7      width:  5000px;
 8      height: 10000px;
 9  }
10  #inf {
11      position: fixed;
12      top: 0;
13      background: #fcc;
14      padding: 0.5em 1em;
15  }
16      </style>
17    </head>
18    <body>
19      <pre id="inf"></pre>
20      <script>
21
22      // 繰り返し処理
23      const intervalID = setInterval(() => {
24          // 相対位置スクロール
25          scrollBy(50, 100);
26
27          // #infに情報を表示
28          viewInf();
29      }, 100);
30
31      // 一定時間後に停止
32      setTimeout(() => {
33          // 絶対位置スクロール
```

34	`        scrollTo(0, 0);`
35	
36	`        // #infに情報を表示`
37	`        viewInf();`
38	
39	`        // 繰り返し処理を停止`
40	`        clearInterval(intervalID);`
41	`    }, 5000);`
42	
43	`    // #infに情報を表示`
44	`    function viewInf() {`
45	`        // 表示用の文字列を作成`
46	``        const t = ` ``
47	`scrollX : ${scrollX}`
48	`scrollY : ${scrollY}`
49	`innerWidth  : ${innerWidth}`
50	`innerHeight : ${innerHeight}`
51	`` `; ``
52	
53	`        // idがinfの要素に文字列を設定`
54	`        document.querySelector('#inf').innerText = t.trim();`
55	`    }`
56	
57	`    </script>`
58	`  </body>`
59	`</html>`

5-3-6 その他

　その他にも、windowのプロパティやメソッドは多くあります。この中でも特に
よく使われる document については、のちほど詳しく説明します。また、ローカ
ルに情報を記録する localStorage、sessionStorage についても、のちほど説明し
ます。

Chapter

6

基本編

JavaScriptの
オブジェクト指向

ここでは、JavaScript のオブジェクト指向について
学びます。まずオブジェクト指向とは、どういったもの
なのか、JavaScript ではどのようになっているのかを
説明します。そして、クラスの作成、静的メソッド、静
的プロパティ、継承と進んでいきます。

オブジェクト指向とは？

　ここでは、オブジェクト指向とは、どういったものなのか、何のためにあるのか
を学びます。また、そのオブジェクト指向を実現する JavaScript の仕組みについ
て解説します。

6-1-1　オブジェクト指向とは

　オブジェクト指向は、大きなプログラムを効率よく開発して管理する手法です。
プログラムは大きくなると、人間にとって分かりやすくするための何らかの手法が
必要になります。オブジェクト指向は、そうした手法の１つです。

　プログラムの歴史が進むうちに、どんどん肥大化していくプログラムをどう人間
があつかうか、考える必要が出てきました。その解決法の１つとして、**オブジェ
クト指向プログラミング**が登場して、普及していきました。

　オブジェクト指向のオブジェクトとは、モノや対象という意味です。プログラム
はデータと処理で構成されます。オブジェクト指向プログラミングでは、データと
処理をひとまとめにした**オブジェクト**と呼ぶものを作ります。

　オブジェクト指向プログラミングは、多くの場合、以下のような特徴がありま
す。少し難しい内容になるので、まだ初心者の場合は、読み飛ばしてもよいです。

》カプセル化

　プログラムの一部をモノに見立てて、関連するデータや処理(関数)をひとまとめ
にします。そして、外部とのインターフェースになる値や関数を一部公開して、残
りは隠蔽します。

　たとえば、現実世界の自動販売機は、お金を入れるところと、商品を選ぶボタン
がありますが、それ以外の機械の内部は、箱で覆われて隠れています。そうするこ
とで、中の機械を気にせずに、お金を入れてボタンを押すだけで、簡単に自動販売
機の機能を利用できます。また、機械の中身を交換しても、利用する人はその変化
を気にせずに使えます。

同じように、オブジェクトとしてまとめたプログラムは、外部との接点以外は、自由に中身を変更できます。そして中身を書きかえても、他の場所には影響がおよびません。それまでのプログラムでは、一部を変更すれば、他の場所もそれに合わせて書きかえる必要がありました。カプセル化することで、こうした管理の難しさを解消できるようになります。

Fig 6-01　カプセル化

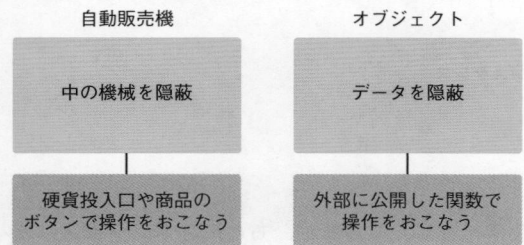

≫クラスとインスタンス

オブジェクト指向のプログラムでは、多くの場合、クラスとインスタンスという仕組みを持ちます。テンプレートとなるクラスがあり、そこから実体化したインスタンスを作り、データをあつかいます。その際、インスタンスでは、クラスで定義した関数も使えます。

現実世界では、自動販売機の設計図を書いたあと、自動販売機を製造して、さまざまな場所に置いて使うようなものです。この場合、データは自動販売機の中のジュースの缶や、硬貨などのお金になります。関数は、ボタンを押すと缶が出るという機能になります。データと処理が一体になっているので、どの場所に持って行っても、そのまま使えます。

プログラムの世界でも同じで、クラスから作ったインスタンスは、さまざまな場所で、独立であつかえるモノとして使えます。

こうした仕組みで、データと処理をひとまとめにあつかい、人間にとって分かりやすくプログラムを書き進めることができます。

Fig 6-02 **クラスとインスタンス**

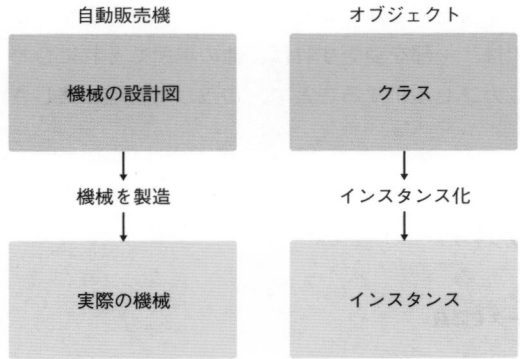

自動販売機　　　　　　　　　オブジェクト

| 機械の設計図 | クラス |

↓　　　　　　　　　　　↓

機械を製造　　　　　　　　　インスタンス化

| 実際の機械 | インスタンス |

》継承

　クラスは継承して新しいクラスを作れます。このとき、もとになったクラスは親クラス、新しいクラスを子クラスと呼びます。子クラスは、親クラスの特徴を全て持っており、その上で一部のデータや機能が変わっていたり、新しいデータや機能が加わったりしています。

　こうした継承は、現実世界では商品開発などでよく見られます。たとえば A という車を作ったあと、内装を豪華にした B という車を作る。あるいは色違いの車種を出す。後継となるエンジンを改良した C という車種を出す。こうした商品ラインナップは、「親となる車」があったあと、それらを少し変えた「子となる車」を作るという手法です。

　オブジェクト指向のプログラミングでも、似たようなことをします。親となるボタンクラスを作ったあと、子となるチェックボックスクラスや、ラジオボタンクラスを作る。元のボタン（クリックしたら何かが起きる）というクラスを改良して、チェックボックス（クリックしたら、オンオフが切り替わる）や、ラジオボタン（クリックしたら、グループのどれかがオンになる）ものを作ります。

　こうして、似たような機能のものを、段階的に作っていくことで、プログラムを分かりやすく組み立てていきます。

Fig 6-03　継承

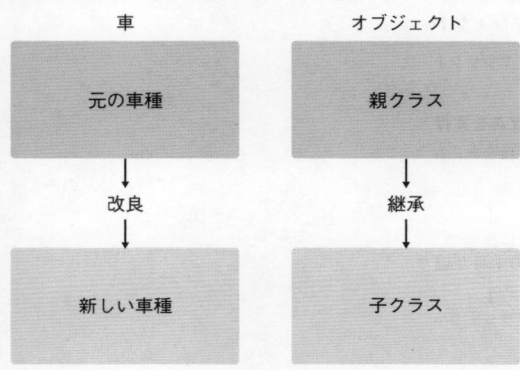

車　　　　　　　　　　　　　オブジェクト

元の車種　　　　　　　　　　親クラス

↓　　　　　　　　　　　　　↓

改良　　　　　　　　　　　　継承

新しい車種　　　　　　　　　子クラス

》多態性

　多態性あるいはポリモーフィズムと呼ばれるものです。オブジェクト指向プログラミングにおける多態性は、異なるオブジェクトが、同じ関数を持っており、それぞれ内部では違う処理をおこなうことを指します。

　たとえば現実世界で、天井の電灯を考えるとします。スイッチを押すと明かりが点くという機能は同じです。しかし、蛍光灯とLEDでは、内部の動作が違います。2つの装置は違う動作をしますが、同じようにスイッチを押すことで、明かりが点くという機能を利用できます。

　オブジェクト指向のプログラミングでも、似たようなことができます。親クラスとしてウィンドウに配置するボタンがあったとします。このクラスを継承して、チェックボックスの子クラスを作ったとします。「ボタンをクリックすると処理をおこなう」という命令は同じものを使い、実際の処理は、チェックボックスをオンオフするという内容に変えることができます。

　同じ関数を同じように使えるけど、内部処理はそれぞれに任せる。オブジェクト指向のプログラミングでは、継承したクラスを作ったときに、関数をオーバーライド（上書き）することで、こうした挙動を実現します。具体的には、親クラスの命令の代わりに、子クラスの同じ名前の命令を呼び出します。こうした仕組みで、同じクラスから作った子クラスを、親クラスと同じようにあつかえます。

6

JavaScriptのオブジェクト指向

Fig 6-04　多態性

天井の電灯	オブジェクト
蛍光灯	親オブジェクト

スイッチを押す
蛍光灯の明かりが点く

関数Aを実行
ある処理をおこなう

↑
同じ命令で
処理の中身が違う
↓
LED

↑
同じ命令で
処理の中身が違う
↓
子オブジェクト

スイッチを押す
LEDの明かりが点く

関数Aを実行
別の処理をおこなう

6-1-2　JavaScriptのオブジェクト指向

　JavaScript には、もともと**クラス**はありませんでした。プロトタイプという仕組みを使って、オブジェクト指向を実現していました。しかし、この仕組みはあまり一般的なものではなく、少し分かり難いものでした。

　JavaScript は、ES6(ES2015)からクラスの仕様が入りました。プロトタイプの仕組みを隠して、一般的なクラスを使ったオブジェクト指向のプログラミングができるようになりました。JavaScript のクラスを使ったオブジェクト指向プログラミングでは、以下のことができます。

- 設計図に当たるクラスのオブジェクトから、new 演算子でインスタンスのオブジェクトを作れる。(**Fig 6-05**)
- new 演算子でインスタンスのオブジェクトを作るときに、引数で内容を初期化できる。(**Fig 6-06**)
- インスタンスのオブジェクトでは、(インスタンス)プロパティとともに(インスタンス)メソッドが使える。(**Fig 6-07**)
- クラスのオブジェクトには静的メソッドや静的プロパティを作れる。(**Fig 6-08**)
- クラスを継承して、子クラスを作れる。(**Fig 6-09**)

Fig 6-05　クラスとインスタンス

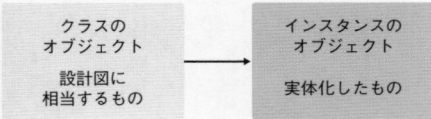

クラスの
オブジェクト

設計図に
相当するもの

→

インスタンスの
オブジェクト

実体化したもの

Fig 6-06　new 演算子でインスタンスのオブジェクトを作る

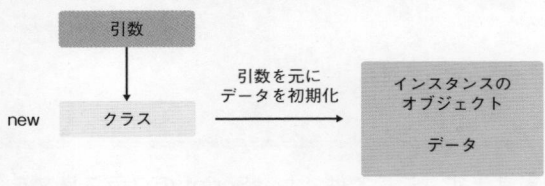

引数

new　クラス

引数を元に
データを初期化 →

インスタンスの
オブジェクト

データ

Fig 6-07　インスタンスメソッド

インスタンス
オブジェクト

データ
||
インスタンスの
オブジェクト

処理
||
静的メソッド

Fig 6-08　静的メソッドや静的プロパティ

クラスの
オブジェクト

データ
||
静的プロパティ

処理
||
静的メソッド

Fig 6-09　継承

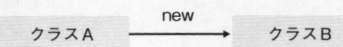

クラスA

new

クラスB

　こうした仕組みを使うことで、大規模なプログラムを、オブジェクトという形で構造化して書くことができます。変数と関数で管理するだけでなく、データと処理をまとめたクラス（オブジェクトのテンプレート）を作り、プログラムを整理していきます。

6-2 クラス

　ここでは、JavaScript のクラスについて具体的に学んでいきます。クラスを作成する方法や、クラスへの静的メソッド、静的プロパティの設定方法を解説します。

6-2-1 クラスの作成

　JavaScript で実際にクラスを書きます。ここでは、JavaScript のクラス構文を紹介します。

　クラス構文は、class クラス名 { } と書き、「{ }」（波括弧）の中に、クラスの処理を書きます。クラス名の 1 文字目は、慣例的に大文字で書きます。そして内部に、**コンストラクター**（constructor 構築子）と呼ばれる、初期化をおこなう関数を持ちます。

　コンストラクターは、クラスを new 演算子で実行したときに呼び出される関数です。コンストラクターの中では、**this** を使い、作成するオブジェクトのプロパティの値を初期化します。

　クラスには、メソッドを書くことができます。メソッドは、インスタンスメソッドになります。以下に基本的な構造を示します。

構文

```
class クラス名 {
    constructor(引数) {
        初期化をおこなう
        this.プロパティ名 = 代入する値;
    }
    メソッド名(引数) {
        インスタンスメソッドになる
    }
}
```

クラスオブジェクトは「クラス」、インスタンスオブジェクトは「オブジェクト」、インスタンスメソッドは「メソッド」と、短く呼ぶことが多いです。

実際に、クラス構文を使ってクラスを作る例を示します。Menu クラスをもとに、チョコケーキとチーズケーキのオブジェクトを作ります。

```
7    // クラスを作成
8    class Menu {
9        // コンストラクター
10       constructor(name, price) {
11           // 初期化をおこなう
12           this.name  = name;
13           this.price = price;
14       }
15       // インスタンスメソッド
16       getInf() {
17           // 文字列を作成
18           const t = `${this.name} : ${this.price}円`;
19
20           // 戻り値を戻す
21           return t;
22       }
23   }
24
25   // クラスを使ってオブジェクトを作る
26   const cake1 = new Menu('チョコケーキ', 460);
27   const cake2 = new Menu('チーズケーキ', 440);
28
29   // プロパティを使う
30   console.log(cake1.name, cake1.price);
31   console.log(cake2.name, cake2.price);
32
33   // メソッドを使う
34   console.log(cake1.getInf());
35   console.log(cake2.getInf());
```

6

JavaScriptのオブジェクト指向

```
●Console
チョコケーキ 460
チーズケーキ 440
チョコケーキ ： 460円
チーズケーキ ： 440円
```

上の「chapter6/class/class.html」を細かく分解して解説します。

class クラス名、でクラスを作ります。

	クラスの作成	chapter6/class/class.html
7	// クラスを作成	
8	class Menu {	
	～中略～	
23	}	

クラスの中に、コンストラクターを作ります。引数は name と price です。new 演算子でインスタンス化するときに、これらの引数を受け取ります。そして、this. name、this.price に代入して、オブジェクトのプロパティを作ります。

	コンストラクター	chapter6/class/class.html
9	// コンストラクター	
10	constructor(name, price) {	
11	// 初期化をおこなう	
12	this.name = name;	
13	this.price = price;	
14	}	

インスタンスメソッドも作ります。こちらは、this.name、this.price を使って、 プロパティから文字列を作って戻します。

●インスタンスメソッド	chapter6/class/class.html

15	// インスタンスメソッド
16	getInf() {
17	// 文字列を作成
18	const t = `${this.name} : ${this.price}円`;
19	
20	// 戻り値を戻す
21	return t;
22	}

STEP 4

次はクラスの利用です。new 演算子で、2つのインスタンスオブジェクトを作ります。

●インスタンスオブジェクトの作成	chapter6/class/class.html

25	// クラスを使ってオブジェクトを作る
26	const cake1 = new Menu('チョコケーキ', 460);
27	const cake2 = new Menu('チーズケーキ', 440);

STEP 5

作成したオブジェクトのプロパティを出力します。

●プロパティを出力	chapter6/class/class.html

29	// プロパティを使う
30	console.log(cake1.name, cake1.price);
31	console.log(cake2.name, cake2.price);

STEP 6

作成したオブジェクトのメソッドを使い、情報を出力します。

●情報の出力	chapter6/class/class.html

33	// メソッドを使う
34	console.log(cake1.getInf());
35	console.log(cake2.getInf());

クラスを作るのには一手間かかりますが、そのあとのプログラムは非常にシンプ

ルに書けます。似たような構造のデータを大量にあつかうときは、クラスを作ると
読みやすくなります。

6-2-2　静的メソッド

静的メソッドは、クラスオブジェクトから使うメソッドです。クラス名.静的メ
ソッド名()と書くことで利用できます。静的メソッドは、クラス構文の中で、メ
ソッド名の前にstaticとつけると作れます。

構文

```
class クラス名 {
    constructor(引数) {
        初期化をおこなう
        this.プロパティ名 = 代入する値;
    }
    メソッド名(引数) {
        インスタンスメソッドになる
    }
    static メソッド名(引数) {
        静的メソッドになる
    }
}
```

以下に静的メソッドの例を示します。税込み価格を計算する静的メソッド
calcTax()を作って使います。

	●静的メソッドを作って使う	chapter6/class/class-static-method.html
7	// クラスを作成	
8	class Menu {	
9	// コンストラクター	
10	constructor(name, price) {	
11	// 初期化をおこなう	
12	this.name = name;	
13	this.price = price;	
14	}	
15	// 静的メソッド	

16	`        static calcTax(price, taxPer) {`
17	`            // 税込み価格を計算`
18	`            const res = Math.trunc(price * (100 + taxPer) / 100);`
19	
20	`            // 戻り値を戻す`
21	`            return res;`
22	`        }`
23	`    }`
24	
25	`    // 税込み価格を計算する`
26	`    console.log(Menu.calcTax(440, 10));`
27	`    console.log(Menu.calcTax(460, 10));`

● Console

```
484
506
```

6-2-3 静的プロパティ

静的プロパティも作れます。ただし、クラス構文の中に書くことはできません。クラスを作ったあと、プロパティを加えることで静的プロパティを作ります。

構文

```
class クラス名 {
    constructor(引数) {
        初期化をおこなう
        this.プロパティ名 = 代入する値;
    }
    メソッド名(引数) {
        インスタンスメソッドになる
    }
}
クラス名.静的プロパティ名 = 値
```

以下に静的プロパティの例を示します。メニューの最低価格と最高価格の静的プロパティを作ります。

	静的プロパティを作って使う	chapter6/class/class-static-prop.html
7	// クラスを作成	
8	class Menu {	
9	// コンストラクター	
10	constructor(name, price) {	
11	// 初期化をおこなう	
12	this.name = name;	
13	this.price = price;	
14	}	
15	}	
16	Menu.MIN_PRICE = 100;	
17	Menu.MAX_PRICE = 2000;	
18		
19	// 最低価格と最高価格をコンソールに出力	
20	console.log(Menu.MIN_PRICE);	
21	console.log(Menu.MAX_PRICE);	

● Console
100
2000

6-3 継承

　親クラスを継承して、子クラスを作ります。class 子クラス名 extends 親クラス名、と書くことで継承できます。子クラスは、「{ }」(波括弧)内に何も書かなければ、親クラスと同一のプロパティとメソッドを持ちます。

構文

```
class 親クラス名 {
}

class 子クラス名 extends 親クラス名 {
}
```

　コンストラクターの機能を書きかえるときは、コンストラクターの中で、まずsuper()を実行します。super は親クラスをあらわします。引数があるなら super(引数)を実行します。そのあとに、子クラス独自の初期化をします。

構文

```
class 親クラス名 {
    constructor(引数) {
        初期化をおこなう
        this.プロパティ名 = 代入する値;
    }
}

class 子クラス名 extends 親クラス名 {
    constructor(引数) {
        super(引数);

        初期化をおこなう
        this.プロパティ名 = 代入する値;
    }
}
```

子クラスで、メソッドの処理を変更したいときは、親クラスのメソッドと同じ名前のメソッドを書きます。そうすると、子クラスでそのメソッドを使うと、子クラスのメソッドが呼ばれます。また、子クラスの中で、super.メソッド名()を実行すると、親クラスのメソッドを実行できます。そのため、親クラスのメソッドの機能を使いながら、子クラスで機能を拡張することもできます。

構文

```
class 親クラス名 {
    constructor(引数) {
    }
    メソッドA(引数) {
        親クラスのメソッドAの処理
    }
}

class 子クラス名 extends 親クラス名 {
    constructor(引数) {
    }
    メソッドA(引数) {
        super.メソッドA()
        子クラスのメソッドAの処理
    }
}
```

子クラスで、新たにメソッドを増やすこともできます。

```
class 親クラス名 {
    constructor(引数) {
    }
    メソッドA(引数) {
    }
}

class 子クラス名 extends 親クラス名 {
    constructor(引数) {
    }
    メソッドA(引数) {
    }
    メソッドB(引数) {
        子クラスで増やしたメソッド
    }
}
```

6 JavaScriptのオブジェクト指向

　以下に継承を利用したプログラムの例を示します。親クラス Menu を拡張して、子クラス DrinkMenu を作ります。.size プロパティが増えており、処理も一部変わっています。

●クラスの継承をおこなう　　　　　　　　　　　　　　　　chapter6/class/extends.html

7	// 親クラスを作成
8	class Menu {
9	// コンストラクター
10	constructor(name, price) {
11	// 初期化をおこなう
12	this.name = name;
13	this.price = price;
14	}
15	// インスタンスメソッド
16	getInf() {
17	// 文字列を作成して戻す
18	const t = `${this.name} : ${this.price}円`;
19	return t;
20	}
21	}

```
22
23      // 子クラスを作成
24      class DrinkMenu extends Menu {
25          // コンストラクター
26          constructor(name, price, size) {
27              super(name, price);
28
29              // 初期化をおこなう　サイズが有効なら代入
30              this.size = null;
31              if (size === 'S') { this.size = size; }
32              if (size === 'M') { this.size = size; }
33              if (size === 'L') { this.size = size; }
34          }
35          // インスタンスメソッド
36          getInf() {
37              // 親クラスのメソッドを使う
38              const superT = super.getInf();
39
40              // 文字列を作成して戻す
41              const t = `${superT} : サイズ ${this.size}`;
42              return t;
43          }
44          // 追加したインスタンスメソッド
45          getSizeNum() {
46              // サイズの値によって、量（ml）の数値を返す
47              if (this.size === 'S') { return 200; }
48              if (this.size === 'M') { return 400; }
49              if (this.size === 'L') { return 600; }
50              return 0;
51          }
52      }
53
54      // クラスを使ってオブジェクトを作る
55      const cake = new Menu('チョコケーキ', 460);
56      const iceTea = new DrinkMenu('アイスティー', 400, 'S');
57
58      // 親クラスのオブジェクトでメソッドを使う
59      console.log(cake.getInf());
60
```

61	// 子クラスのオブジェクトでメソッドを使う
62	console.log(iceTea.getInf());
63	console.log(`量は${iceTea.getSizeNum()}ml`);

```
● Console
チョコケーキ　：　460円
アイスティー　：　400円　：　サイズ　S
量は200ml
```

上の「chapter6/class/extends.html」は分量が多いので、分割して解説します。

STEP 1

まずは親クラスです。この内容はすでに解説済みです。

● 親クラスの作成	chapter6/class/extends.html
7	// 親クラスを作成
8	class Menu {
9	// コンストラクター
10	constructor(name, price) {
11	// 初期化をおこなう
12	this.name = name;
13	this.price = price;
14	}
15	// インスタンスメソッド
16	getInf() {
17	// 文字列を作成して戻す
18	const t = `${this.name} : ${this.price}円`;
19	return t;
20	}
21	}

STEP 2

次は子クラスです。親クラスを extends で継承します。

	◆親クラスを継承して子クラスを作成	chapter6/class/extends.html
23	// 子クラスを作成	
24	class DrinkMenu extends Menu {	
	〜中略〜	
52	}	

STEP 3

子クラスのコンストラクターです。まず super() で親クラスのコンストラクターを呼び出します。そのあと、子クラス独自の初期化をします。ここでは、引数 size の値が S、M、L のいずれかなら、.size プロパティに値を代入します。

	◆親クラスのコンストラクターを呼び出したあと初期化	chapter6/class/extends.html
25	// コンストラクター	
26	constructor(name, price, size) {	
27	super(name, price);	
28		
29	// 初期化をおこなう サイズが有効なら代入	
30	this.size = null;	
31	if (size === 'S') { this.size = size; }	
32	if (size === 'M') { this.size = size; }	
33	if (size === 'L') { this.size = size; }	
34	}	

STEP 4

親クラスの getInf() メソッドを上書きします。super.getInf() で親クラスの getInf() メソッドの結果を得て、変数 superT に代入します。この値と、子クラスの .size プロパティの値を使い、文字列を作成します。

	◆親クラスのメソッドを使う／子クラスの処理をする	chapter6/class/extends.html
35	// インスタンスメソッド	
36	getInf() {	
37	// 親クラスのメソッドを使う	
38	const superT = super.getInf();	
39		
40	// 文字列を作成して戻す	
41	const t = `${superT} ： サイズ ${this.size}`;	
42	return t;	
43	}	

子クラス独自のメソッドを追加します。.size プロパティの値によって、量(ml)
の数値を返す処理です。

```
●子クラス独自のメソッドを追加                                      chapter6/class/extends.html
44        // 追加したインスタンスメソッド
45        getSizeNum() {
46            // サイズの値によって、量 (ml) の数値を返す
47            if (this.size === 'S') { return 200; }
48            if (this.size === 'M') { return 400; }
49            if (this.size === 'L') { return 600; }
50            return 0;
51        }
```

STEP 6

ここから先は、作成したクラスの利用です。Menu クラスのインスタンスオブ
ジェクトを作り、変数 cake に代入します。また、DrinkMenu クラスのインスタ
ンスオブジェクトを作り、変数 iceTea に代入します。

```
●作成したクラスの利用                                            chapter6/class/extends.html
54        // クラスを使ってオブジェクトを作る
55        const cake = new Menu('チョコケーキ', 460);
56        const iceTea = new DrinkMenu('アイスティー', 400, 'S');
```

STEP 7

親クラスのオブジェクトで .getInf()メソッドを使います。情報が表示されます。

```
●getInf() メソッドを使う                                         chapter6/class/extends.html
58        // 親クラスのオブジェクトでメソッドを使う
59        console.log(cake.getInf());
```

STEP 8

子クラスのオブジェクトで .getInf()メソッドを使います。親クラスの .getInf()
メソッドよりも情報が増えています。また、追加した .getSizeNum()を使い、量
(ml)を出力します。

6 JavaScriptのオブジェクト指向

297

<table>
<tr><td colspan="2">● 子クラスで追加した情報の表示</td><td>chapter6/class/extends.html</td></tr>
<tr><td>61</td><td colspan="2">// 子クラスのオブジェクトでメソッドを使う</td></tr>
<tr><td>62</td><td colspan="2">console.log(iceTea.getInf());</td></tr>
<tr><td>63</td><td colspan="2">console.log(`量は${iceTea.getSizeNum()}ml`);</td></tr>
</table>

‡ COLUMN

プログラミング言語の関係性

　クラスやオブジェクトといったオブジェクト指向は、JavaScript 以外でも多くのプログラミング言語で見られます。JavaScript の現在のオブジェクト指向のスタイルは、他のさまざまな言語に影響を受けて、最近になって導入されました。このように、プログラミング言語は単独で進化しているだけでなく、他の言語の影響を受けて、その仕組みを取り込んでいきます。

　また、プログラミング言語は、先行の言語を参考にして作られます。あまりにも違いが多すぎると使い難いからです。変数や条件分岐、関数などの書き方は、参考にした言語の書き方を、ほぼ踏襲します。

　プログラミング言語はそれぞれ、同時代の言語や、先行した言語の内容を真似しています。これは言い換えれば、一つのプログラミング言語を学習すれば、他の言語を学ぶ際に、応用が利くということです。最初に、何か一つ触れておけば、その後他の言語を身につけやすくなります。

　それだけではありません。複数のプログラミング言語を見比べれば、それぞれの言語の仕様が、プログラミング全体で一般的なものなのか、その言語固有のものなのかも分かります。そうした違いを把握すれば、新しい言語を学ぶときに、どこを重点的に学べばよいのか分かります。

　プログラミングを身につけるときは、こうした他のプログラミング言語との相違点も意識するとよいです。

基本編

DOM（Document Object Model）

　ここでは、Webページ上の情報を得たり、Webページの見た目を操作したり、ユーザーの操作を受け付ける方法を学びます。

　そのために、DOMやイベントについて学び、フォームの操作などを体験していきます。また、Webページの操作の一環として、Webページをインタラクティブに動かすアニメーションの方法も解説します。

DOM
(Document Object Model)

　ここでは、Web ブラウザ上に表示されている要素を操作するための、DOM の知識を学びます。Web ページ上での JavaScript を使う上で、必須の知識になります。

7-1-1　HTMLとDOMの関係

　Web ブラウザは、HTML ファイルを読み込み、Web ページを表示します。JavaScript のプログラムは、この Web ページを直接操作できません。**DOM (Document Object Model)** と呼ばれる、文書を構造化したものを通して操作します。

Fig 7-01　**DOM**

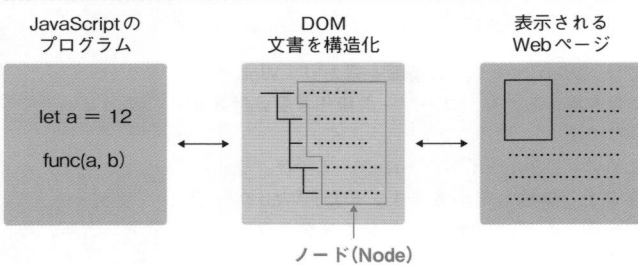

JavaScriptの
プログラム

```
let a = 12

func(a, b)
```

DOM
文書を構造化

表示される
Webページ

ノード(Node)

　DOM は、Web ページの内容を、ツリー状に構造化したものです。ツリーにある各要素のことを**ノード (Node)** と呼びます。HTML タグに対応するノードや、内部の文字列に対応するノード、コメントに対応するノードなどで、DOM のツリーは構成されます。

Fig 7-02　**DOM のツリー**

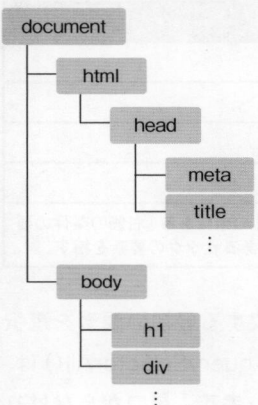

JavaScript のプログラムからは、DOM を操作するメソッドやプロパティを利用して、Web ページを操作します。

　要素の選択

DOM の操作は、HTML タグであらわす**要素（Element）**を選択することではじめます。

Element は、ノードを継承したオブジェクトです。また、Element を継承した HTMLElement などのオブジェクトもあります。Web ページの部品として多くのオブジェクトが存在しますが、ここではまとめて要素と呼びます。

JavaScript から要素を選択する方法はいくつかあります。その中でも、よく使うのは document.querySelector() と document.querySelectorAll() です。この 2 つのメソッドは、**CSS セレクター**を引数にして、要素を選択します。

CSS セレクターは、Web ページの見た目を決める CSS（Cascading Style Sheets）で使われている、要素を指定する方法です。たとえば #ID 名なら、id が ID 名の要素です。. クラス名なら、class がクラス名の要素です。

CSS セレクターには、非常に多くの選択方法があります。「CSS セレクター」で Web 検索すると、それらをまとめた Web ページが多く見つかります。参考にしてください。以下に、代表的な指定方法を示します。

DOM (Document Object Model)

7

Table 7-01　CSS セレクター

CSS セレクター	説明
タグ名	そのタグの要素。
#ID 名	属性 id が ID 名の要素。
.クラス名	属性 class がクラス名の要素。
[属性名 =" 値 "]	属性名の属性が、指定した値の要素。
セレクター セレクター	半角スペースで区切ると、「左側の条件の要素」の中にある「右側の条件の要素」を指す。「.doc p」なら、クラス doc の中にある p タグの要素を指す。

　document.querySelector()は、CSS セレクターに一致する最初の要素を選択します。一致しなければ null を返します。document.querySelectorAll() は、CSS セレクターに一致する全ての要素の NodeList を返します。見つからなければ、要素が空の NodeList を返します。NodeList は、配列風のオブジェクトです。配列風のオブジェクトは、配列のような .length プロパティと数値のプロパティを持ちます。

　その他に、タグ名や id、クラス名で要素を選択するメソッドもあります。下記の表中の HTMLCollection も配列風のオブジェクトです。配列のように for 文で値を取り出せます。

Table 7-02　要素を選択するメソッド

メソッド	説明
.querySelector(s)	CSS セレクター s で一致する、最初の要素を返す。見つからなければ null を返す。
.querySelectorAll(s)	CSS セレクター s で一致する全要素の、NodeList を返す。見つからなければ、要素が空の NodeList を返す。
.getElementById(s)	ID が s の要素を返す。見つからなければ null を返す。
.getElementsByClassName(s)	クラス名が s の要素の、HTMLCollection を返す。見つからなければ、中身が空の HTMLCollection を返す。
.getElementsByTagName(s)	タグ名が s の要素の、HTMLCollection を返す。見つからなければ、中身が空の HTMLCollection を返す。

　上の表の各メソッドの返り値からは、HTMLElement オブジェクトを取り出せます。HTMLElement オブジェクトは、Element オブジェクトを継承しており、Element オブジェクトは Node オブジェクトを継承しています。そのため取り出

した要素は、HTMLElement、Element、Node オブジェクトの、プロパティやメソッドが利用できます。先ほど述べたように、各オブジェクトを区別するのは煩雑なため、ここではまとめて要素と呼びます。

　以下に document.querySelector() の例を示します。document.querySelector()で2回選択します。それぞれ成功するときと失敗するときの例です。id が menuの要素は存在するので成功しますが、id が shop の要素は存在しないので失敗します。

Fig 7-03　query-selector.html

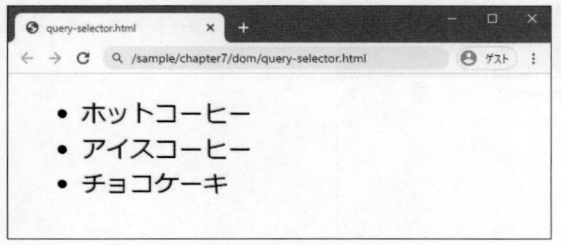

●document.querySelector() メソッド	chapter7/dom/query-selector.html
7	`<ul id="menu">`
8	`<li class="item">ホットコーヒー</li>`
9	`<li class="item">アイスコーヒー</li>`
10	`<li class="item">チョコケーキ</li>`
11	`</ul>`
12	
13	`<script>`
14	
15	`// idがmenuの要素を選択して、コンソールに出力`
16	`const elMenu = document.querySelector('#menu');`
17	`console.log(`選択した要素 : ${elMenu}`);`
18	
19	`// idがshopの要素を選択して、コンソールに出力`
20	`const elShop = document.querySelector('#shop');`
21	`console.log(`選択した要素 : ${elShop}`);`
22	
23	`</script>`

```
Console
選択した要素 : [object HTMLUListElement]
選択した要素 : null
```

　以下に document.querySelectorAll()の例を示します。document.querySelectorAll
()で 2 回選択します。それぞれ成功するときと失敗するときの例です。class が
item の要素は存在するので成功しますが、class が table の要素は存在しないので
失敗します。

Fig 7-04　**query-selector-all.html**

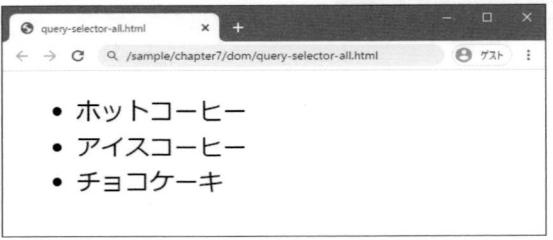

	document.querySelectorAll() メソッド	chapter7/dom/query-selector-all.html
7	`<ul id="menu">`	
8	`  <li class="item">ホットコーヒー</li>`	
9	`  <li class="item">アイスコーヒー</li>`	
10	`  <li class="item">チョコケーキ</li>`	
11	`</ul>`	
12		
13	`<script>`	
14		
15	`// classがitemの要素を選択して、コンソールに出力`	
16	`const elItems = document.querySelectorAll('.item');`	
17	`console.log(`選択した要素 : ${elItems} ${elItems.length}個`);`	
18		
19	`// classがtableの要素を選択して、コンソールに出力`	
20	`const elTables = document.querySelectorAll('.table');`	
21	`console.log(`選択した要素 : ${elTables} ${elTables.length}個`);`	
22		
23	`</script>`	

```
選択した要素 : [object NodeList]  3個
選択した要素 : [object NodeList]  0個
```

要素の中身を操作する

　選択した要素を操作すれば、Web ページの内容を取得したり変更したりできます。最も簡単に Web ページの内容を変更できる方法として、Web ページの表示を直接変更するプロパティを、いくつか紹介します。これらのプロパティから文字列を得られます。また、文字列を設定することで表示を変更できます。

Table 7-03　**Web ページの表示を直接変更するプロパティ**

プロパティ	説明
`.innerText`	要素内に表示されるテキスト部分の文字列。
`.innerHTML`	要素内の HTML の文字列。
`.outerHTML`	その要素自身を含む HTML の文字列。
`.value`	フォームの input や textarea といった部品の値の文字列。

　以下に、.innerText の例を示します。id が menu の要素内のテキストをコンソールに出力します。その後、class が item の要素の 0 番目のテキストを ××× に変更します。

Fig 7-05　**inner-text.html**

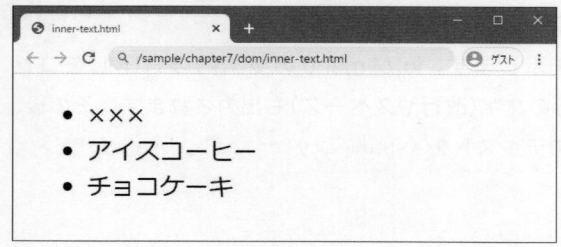

7
DOM (Document Object Model)

305

.innerText プロパティ　chapter7/dom/inner-text.html

```
    <ul id="menu">
      <li class="item">ホットコーヒー
        <span style="color: red;">売り切れ</span>
      </li>
      <li class="item">アイスコーヒー</li>
      <li class="item">チョコケーキ</li>
    </ul>

    <script>

    // 要素を選択
    const elMenu = document.querySelector('#menu');
    const elItems = document.querySelectorAll('.item');

    // 要素内のテキストを取得して、コンソールに出力
    console.log(elMenu.innerText);

    // 要素内のテキストを書きかえ
    elItems[0].innerText = '×××';

    </script>
```

Console

```
ホットコーヒー売り切れ
アイスコーヒー
チョコケーキ
```

以下に、.innerHTMLの例を示します。idがmenuの要素内のHTMLをコンソールに出力します。空白部分の文字(改行やスペース)も出力されます。その後、classがitemの要素の0番目のテキストを <span style="color: red;">×××</span> に変更します。

Fig 7-06　**inner-html.html**

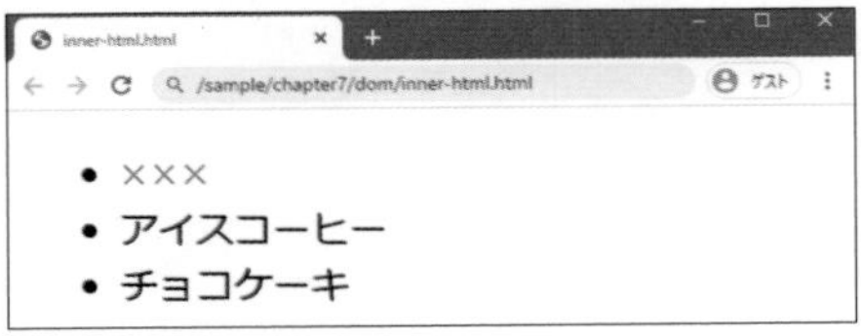

```
 7      <ul id="menu">
 8        <li class="item">ホットコーヒー
 9          <span style="color: red;">売り切れ</span>
10        </li>
11        <li class="item">アイスコーヒー</li>
12        <li class="item">チョコケーキ</li>
13      </ul>
14
15      <script>
16
17      // 要素を選択
18      const elMenu = document.querySelector('#menu');
19      const elItems = document.querySelectorAll('.item');
20
21      // 要素内のHTMLを取得して、コンソールに出力
22      console.log(elMenu.innerHTML);
23
24      // 要素内のHTMLを書きかえ
25      elItems[0].innerHTML = '<span style="color: red;">×××
        </span>';
26
27      </script>
```

Console

```
<li class="item">ホットコーヒー
  <span style="color: red;">売り切れ</span>
</li>
<li class="item">アイスコーヒー</li>
<li class="item">チョコケーキ</li>
```

　以下に、.outerHTML の例を示します。id が menu の要素の HTML をコンソールに出力します。その後、class が item の要素の 2 番目のテキストを `<span style="color: red;">` 削除 `</span>` に変更します。リストの黒丸がなくなっています。

Fig 7-07　**outer-html.html**

●.outerHTML プロパティ	chapter7/dom/outer-html.html

```
7       <ul id="menu">
8         <li class="item">ホットコーヒー
9           <span style="color: red;">売り切れ</span>
10        </li>
11        <li class="item">アイスコーヒー</li>
12        <li class="item">チョコケーキ</li>
13      </ul>
14
15      <script>
16
17      // 要素を選択
18      const elMenu = document.querySelector('#menu');
19      const elItems = document.querySelectorAll('.item');
20
21      // 要素のHTMLを取得して、コンソールに出力
22      console.log(elMenu.outerHTML);
23
24      // 要素のHTMLを書きかえ
25      elItems[2].outerHTML = '<span style="color: red;">削除
        </span>';
26
27      </script>
```

●Console

```
<ul id="menu">
    <li class="item">ホットコーヒー
      <span style="color: red;">売り切れ</span>
    </li>
    <li class="item">アイスコーヒー</li>
    <li class="item">チョコケーキ</li>
  </ul>
```

以下に、.value の例を示します。id が src のフォーム要素の値をコンソールに出力します。その後、id が dst のフォーム要素の値を変更します。

Fig 7-08　value.html

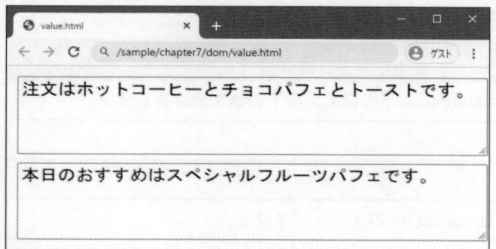

.value プロパティ		chapter7/dom/value.html
13	`<textarea id="src">`注文はホットコーヒーとチョコパフェとトーストです。`</textarea>`	
14	`<textarea id="dst"></textarea>`	
15		
16	`<script>`	
17		
18	`// 要素を選択`	
19	`const elSrc = document.querySelector('#src');`	
20	`const elDst = document.querySelector('#dst');`	
21		
22	`// 要素内の値を取得して、コンソールに出力`	
23	`console.log(elSrc.value);`	
24		
25	`// 要素内の値を書きかえ`	
26	`elDst.value = '本日のおすすめはスペシャルフルーツパフェです。';`	
27		
28	`</script>`	

Console

注文はホットコーヒーとチョコパフェとトーストです。

7-1-4 要素の属性を操作するプロパティ

要素の基本的な属性を読み取ったり、変更したりするプロパティを示します。

Table 7-04 **要素の属性を操作するプロパティ**

プロパティ	説明
`.style`	style 属性。使用時は .style.color のように書き、配下の値を読み書きする。
`.tagName`	タグ名。読み取り専用。
`.id`	id 属性。
`.className`	class 属性。操作するときは .classList のメソッドを使う。

　最も多く使うのは、.style プロパティでしょう。.style.color のようにスタイルを指定して読み書きします。ただしハイフンをプロパティ名に含めることはできません。text-align のようなスタイル名のときは、ハイフンを削除して、ハイフンのあとの文字を大文字にして、.style.textAlign のように書いて操作します。

　以下、.style の例を示します。class が item の最初の要素を選択して、右寄せにしています。また、コンソールに .style プロパティを出力しています。

Fig 7-09 **style.html**

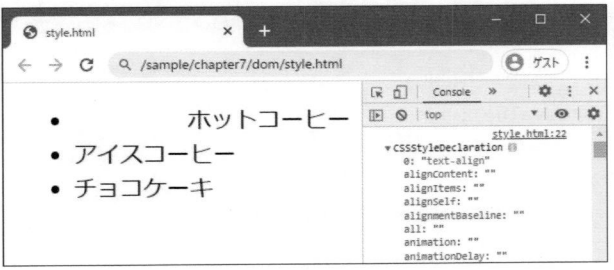

.style プロパティ		chapter7/dom/style.html
7	`    <ul id="menu">`	
8	`        <li class="item">ホットコーヒー</li>`	
9	`        <li class="item">アイスコーヒー</li>`	
10	`        <li class="item">チョコケーキ</li>`	
11	`    </ul>`	
12		

13	`<script>`
14	
15	`// classがitemの最初の要素を選択`
16	`const elItem = document.querySelector('.item');`
17	
18	`// スタイルの変更`
19	`elItem.style.textAlign = 'right';`
20	
21	`// スタイルの設定をコンソールに出力`
22	`console.log(elItem.style);`
23	
24	`</script>`

以下、.tagName、.id、.className の例を示します。タグ名は大文字で入っています。id は id の値を得ます。className はクラスの名前を得ます。

● .tagName ／ .id ／ .className プロパティ	chapter7/dom/tag-name-etc.html
7	`<ul id="menu" class="list menuList">`
8	`<li class="item">ホットコーヒー</li>`
9	`<li class="item">アイスコーヒー</li>`
10	`<li class="item">チョコケーキ</li>`
11	`</ul>`
12	
13	`<script>`
14	
15	`// idがmenuの要素を選択`
16	`const elMenu = document.querySelector('#menu');`
17	
18	`// プロパティの値をコンソールに出力`
19	`console.log(elMenu.tagName);`
20	`console.log(elMenu.id);`
21	`console.log(elMenu.className);`
22	
23	`</script>`

● Console

```
UL
menu
list menuList
```

要素の属性を操作するメソッド

　要素の属性の値を得たり、書きかえたりするのには専用のメソッドがあります。
そうしたメソッドを使い、属性を操作する方法を紹介します。

　以下は、属性系のメソッドです。

Table 7-05　**属性を操作するメソッド**

メソッド	説明
`.getAttribute(s)`	属性 s の値を得る。
`.getAttributeNames()`	属性名の配列を得る。
`.hasAttribute(s)`	属性 s を持っているか真偽値で返す。
`.removeAttribute(s)`	属性 s を取りのぞく。
`.setAttribute(s, v)`	属性 s に値 v を設定する。

　以下に属性を操作する例を示します。src 属性から URL を取り出して、コンソールに表示します。また、height 属性を設定して高さを指定します。以下の画像は、メトロポリタン美術館のパブリックドメインの画像を使っています。

Fig 7-10　**attribute.html**

```
 7      <img src="./img/DP130999.jpg">
 8      <img src="./img/DT1502.jpg">
 9      <img src="./img/DT1567.jpg">
10
11      <script>
12
13      // imgの全要素を選択
14      const elImgs = document.querySelectorAll('img');
15
16      // 全要素に処理
17      for (let i = 0; i < elImgs.length; i ++) {
18          // 属性srcの値を取得して、コンソールに出力
19          const url = elImgs[i].getAttribute('src');
20          console.log(url);
21
22          // 属性heightの値を設定
23          elImgs[i].setAttribute('height', 200);
24      }
25
26      </script>
```

● Console
```
./img/DP130999.jpg
./img/DT1502.jpg
./img/DT1567.jpg
```

7-1-6　要素のクラスを操作するメソッド

　Web ページのプログラムでは、要素へのクラスの追加や削除はとても多いです。
Web ページでは多くの場合、クラスに対応した CSS で見た目を定義しています。
クラスの有無によって見た目が変化したり、アニメーションが発生したりします。
そのためクラスの操作は、画面の操作と直結します。ここでは、クラスを操作する
メソッドを紹介します。

　クラスを操作するメソッドは、.classList プロパティの配下にあります。
.classList は、DOMTokenList というリスト形式のオブジェクトです。

7 DOM (Document Object Model)

DOMTokenList オブジェクトでは、.values()、.keys()、.entries()、.forEach() といった、おなじみのメソッドも使えます。それらとは別に、直接クラスを操作するメソッドが用意されています。

Table 7-06 **要素のクラスを操作するメソッド**

メソッド	説明
`.classList.add(s)`	クラス s を追加。
`.classList.remove(s)`	クラス s を削除。
`.classList.toggle(s)`	クラス s を追加か削除。追加時は true、削除時は false を返す。
`.classList.contains(s)`	クラス s が含まれていれば true、それ以外は false を返す。

以下に、クラスを操作する例を示します。id が menu の要素に caution クラスを追加します。スタイルの設定では、caution クラスの配下の奇数の li を黄背景に黒文字、偶数の li を黒背景に黄文字で表示します。また、1 秒後に caution クラスを削除して、表示を元に戻します。

Fig 7-11 **class-list.html - caution クラス追加**

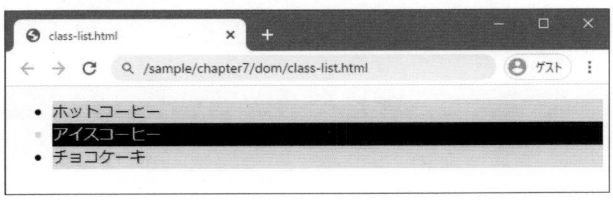

Fig 7-12 **class-list.html - caution クラス削除**

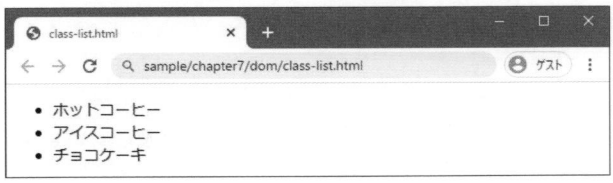

→ 要素のクラスを操作する	chapter7/dom/class-list.html
1	`<!DOCTYPE html>`
2	`<html lang="ja">`
3	`  <head>`

```
 4      <meta charset="utf-8">
 5      <style>
 6   /* 奇数の表示 */
 7   .caution li:nth-of-type(odd) {
 8      background: #ff0;
 9      color: #000;
10   }
11   /* 偶数の表示 */
12   .caution li:nth-of-type(even) {
13      background: #000;
14      color: #ff0;
15   }
16      </style>
17    </head>
18    <body>
19      <ul id="menu">
20        <li>ホットコーヒー</li>
21        <li>アイスコーヒー</li>
22        <li>チョコケーキ</li>
23      </ul>
24
25      <script>
26
27      // idがmenuの要素を選択
28      const elMenu = document.querySelector('#menu');
29
30      // クラスを追加
31      elMenu.classList.add('caution');
32
33      // 1秒後にクラスを削除
34      setTimeout(() => {
35          elMenu.classList.remove('caution');
36      }, 1000);
37
38      </script>
39    </body>
40   </html>
```

選択した要素から、親や子の要素に移動して選択したり、兄弟要素に移動して選択したりできます。こうした機能は、Element の親要素に当たる Node オブジェクトのプロパティで実現できます。これらのプロパティをたどれば、DOM のツリー構造をたどって、選択対象を移動できます。

以下にプロパティを示します。

Table 7-07 **要素ツリー構造をたどるプロパティ**

プロパティ	説明
.parentNode	親のノード。親がないなら null。
.parentElement	親の Element。親がないか Element でないなら null。
.childNodes	子要素の NodeList。
.firstChild	直下の最初の子ノード。
.lastChild	直下の最後の子ノード。
.previousSibling	ツリー構造で前のノード。
.nextSibling	ツリー構造で次のノード。
.nodeName	ノードの型をあらわすノード名。
.nodeType	ノードの型をあらわす数値。ELEMENT_NODE は 1、TEXT_NODE は 3、COMMENT_NODE は 7 など。

以下に例を示します。まずは親ノードや親要素をたどっていきます。ノードの方が 1 階層上までたどれます。これは一番上の階層が Element オブジェクトではないためです。

●親ノードや親要素をたどる　　　　　　　　　　chapter7/dom/parent.html

```
1  <!DOCTYPE html>
2  <html lang="ja">
3    <head>
4      <meta charset="utf-8">
5    </head>
6    <body>
7      <h1>メニューリスト</h1>
8      <ul id="menu">
```

9	`    <li id="item1">ホットコーヒー</li>`
10	`    <li id="item2">アイスコーヒー</li>`
11	`    <li id="item3">チョコケーキ</li>`
12	`  </ul>`
13	
14	`  <script>`
15	
16	`    // idがメニューの要素を選択`
17	`    const el = document.querySelector('#menu');`
18	
19	`    // parentNodeの情報を、コンソールに出力`
20	`    console.log('--- parentNode ---');`
21	`    console.log(`${el.parentNode}`);`
22	`    console.log(`${el.parentNode.parentNode}`);`
23	`    console.log(`${el.parentNode.parentNode.parentNode}`);`
24	`    console.log(`${el.parentNode.parentNode.parentNode.parentNode}`);`
25	
26	`    // parentElementの情報を、コンソールに出力`
27	`    console.log('--- parentElement ---');`
28	`    const parent2 = el.parentElement;`
29	`    console.log(`${el.parentElement}`);`
30	`    console.log(`${el.parentElement.parentElement}`);`
31	`    console.log(`${el.parentElement.parentElement.parentElement}`);`
32	
33	`  </script>`
34	`  </body>`
35	`</html>`

```
● Console

--- parentNode ---
[object HTMLBodyElement]
[object HTMLHtmlElement]
[object HTMLDocument]
null
--- parentElement ---
[object HTMLBodyElement]
[object HTMLHtmlElement]
null
```

次は子要素の例を示します。注意すべき点は、ul タグと li タグのあいだに改行やスペースなどが入っているために、テキストノードが存在していることです。タグとタグのあいだに隙間があると、テキストノードが作成されます。あいだに隙間を空けないようにすると、テキストノードは作成されません。

	子要素の情報を出力	sample/chapter7/dom/child.html

```
1   <!DOCTYPE html>
2   <html lang="ja">
3     <head>
4       <meta charset="utf-8">
5     </head>
6     <body>
7       <h1>メニューリスト</h1>
8       <ul id="menu">
9         <li id="item1">ホットコーヒー</li>
10        <li id="item2">アイスコーヒー</li>
11        <li id="item3">チョコケーキ</li>
12      </ul>
13
14      <script>
15
16        // idがメニューの要素を選択
17        const el = document.querySelector('#menu');
18
19        // 子要素の情報を、コンソールに出力
20        console.log('--- childNodes ---');
21        const child = el.childNodes;
22        console.log(`${child}`);
23        console.log(`${child[0]}`);
24        console.log(`${child[1]}、id="${child[1].id}"`);
25        console.log(`${child[2]}`);
26        console.log(`${child[3]}、id="${child[3].id}"`);
27
28        // 直下の最初、最後の要素の情報を、コンソールに出力
29        console.log('--- firstChild / lastChild ---');
30        console.log(`${el.firstChild}`);
31        console.log(`${el.lastChild}`);
32
```

```
33        </script>
34      </body>
35    </html>
```

● Console
```
--- childNodes ---
[object NodeList]
[object Text]
[object HTMLLIElement]、id="item1"
[object Text]
[object HTMLLIElement]、id="item2"
--- firstChild / lastChild ---
[object Text]
[object Text]
```

次は前後の要素の例です。こちらも注意すべき点は、タグとタグのあいだに改行
やスペースなどが入っていると、テキストノードが作られることです。あいだに隙
間を空けないようにすると、テキストノードは作成されません。

● 前後の要素の情報を出力   chapter7/dom/sibling.html
```
 1  <!DOCTYPE html>
 2  <html lang="ja">
 3    <head>
 4      <meta charset="utf-8">
 5    </head>
 6    <body>
 7      <h1>メニューリスト</h1>
 8      <ul id="menu">
 9        <li id="item1">ホットコーヒー</li>
10        <li id="item2">アイスコーヒー</li>
11        <li id="item3">チョコケーキ</li>
12      </ul>
13
14      <script>
15
16      // idがメニューの要素を選択
17      const el = document.querySelector('#menu');
18
```

19	// 前後の要素の情報を、コンソールに出力
20	console.log('--- previousSibling / nextSibling ---');
21	console.log(`${el.previousSibling}`);
22	console.log(`${el.previousSibling.previousSibling}`);
23	console.log(`${el.nextSibling}`);
24	console.log(`${el.nextSibling.nextSibling}`);
25	
26	</script>
27	</body>
28	</html>

```
● Console
--- previousSibling / nextSibling ---
[object Text]
[object HTMLHeadingElement]
[object Text]
[object HTMLScriptElement]
```

最後はノードの情報です。

● ノード情報の出力   chapter7/dom/node-info.html

1	<!DOCTYPE html>
2	<html lang="ja">
3	<head>
4	<meta charset="utf-8">
5	</head>
6	<body>
7	<h1>メニューリスト</h1>
8	<ul id="menu">
9	<li id="item1">ホットコーヒー</li>
10	<li id="item2">アイスコーヒー</li>
11	<li id="item3">チョコケーキ</li>
12	</ul>
13	
14	<script>
15	
16	// idがメニューの要素を選択

▼

17	`    const el = document.querySelector('#menu');`
18	
19	`    // ノードの情報を、コンソールに出力`
20	`    console.log('--- nodeName / nodeType ---');`
21	`    console.log(`${el.nodeName}`);`
22	`    console.log(`${el.nodeType}`);`
23	
24	`  </script>`
25	`</body>`
26	`</html>`

●Console

```
--- nodeName / nodeType ---
UL
1
```

7-1-8 要素の作成と追加

要素はプログラム内で作成して、DOM のツリーに追加できます。要素の作成は document.createElement()でできます。引数で指定したタグ名の要素を作ります。

構文

```
document.createElement(タグ名)
```

多くの場合、document.createElement()を使って要素を作成し、選択している要素に .appendChild()で要素を追加します。

以下に、要素の追加などをおこなうメソッドを示します。

Table 7-08　要素の追加などを行うメソッド

メソッド	説明
`.appendChild(n)`	子ノードとしてノード n を追加。
`.cloneNode()`	ノードを複製。
`.insertBefore(n1, n2)`	子ノード n2 の前にノード n1 を挿入。挿入したノード n1 を返す。
`.removeChild(n)`	子ノード n を取りのぞく。取りのぞいたノードを返す。
`.replaceChild(n1, n2)`	ノード n2 を取りのぞき、ノード n1 に置き換える。取りのぞいたノード n2 を返す。

　以下に例を示します。document.createElement() で li 要素を作り、「チーズケーキおすすめ」という内部 HTML を設定して、.appendChild() でリストの末尾に追加します。

　また、同じように li 要素を作り、「紅茶おすすめ」という HTML を設定して、.insertBefore() でリストの先頭に挿入します。最初の子要素 elMenu.firstChild の前に挿入することで先頭にします。

Fig 7-13　create.html

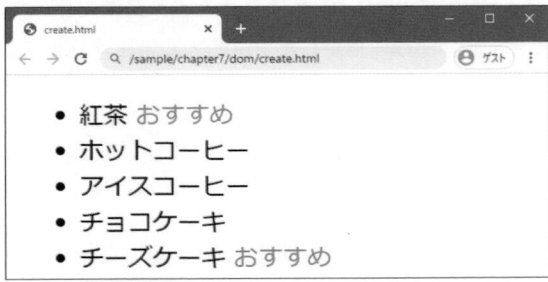

```
1  <!DOCTYPE html>
2  <html lang="ja">
3    <head>
4      <meta charset="utf-8">
5    </head>
6    <body>
7      <ul id="menu">
8        <li>ホットコーヒー</li>
9        <li>アイスコーヒー</li>
10       <li>チョコケーキ</li>
11     </ul>
12
13     <script>
14
15     // idがmenuの要素を選択
16     const elMenu = document.querySelector('#menu');
17
18     // li要素を作成して末尾に追加
19     const elLi = document.createElement('li');
20     elLi.innerHTML = 'チーズケーキ'
21         + ' <span style="color: red;">おすすめ</span>';
22     elMenu.appendChild(elLi);
23
24     // li要素を複製して先頭に追加
25     const elLi2 = document.createElement('li');
26     elLi2.innerHTML = '紅茶'
27         + ' <span style="color: red;">おすすめ</span>';
28     elMenu.insertBefore(elLi2, elMenu.firstChild);
29
30     </script>
31   </body>
32 </html>
```

7

DOM (Document Object Model)

7-2 イベント

　ここではイベントについて学びます。Webページで、ファイルが読み込まれたり、ユーザーが操作したりすると、イベントが発生します。そのイベントに対応した処理をJavaScriptで登録します。すると、ファイル読み込み時の処理や、ボタンクリック時の処理などを実現できます。

7-2-1 イベントによるJavaScriptとDOMの接続

　Webページでは、さまざまなイベントが起きます。HTMLファイルの読み込み完了や、要素のクリック。マウスの移動や、キーボードの操作、フォームへの値の設定。そうしたイベントが発生したときに実行する関数を、要素に登録できます。

Fig 7-14 　要素に関数を登録

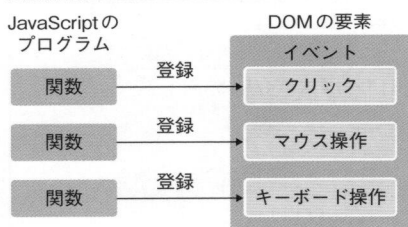

　以下に、特定のイベントが発生したときの処理を登録したり、削除したりするメソッドを紹介します。これらのメソッドは、要素やwindowで実行できます。

Table 7-09 　イベントの登録/削除のメソッド

メソッド	説明
.addEventListener(e, f)	イベントeが起きたときに実行する関数fを登録する。
.removeEventListener(e, f)	イベントeに登録した関数fを削除する。

構文

要素.addEventListener(イベント名, コールバック関数)

324

```
window.addEventListener(イベント名, コールバック関数)
```

登録したコールバック関数が実行されるときは、引数として「イベントの情報が入ったオブジェクト」を受け取ります。このオブジェクトの中には、イベントの発生タイミングや、マウスの位置、入力したキーの情報など、詳細な情報が入っています。console.log()でコンソールに出力すると、詳細な情報を確かめられます。これらの値は、必要に応じてプログラム内で使ってください。

以下に、情報を表示する例を示します。ホットコーヒーをクリックすると、コンソールにイベントオブジェクトの情報が表示されます。

Fig 7-15 **event-object.html**

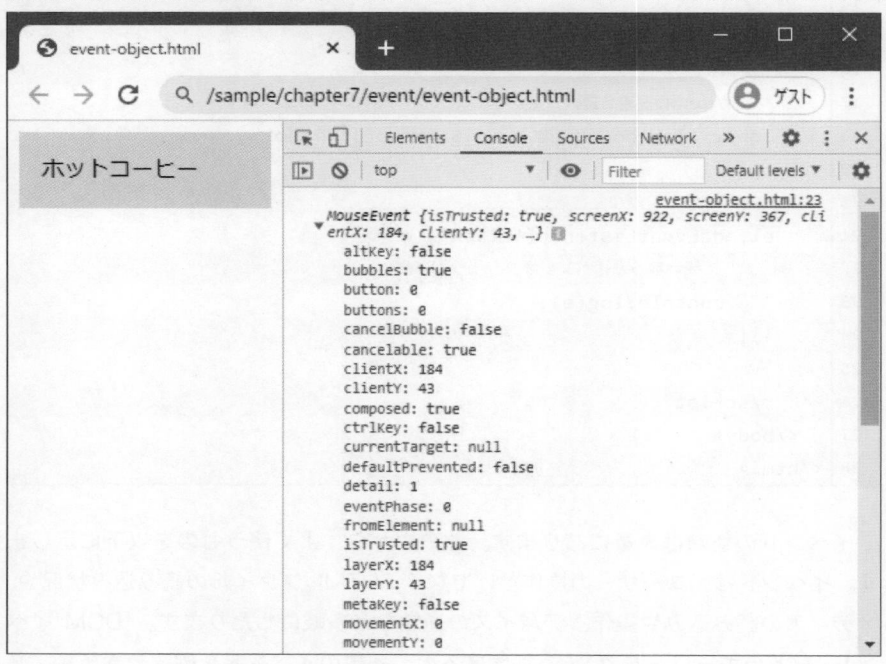

7 DOM(Document Object Model)

```
1   <!DOCTYPE html>
2   <html lang="ja">
3     <head>
4       <meta charset="utf-8">
5       <style>
6   #item {
7       background: #cef;
8       padding: 1em;
9   }
10      </style>
11    </head>
12    <body>
13      <div id="item">ホットコーヒー</div>
14
15      <script>
16
17      // idがitemの要素を選択
18      const el = document.querySelector('#item');
19
20      // 要素のクリックに関数を登録
21      el.addEventListener('click', e => {
22          // 受け取ったイベントオブジェクトを出力
23          console.log(e);
24      });
25
26      </script>
27    </body>
28  </html>
```

　イベントの種類は大量にあります。その中から、よく使うものを以下に示します。イベントは、ユーザーの操作だけでなく、HTMLファイルの読み込み状況や、メディアの読み込みや操作、デバイスの通知など多岐にわたります。「DOMイベント」などのキーワードでWeb検索すると、多数のイベントを確認できます。必要に応じて、どんなイベントがあるか探すとよいでしょう。

Table 7-10　**イベントの種類**

イベント	説明
`load`	読み込みが終了したとき。
`DOMContentLoaded`	HTML 文書が読まれて解析が終わったとき。
`focus`	要素がフォーカスされたとき。
`blur`	要素からフォーカスが外れたとき。
`resize`	要素の縦横のサイズが変更されたとき。
`scroll`	要素がスクロールされたとき。
`keydown`	要素の上でキーが押し下げられたとき。
`keypress`	要素の上でキーが押されたとき [Shift]、[Fn]、[Caps Lock] は除く。
`keyup`	要素の上でキーが上げられたとき。
`click`	要素がクリックされたとき。
`mousedown`	要素の上でマウスボタンがクリックされたとき。
`mouseup`	要素の上でマウスボタンが離されたとき。
`mouseenter`	外から要素にマウスポインターが入ったとき。
`mouseleave`	要素から外にマウスポインターが出て行ったとき。
`mousemove`	要素の上でマウスポインターが動いたとき。
`change`	フォーム部品の要素が変更されて確定したとき。
`input`	フォーム部品の要素が変更されたとき。
`submit`	フォームの [投稿] ボタンがクリックされたとき。

　Web ページの読み込み後に DOM の操作をしたいときは、load ではなく、DOMContentLoaded を使った方がよいです。DOMContentLoaded は、HTML ファイルを読み込んで DOM の構築が終わったときにイベントが発生します。load は画像など別のファイルを読み込み終わったときに発生します。そのため load は、イベント発生のタイミングが遅いです。

　以下に例を示します。DOMContentLoaded と load のタイムスタンプをコンソールに出力します。DOMContentLoaded の方が、早く実行されています。

```
 1  <!DOCTYPE html>
 2  <html lang="ja">
 3    <head>
 4      <meta charset="utf-8">
 5    </head>
 6    <body>
 7      <script>
 8
 9      // windowにDOMContentLoadedの処理を登録
10      window.addEventListener('DOMContentLoaded', e => {
11          console.log(e.type, e.timeStamp);
12      });
13
14      // windowにloadの処理を登録
15      window.addEventListener('load', e => {
16          console.log(e.type, e.timeStamp);
17      });
18
19      </script>
20    </body>
21  </html>
```

● Console

```
DOMContentLoaded 11.969999875873327
load 12.31499994173646
```

　change イベントについては、少し注意が必要です。入力欄で change を使った
とき、入力した瞬間には発生せず、入力欄からフォーカスが外れたときにイベント
が発生します。知らないと混乱しますので注意してください。

　以下に例を示します。keyup イベントは入力のたびに発生しますが、change イ
ベントはフォーカスが外れたときに発生します。

　また、keyup イベントは、入力したキーの情報を得られます。input は入力のた
びに発生しますが、キーの情報は得られません。

Fig 7-16 **change.html**

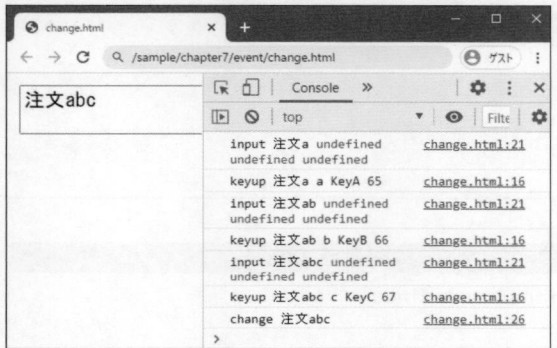

	Keyup / input / change イベント	chapter7/event/change.html
1	`<!DOCTYPE html>`	
2	`<html lang="ja">`	
3	`  <head>`	
4	`    <meta charset="utf-8">`	
5	`  </head>`	
6	`  <body>`	
7	`    <textarea id="text">注文</textarea>`	
8		
9	`    <script>`	
10		
11	`    // idがtextの要素を選択`	
12	`    const el = document.querySelector('#text');`	
13		
14	`    // 要素のkeyupイベントに関数を登録`	
15	`    el.addEventListener('keyup', e => {`	
16	`        console.log(e.type, el.value, e.key, e.code, e.keyCode);`	
17	`    });`	
18		
19	`    // 要素のinputイベントに関数を登録`	
20	`    el.addEventListener('input', e => {`	
21	`        console.log(e.type, el.value, e.key, e.code, e.keyCode);`	
22	`    });`	
23		
24	`    // 要素のchangeイベントに関数を登録`	

7 DOM（Document Object Model）

25	`    el.addEventListener('change', e => {`
26	`        console.log(e.type, el.value);`
27	`    });`
28	
29	`    </script>`
30	`  </body>`
31	`</html>`

```
● Console
input 注文a undefined undefined undefined
keyup 注文a a KeyA 65
input 注文ab undefined undefined undefined
keyup 注文ab b KeyB 66
input 注文abc undefined undefined undefined
keyup 注文abc c KeyC 67
change 注文abc
```

　以下にマウスイベントの例を示します。マウスが要素に入って、移動して、出るまでの記録です。マウスの位置も分かります。マウスの動きに合わせて処理するときは、こうした情報を使います。

Fig 7-17　**mouse.html**

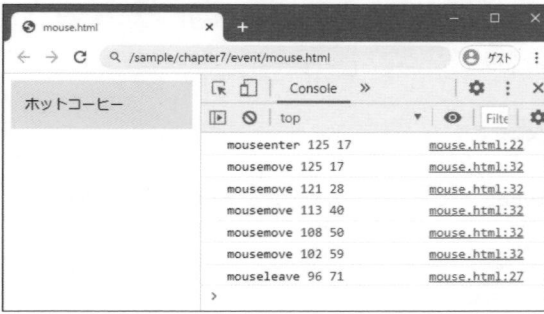

```
 1  <!DOCTYPE html>
 2  <html lang="ja">
 3    <head>
 4      <meta charset="utf-8">
 5      <style>
 6  #item {
 7      background: #cef;
 8      padding: 1em;
 9  }
10      </style>
11    </head>
12    <body>
13      <div id="item">ホットコーヒー</div>
14
15      <script>
16
17      // idがitemの要素を選択
18      const el = document.querySelector('#item');
19
20      // 要素のmouseenterイベントに関数を登録
21      el.addEventListener('mouseenter', e => {
22          console.log(e.type, e.x, e.y);
23      });
24
25      // 要素のmouseleaveイベントに関数を登録
26      el.addEventListener('mouseleave', e => {
27          console.log(e.type, e.x, e.y);
28      });
29
30      // 要素のmousemoveイベントに関数を登録
31      el.addEventListener('mousemove', e => {
32          console.log(e.type, e.x, e.y);
33      });
34
35      </script>
36    </body>
37  </html>
```

7

DOM (Document Object Model)

331

```
 Console
mouseenter 125 17
mousemove 125 17
mousemove 121 28
mousemove 113 40
mousemove 108 50
mousemove 102 59
mouseleave 96 71
```

7-2-2 デフォルトの処理の停止他

DOM のイベントは、イベントが起きた場所から、上の要素へと順番にイベント
が伝播していきます。この仕組みを**バブリング**と呼びます。

たとえば、window > document > html > body > #outer > #inner という
階層になっていて、#inner でイベントが起きたとします。すると、水中で気泡が
徐々に水面に上っていくように、#inner でイベントが起き、#outer でイベントが
起き、body でイベントが起き、……、window でイベントが起きます。このよう
に、クリックされた要素から 1 つずつ階層が上がっていきます。

以下に例を示します。クリックという文字をクリックします。すると、登録した
関数が順に実行されます。

```
1  <!DOCTYPE html>
2  <html lang="ja">
3    <head>
4      <meta charset="utf-8">
5    </head>
6    <body>
7      <div id="outer">
8        <span id="inner">クリック</span>
9      </div>
10
11     <script>
12
13     // idがinnerの要素をクリックしたときの関数を登録
14     document.querySelector('#inner')
15     .addEventListener('click', e => console.log('#inner'));
16
17     // idがouterの要素をクリックしたときの関数を登録
18     document.querySelector('#outer')
19     .addEventListener('click', e => console.log('#outer'));
20
21     // bodyをクリックしたときの関数を登録
22     document.querySelector('body')
23     .addEventListener('click', e => console.log('body'));
24
25     // htmlをクリックしたときの関数を登録
26     document.querySelector('html')
27     .addEventListener('click', e => console.log('html'));
28
29     // documentをクリックしたときの関数を登録
30     document.addEventListener('click', e => console.
       log('document'));
31
32     // windowをクリックしたときの関数を登録
33     window.addEventListener('click', e => console.log('window'));
34
35     </script>
36   </body>
37 </html>
```

7

DOM(Document Object Model)

333

```
● Console
#inner
#outer
body
html
document
window
```

　イベントは下から順番に発生していきます。その途中でイベントの伝播を止めたいときは、イベントオブジェクトの .stopPropagation() メソッドを実行します。すると、.cancelBubble プロパティが true になり、以降のイベントの伝播が起きなくなります。.cancelBubble プロパティは読み取り専用のため、直接書きかえることはできません。

　また、イベントオブジェクトの .preventDefault() メソッドを実行すると、.returnValue プロパティが false になります。そして、リンクによるページの遷移など、デフォルトの状態で起きる処理が起きなくなります。.returnValue プロパティは読み取り専用のため、直接書きかえることはできません。

　こうしたメソッドを使うことで、イベントを細かく制御できます。また、.stopPropagation() を実行しても、デフォルトの処理は無効になりません。.preventDefault() を実行してもバブリングは停止しません。デフォルトの処理を無効にして、バブリングも停止したいときは、両方のメソッドを使う必要があります。

Table 7-11　**イベントの制御**

メソッド	説明
.stopPropagation()	バブリングを停止する。
.preventDefault()	デフォルトの処理を無効にする。

　以下に例を示します。リンクという文字をクリックすると、コンソールにバブリングの様子と、.returnValue、.cancelBubble の値が表示されます。#inner のイベントに登録した関数で、.preventDefault() を実行してデフォルトの処理を防ぎ、#link のイベントに登録した関数で、.stopPropagation() を実行します。

```
 1  <!DOCTYPE html>
 2  <html lang="ja">
 3    <head>
 4      <meta charset="utf-8">
 5    </head>
 6    <body>
 7      <div id="outer">
 8        <a href="https://www.google.com/" id="link">
 9          <span id="inner">リンク</span>
10        </a>
11      </div>
12
13      <script>
14
15      // idがinnerの要素をクリックしたときの関数を登録
16      document.querySelector('#inner')
17      .addEventListener('click', e => {
18          console.log('#inner', e.returnValue, e.cancelBubble);
19
20          // デフォルトの処理を防ぐ
21          // e.returnValueがfalseになる
22          e.preventDefault();
23      });
24
25      // idがlinkの要素をクリックしたときの関数を登録
26      document.querySelector('#link')
27      .addEventListener('click', e => {
28          // 伝播を停止する
29          // e.cancelBubbleがtrueになる
30          e.stopPropagation();
31
32          console.log('#link', e.returnValue, e.cancelBubble);
33      });
34
35      // idがouterの要素をクリックしたときの関数を登録
36      document.querySelector('#outer')
37      .addEventListener('click', e => {
38          console.log('#outer', e.returnValue, e.cancelBubble);
```

7

DOM (Document Object Model)

335

```
39        });
40
41      </script>
42    </body>
43  </html>
```

```
Console
#inner true false
#link false true
```

7-3 フォームの操作

　フォームの各種部品から値を取得したり、値を設定したりする処理をします。これまでの知識を応用すればできます。以下に例を示します。DOM 読み込み後に、各フォーム部品を選択して、自動入力ボタンと送信ボタン（submit イベント）の処理を登録します。

Fig 7-18　mouse.html

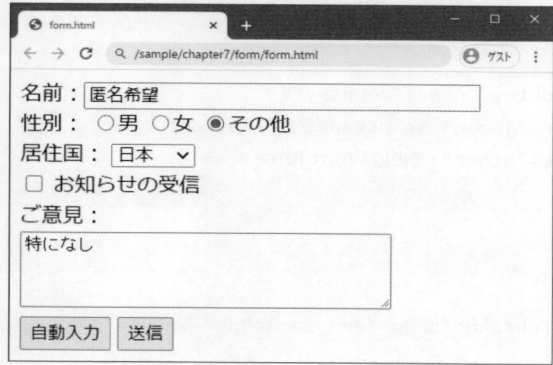

フォームの操作	chapter7/form/form.html

```html
1  <!DOCTYPE html>
2  <html lang="ja">
3    <head>
4      <meta charset="utf-8">
5    </head>
6    <body>
7      <form id="sendForm">
8        <div>
9          名前：<input type="text" id="name" name="name"
10               size="40" value="匿名希望">
11       </div>
12       <div>
13         性別：
14         <label>
```

7: DOM (Document Object Model)

15	`            <input type="radio" id="sexM" name="sex"`
16	`            value="male">男`
17	`          </label>`
18	`          <label>`
19	`            <input type="radio" id="sexF" name="sex"`
20	`            value="female">女`
21	`          </label>`
22	`          <label>`
23	`            <input type="radio" id="sexO" name="sex"`
24	`            value="other" checked>その他`
25	`          </label>`
26	`        </div>`
27	`        <div>`
28	`          居住国：`
29	`          <select id="country" name="country">`
30	`            <option value="japan" selected>日本</option>`
31	`            <option value="other">その他</option>`
32	`          </select>`
33	`        </div>`
34	`        <div>`
35	`          <label>`
36	`            <input type="checkbox" id="dm" name="dm" value="on">`
37	`            お知らせの受信`
38	`          </label>`
39	`        </div>`
40	`        <div>`
41	`          ご意見： `
42	`          <textarea rows="4" cols="40"`
43	`          id="message">特になし</textarea>`
44	`        </div>`
45	`        <div>`
46	`          <button type="button" id="btnAuto">自動入力</button>`
47	`          <input type="submit" value="送信">`
48	`        </div>`
49	`      </form>`
50	
51	`      <script>`
52	
53	`        // windowにDOMContentLoadedの処理を登録`

```
54      window.addEventListener('DOMContentLoaded', e => {
55          // 各フォーム部品を選択
56          const elName = document.querySelector('#name');
57          const elSex = Array.from(
58              document.querySelectorAll('[name="sex"]'));
59          const elCountry = document.querySelector('#country');
60          const elDm = document.querySelector('#dm');
61          const elMessage = document.querySelector('#message');
62
63          const elBtnAuto = document.querySelector('#btnAuto');
64          const elForm = document.querySelector('#sendForm');
65
66          // 自動入力ボタンの処理を登録
67          elBtnAuto.addEventListener('click', e => {
68              // 各フォーム部品の値を設定
69              elName.value = 'トクメイキボウ';
70              elSex[0].checked = true;
71              elCountry.value = 'other';
72              elDm.checked = true;
73              elMessage.value = 'トクニナシ';
74          });
75
76          // 送信実行時の処理を登録
77          elForm.addEventListener('submit', e => {
78              // 各フォーム部品の値を取得
79              const vName = elName.value;
80              const vSex = elSex.find(x => x.checked).value;
81              const vCountry = elCountry.value;
82              const vDm = elDm.checked ? elDm.value : null;
83              const vMessage = elMessage.value;
84
85              // コンソールに出力
86              console.log(vName, vSex, vCountry, vDm, vMessage);
87
88              // 送信を停止
89              e.preventDefault();
90          });
91      });
```

92	
93	`  </script>`
94	` </body>`
95	`</html>`

　以下は読み込み後に、そのまま [送信] ボタンをクリックしたときのコンソールの出力内容です。

```
→● Console
匿名希望 other japan null 特になし
```

　以下は [自動入力] ボタンを押したあとに、[送信] ボタンをクリックしたときのコンソールの出力内容です。

```
→● Console
トクメイキボウ male other on トクニナシ
```

　プログラムが長いので、各部に分けて解説します。

STEP 1

　名前、性別、居住国、お知らせの受信、ご意見のフォーム要素を選択します。性別だけ、属性 name が sex の要素を全て選択して、Array.from() で配列化しています。ラジオボタンは複数の要素になるので、このようにしています。

→●各フォーム要素の選択①	chapter7/form/form.html
55	`        // 各フォーム部品を選択`
56	`        const elName = document.querySelector('#name');`
57	`        const elSex = Array.from(`
58	`            document.querySelectorAll('[name="sex"]'));`
59	`        const elCountry = document.querySelector('#country');`
60	`        const elDm = document.querySelector('#dm');`
61	`        const elMessage = document.querySelector('#message');`

［自動入力］ボタンと、フォーム自身を選択しています。ボタンのクリックイベントと、フォームの送信イベントに関数を登録するためです。

```
63        const elBtnAuto = document.querySelector('#btnAuto');
64        const elForm = document.querySelector('#sendForm');
```

STEP 2

　［自動入力］ボタンの処理です。ラジオボタン（性別）は、配列の要素を選んで .checked を true にすると、その項目を選択できます。チェックボックス（お知らせの受信）は、.checked を true にするとチェックが入ります。false にするとチェックが外れます。

```
66        // 自動入力ボタンの処理を登録
67        elBtnAuto.addEventListener('click', e => {
68            // 各フォーム部品の値を設定
69            elName.value = 'トクメイキボウ';
70            elSex[0].checked = true;
71            elCountry.value = 'other';
72            elDm.checked = true;
73            elMessage.value = 'トクニナシ';
74        });
```

STEP 3

　フォーム送信時の処理です。フォーム要素で submit イベントが発生したときに実行されます。

　関数内では、まず入力値を取得します。ラジオボタン（性別）は、配列オブジェクトの .find() メソッドを使い、.checked が true の項目を選び、.value で値を得ます。チェックボックス（お知らせの受信）は、.checked が true かを確認して、true のときだけ .value で値を得ます。

　ここでは、e.preventDefault() で送信を一律に停止しています。実際には、入力漏れがある場合に送信を停止すればよいでしょう。

7

DOM (Document Object Model)

```
76          // 送信実行時の処理を登録
77          elForm.addEventListener('submit', e => {
78              // 各フォーム部品の値を取得
79              const vName = elName.value;
80              const vSex = elSex.find(x => x.checked).value;
81              const vCountry = elCountry.value;
82              const vDm = elDm.checked ? elDm.value : null;
83              const vMessage = elMessage.value;
84
85              // コンソールに出力
86              console.log(vName, vSex, vCountry, vDm, vMessage);
87
88              // 送信を停止
89              e.preventDefault();
90          });
```

7-4 DOM操作を利用したアニメーション

　ここでは、DOM 操作を利用したアニメーションを学んでいきます。DOM 操作を利用したアニメーションには、様々な方法があります。クラスと CSS を組み合わせた方法や、CSS を直接操作する方法があります。そうした手法を紹介していきます。

7-4-1 クラスのつけ外しによるアニメーション

　クラスのつけ外しと、CSS アニメーションを組み合わせることで、ユーザー操作に応じたアニメーションを実現できます。
　以下に例を示します。.classList.toggle() を使い、open クラスをつけ外しすることでアニメーションを実現します。

Fig 7-19　class.html - クリック前

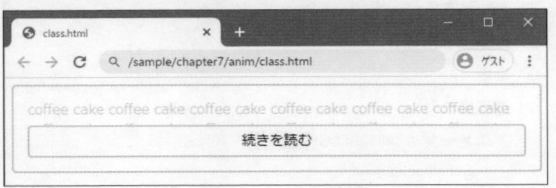

Fig 7-20　class.html - クリック後

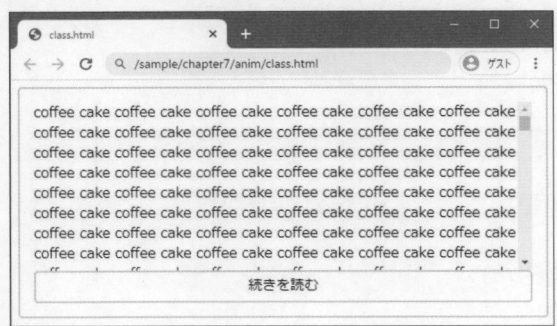

```html
1   <!DOCTYPE html>
2   <html lang="ja">
3     <head>
4       <meta charset="utf-8">
5       <style>
6   /* idがmsgの要素 */
7   #msg {
8       border: solid 2px #ccc;
9       border-radius: 0.3em;
10      padding: 1em;
11  }
12  /* idがmsgBtnの要素 */
13  #msgBtn {
14      border: solid 2px #ccc;
15      border-radius: 0.3em;
16      text-align: center;
17      padding: 0.3em;
18  }
19  /* idがmsgBodyの要素 */
20  #msgBody {
21      overflow: hidden;   /* はみ出した場合 */
22      height: 30px;       /* 高さ */
23      opacity: 0.2;       /* 透明度 */
24      transition: 0.8s;   /* アニメーション時間は0.8秒 */
25  }
26  /* classがopenの要素 */
27  .open {
28      overflow-y: scroll !important;   /* はみ出した場合 */
29      height: 200px !important;        /* 高さ */
30      opacity: 1 !important;           /* 透明度 */
31  }
32      </style>
33    </head>
34    <body>
35      <div id="msg">
36        <div id="msgBody"></div>
37        <div id="msgBtn">
38          続きを読む
```

39	`    </div>`
40	`  </div>`
41	
42	`  <script>`
43	
44	`  // ダミーテキストを作成して、idがmsgBodyの要素に設定`
45	`  const tDummy = 'coffee cake '.repeat(1000);`
46	`  document.querySelector('#msgBody').innerText = tDummy`
47	
48	`  // idがmenuの要素に、クリック時の処理を登録`
49	`  document.querySelector('#msgBtn')`
50	`  .addEventListener('click', e => {`
51	`      // クラスがmenuBarの要素に処理`
52	`      document.querySelector('#msgBody')`
53	`      .classList.toggle('open');`
54	`  });`
55	
56	`  </script>`
57	`  </body>`
58	`</html>`

部分ごとに解説します。

STEP 1

まずは操作対象の HTML 部分です。id が msgBody の要素は、初期状態では空です。ここにプログラムからダミーテキスト（特に意味のない生成した文字列）を挿入します。また、id が msgBtn の要素（「続きを読む」の部分）をクリックすると、アニメーションが起きます。

●操作対象の HTML 部分	chapter7/anim/class.html
35	`  <div id="msg">`
36	`    <div id="msgBody"></div>`
37	`    <div id="msgBtn">`
38	`      続きを読む`
39	`    </div>`
40	`  </div>`

　次は、JavaScript のプログラム部分です。読み込み時にダミーテキストを作成して、id が msgBody の要素に文字列を設定します。'coffee cake ' という文字列を 1000 回繰り返します。そして .innerText プロパティに代入します。

	msgBody 要素内の文字列の設定	chapter7/anim/class.html
44	// ダミーテキストを作成して、idがmsgBodyの要素に設定	
45	const tDummy = 'coffee cake '.repeat(1000);	
46	document.querySelector('#msgBody').innerText = tDummy	

　id が menu の要素に、クリック時の処理を登録します。実行内容は、クラスが menuBar の要素に、.classList.toggle()を使い、open クラスをつけ外しすることです。クリックするたびに、open クラスがついたり、外れたりします。

	クリック時の処理を登録	chapter7/anim/class.html
48	// idがmenuの要素に、クリック時の処理を登録	
49	document.querySelector('#msgBtn')	
50	.addEventListener('click', e => {	
51	// クラスがmenuBarの要素に処理	
52	document.querySelector('#msgBody')	
53	.classList.toggle('open');	
54	});	

　id が msgBody の要素には、以下のスタイルが適用されています。はみ出した場合は隠すようにして、高さは 30px、透明度は 0.2 にしています。また、アニメーション時間は 0.8 秒にしています。

	id が msgBody の要素のスタイル	chapter7/anim/class.html
19	/* idがmsgBodyの要素 */	
20	#msgBody {	
21	overflow: hidden;	/* はみ出した場合 */
22	height: 30px;	/* 高さ */
23	opacity: 0.2;	/* 透明度 */
24	transition: 0.8s;	/* アニメーション時間は0.8秒 */
25	}	

open クラスがつくと、はみ出した場合はスクロールになり、高さは 200px、透明度は 1（不透明）になります。クラス（.open）より id（#msgBody）の CSS 設定の方が優先されるので、!important を使い、強制的にスタイルを適用します。!important をつけると、最優先でスタイルが適用されます。

```
● class が open の要素のスタイル                                    chapter7/anim/class.html
26  /* classがopenの要素 */
27  .open {
28      overflow-y: scroll !important;     /* はみ出した場合 */
29      height: 200px !important;          /* 高さ */
30      opacity: 1 !important;             /* 透明度 */
31  }
```

7-4-2 CSS の値変更によるアニメーション

アニメーションをおこなう方法は 1 つではありません。他の方法も示します。

一定時間ごとに画面を書きかえて、少しずつ描画内容を変えれば、アニメーションは実現できます。一定時間ごとの書きかえは setInterval() で、描画内容の変更はスタイルの変更で実現できます。

アニメーションの処理は setInterval() でおこなってもよいのですが、専用の命令も存在しています。window には、requestAnimationFrame() というメソッドがあります。Web ブラウザの描画タイミングで呼び出されるアニメーションのためのメソッドです。

requestAnimationFrame() は、引数にコールバック関数を書きます。コールバック関数は、引数として現在時刻のタイムスタンプを受け取ります。タイムスタンプはミリ秒単位で、小数点以下までの精度を持ちます。このコールバック関数内で、ふたたび requestAnimationFrame() を実行すれば、次の処理をおこないます。

requestAnimationFrame() は、setInterval() のように自動で定期処理をしてくれないので注意が必要です。再度の実行が必要です。以下のように関数を変数に入れて、requestAnimationFrame() の引数にすればよいでしょう。

```
変数 = 関数(現在時刻のタイムスタンプ) {
    // アニメーションの処理
    requestAnimationFrame(変数)   // 2回目以降の実行
}
requestAnimationFrame(変数)   // 初回の実行
```

requestAnimationFrame() は requestID を 返 し ま す。requestID を cancel AnimationFrame()に渡せば、アニメーション処理をキャンセルできます。

Table 7-12　**アニメーション用のメソッド**

メソッド	説明
requestAnimationFrame(f)	Web ブラウザの描画タイミングで関数 f を実行する。requestID を返す。
cancelAnimationFrame(id)	requestID に対応するアニメーションをキャンセルする。

以下に、requestAnimationFrame()を使い、要素のスタイルを書きかえて、ア ニメーション処理をする例を示します。Web ページの背後に泡が出て、上に移動 していくアニメーションです。

Fig 7-21　**style.html**

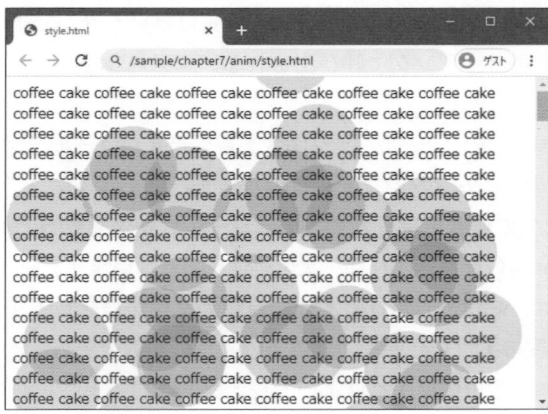

```
1   <!DOCTYPE html>
2   <html lang="ja">
3     <head>
4       <meta charset="utf-8">
5       <style>
6   /* 泡用のスタイル */
7   .bubble {
8       position: fixed;        /* 固定位置 */
9       z-index: -99;           /* 文字などの要素の後ろに */
10      width: 100px;           /* 横幅 */
11      height: 100px;          /* 高さ */
12      border-radius: 50px;    /* 半径 */
13      background: #48d;        /* 背景色 */
14      opacity: 0.2;           /* 透明度 */
15  }
16      </style>
17    </head>
18    <body>
19      <script>
20
21      // ダミーテキストを作成して、bodyに設定
22      const tDummy = 'coffee cake '.repeat(1000);
23      const elDummy = document.createTextNode(tDummy);
24      document.body.appendChild(elDummy);
25
26      // 泡を作成して、bodyに設定
27      const size = 30;    // 泡要素の数
28      const elArr = [];   // 泡要素の配列
29      for (let i = 0; i < size; i ++) {
30          // x, y座標を作成
31          const x = Math.random() * window.innerWidth  - 50;
32          const y = Math.random() * window.innerHeight - 50;
33
34          // div要素を作成して、スタイルで位置を設定
35          elArr[i] = document.createElement('div');
36          elArr[i].classList.add('bubble');
37          elArr[i].style.left = `${x}px`;
38          elArr[i].style.top  = `${y}px`;
```

```
39
40          // bodyに追加
41          document.body.appendChild(elArr[i]);
42      }
43
44      // タイムスタンプ記録用変数
45      let tmOld = 0;
46
47      // アニメーション用関数
48      const step = function(tm) {
49          // タイムスタンプの差分を求めて、過去値を更新
50          let tmDif = tm - tmOld;
51          if (tmDif > 1000) { tmDif = 0 }
52          tmOld = tm;
53
54          // コンソールに出力
55          console.log(`time : ${tm}, tmDif : ${tmDif}`);
56
57          // 全ての要素に処理
58          elArr.forEach(el => {
59              // 現在の位置
60              const xEl = parseFloat(el.style.left);
61              const yEl = parseFloat(el.style.top);
62
63              // タイムスタンプの時間から移動位置を計算
64              let x = xEl;
65              let y = yEl - (tmDif / 80);
66
67              // 画面の上から出たら、画面の下に移動
68              if (y < -100) {
69                  y = window.innerHeight;
70              }
71
72              // 位置の反映
73              el.style.left = `${x}px`;
74              el.style.top  = `${y}px`;
75          });
76
77          // アニメーションの再実行
```

78	`        requestAnimationFrame(step);`
79	`    };`
80	
81	`    // アニメーションの実行`
82	`    requestAnimationFrame(step);`
83	
84	`    </script>`
85	`  </body>`
86	`</html>`

```
Console
time : 103.918
time : 120.593
time : 137.249
time : 153.94
time : 170.622
time : 187.327
time : 203.979
time : 220.692
```

部分ごとに解説します。

STEP 1

まず、'coffee cake ' を 1000 回繰り返して文字列を作ります。文字列のノードは document.createTextNode()で作れます。作ったテキストノードは、.appendChild() で body 要素に追加します。body 要素は、.querySelector()などで選択しなくて も、document.body で直接操作できます。

→ ダミーテキストの作成と body への設定	chapter7/anim/style.html
21	`    // ダミーテキストを作成して、bodyに設定`
22	`    const tDummy = 'coffee cake '.repeat(1000);`
23	`    const elDummy = document.createTextNode(tDummy);`
24	`    document.body.appendChild(elDummy);`

　次に背景の泡を作ります。以下は泡用のスタイルです。表示位置（top, left）を指
定する予定なので、位置（position）を fixed で固定位置にします。また、文字の背
後に泡を表示するために、奥行き位置（z-index）を -99 にして背後に移動します。
　縦横（width, height）100px で、角丸の半径（border-radius）を 50px にすること
で丸を作ります。背景の色（background）を濃い目の青（#48d）にして、透明度
（opacity）を 0.2 にします。

→ 背景の泡のスタイル `chapter7/anim/style.html`

```
 6 | /* 泡用のスタイル */
 7 | .bubble {
 8 |     position: fixed;          /* 固定位置 */
 9 |     z-index: -99;             /* 文字などの要素の後ろに */
10 |     width: 100px;             /* 横幅 */
11 |     height: 100px;            /* 高さ */
12 |     border-radius: 50px;      /* 半径 */
13 |     background: #48d;         /* 背景色 */
14 |     opacity: 0.2;             /* 透明度 */
15 | }
```

　背景の泡を、変数 size の数だけ作ります。作った要素は、変数 elArr 配列に格
納します。

→ 泡の作成 `chapter7/anim/style.html`

```
26 |     // 泡を作成して、bodyに設定
27 |     const size = 30;      // 泡要素の数
28 |     const elArr = [];     // 泡要素の配列
29 |     for (let i = 0; i < size; i ++) {
               〜中略〜
42 |     }
```

　位置は、0 以上 1 未満のランダムな浮動小数点を返す Math.random() に、ウィ
ンドウの横幅 window.innerWidth、高さ window.innerHeight を掛けて 50 を引い
た値です。50 は泡の半径です。こうすることで、泡の中心位置が、画面の端から

端のどこかになります。

	泡の描画位置をランダムに設定
30	// x, y 座標を作成
31	const x = Math.random() * window.innerWidth - 50;
32	const y = Math.random() * window.innerHeight - 50;

STEP 5

div 要素を作成して、bubble クラスを加えます。また、スタイルの left、top の
値に、x 位置、y 位置を指定します。最後に、作成した div 要素を、body 要素に
追加します。

	クラスとスタイルを設定して body に追加
34	// div要素を作成して、スタイルで位置を設定
35	elArr[i] = document.createElement('div');
36	elArr[i].classList.add('bubble');
37	elArr[i].style.left = `${x}px`;
38	elArr[i].style.top = `${y}px`;
39	
40	// bodyに追加
41	document.body.appendChild(elArr[i]);

STEP 6

次はアニメーションです。タイムスタンプの差分を計算するために、タイムスタ
ンプ記録用変数 tmOld を作ります。また、アニメーション用の関数 step() も作成
します。この関数の冒頭では、タイムスタンプの差分 tmDif を求めます。また、
タイムスタンプ記録用変数の値を更新します。

タイムスタンプの差分が 1000 以上なら 0 にしているのは、requestAnimationFrame
() は、ウィンドウが最小化されているときには呼び出されないためです。そのまま
では、ウィンドウが復帰したときに、大きな値の差分になるので、その際は 1 描
画だけ、差分 0 で描画します。

関数の末尾では、アニメーションの再実行をします。関数 step() の作成が終わっ
たあと、requestAnimationFrame() を使い、アニメーションを開始します。

```
44        // タイムスタンプ記録用変数
45     let tmOld = 0;
46
47     // アニメーション用関数
48     const step = function(tm) {
49         // タイムスタンプの差分を求めて、過去値を更新
50         let tmDif = tm - tmOld;
51         if (tmDif > 1000) { tmDif = 0 }
52         tmOld = tm;
              ～中略～
77         // アニメーションの再実行
78         requestAnimationFrame(step);
79     };
80
81     // アニメーションの実行
82     requestAnimationFrame(step);
```

　アニメーション用関数の中では、全ての要素に処理をします。現在の位置を取り出して、parseFloat()で数値化します。また、タイムスタンプの位置から移動位置を計算します。その際、上に移動して画面外に出たら、画面の下に移動します。こうすることで、上下でループさせます。

　最後に、スタイルの値を変更して位置を反映します。

```
57        // 全ての要素に処理
58     elArr.forEach(el => {
59         // 現在の位置
60         const xEl = parseFloat(el.style.left);
61         const yEl = parseFloat(el.style.top);
62
63         // タイムスタンプの時間から移動位置を計算
64         let x = xEl;
65         let y = yEl - (tmDif / 80);
66
67         // 画面の上から出たら、画面の下に移動
68         if (y < -100) {
```

69	`            y = window.innerHeight;`
70	`          }`
71	
72	`          // 位置の反映`
73	`          el.style.left = ` `` `${x}px`; ``
74	`          el.style.top  = ` `` `${y}px`; ``
75	`        });`

7-4-3 .animate()によるアニメーション

もう1つのアニメーション処理です。.animate()は新しいメソッドです。要素にアニメーションの処理を指定します。まだ不安定で、本書執筆時点では、Chromeのバージョンによっては正しく動作しないこともあります。

Table 7-13　要素にアニメーションの処理を指定するメソッド

メソッド	説明
`.animate(a, b)`	変化させるスタイル設定 a と、変化の時間などの設定 b を指定して、要素をアニメーションさせる。Animation オブジェクトを返す。

.animate()メソッドは、第1引数に「配列>オブジェクト」、もしくは「オブジェクト>配列」の入れ子形式で、スタイル設定を書きます。

構文

```
.animate([
    {スタイル名: 値, スタイル名: 値, スタイル名: 値},
    {スタイル名: 値, スタイル名: 値, スタイル名: 値},
    {スタイル名: 値, スタイル名: 値, スタイル名: 値}
], b)
```

構文

```
.animate({
    スタイル名: [値, 値, 値],
    スタイル名: [値, 値, 値],
    スタイル名: [値, 値, 値]
}, b)
```

2つの書き方がありますが、どちらの書き方で書いても「配列の順番」に、スタイルは変化していきます。上の書き方に、実行順を①②③で加えます。

```
.animate([
    ①{スタイル名: 値, スタイル名: 値, スタイル名: 値},
    ②{スタイル名: 値, スタイル名: 値, スタイル名: 値},
    ③{スタイル名: 値, スタイル名: 値, スタイル名: 値}
], b)
```

```
.animate({
    スタイル名: [①値, ②値, ③値],
    スタイル名: [①値, ②値, ③値],
    スタイル名: [①値, ②値, ③値]
}, b)
```

要素０が最初の状態で、末尾の要素が最後の状態です。最後の状態が終わると、変化前の状態に戻ります。

第２引数は「変化にかけるミリ秒」か「変化の詳細設定のオブジェクト」を指定します。オブジェクトには、いくつかの設定を書けます。その一部を示します。

Table 7-14 **アニメーションのプロパティ**

プロパティ	説明
delay	アニメーションの開始を遅らせるミリ秒。
duration	アニメーションをおこなうミリ秒。
easing	エフェクトの動き方。
endDelay	アニメーション終了後、次の処理に移行するミリ秒。

Table 7-15　**変化の詳細設定の easing の値**

easing の値	説明
ease	開始と完了を滑らかに。
linear	一定。
ease-in	ゆっくり開始。
ease-out	ゆっくり完了。
ease-in-out	ゆっくり開始、ゆっくり完了。

　戻り値の Animation オブジェクトには、多くのプロパティやメソッド、イベントがあります。アニメーションの状態を得たり管理したり、次のアニメーションへの移行をおこなうためのものが多いです。以下にプロパティとメソッドのいくつかを示します。

Table 7-16　**Animation オブジェクトのプロパティ**

プロパティ	説明
.currentTime	アニメーションの現在時間ミリ秒。
.finished	アニメーションの終了時に処理をおこなう Promise。
.onfinish	finish イベントの関数の設定をおこなう。

Table 7-17　**Animation オブジェクトのメソッド**

メソッド	説明
.play()	アニメーションを再生もしくは再開。
.pause()	再生を一時停止。
.reverse()	アニメーションを逆再生。
.finish()	再生を終了。
.cancel()	全てのキーフレームを消去し、再生を中断。

以下に例を示します。ボックスが丸になりながら回転したあと、色が変化しながら、ぴょこんと跳ねるアニメーションを繰り返します。

Fig 7-22　**animate.html**

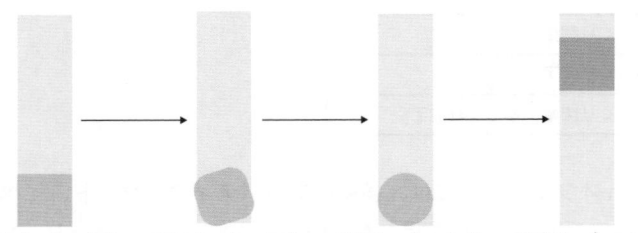

アニメーション1　　アニメーション2　　アニメーション3　　アニメーション4

	.animate()によるアニメーション	chapter7/anim/animate.html
1	`<!DOCTYPE html>`	
2	`<html lang="ja">`	
3	`  <head>`	
4	`    <meta charset="utf-8">`	
5	`    <style>`	
6	`/* アニメーション用の領域 */`	
7	`.animArea {`	
8	`    position: relative;    /* 位置は相対位置 */`	
9	`    width: 100px;          /* 横幅 */`	
10	`    height: 400px;         /* 高さ */`	
11	`    margin: 50px auto;     /* 上下のマージンは50px、左右は自動 */`	
12	`    background: #eee;       /* 背景色 */`	
13	`}`	
14	`/* アニメーションするボックス */`	
15	`.box {`	
16	`    position: absolute;    /* 位置は親に対する絶対位置 */`	
17	`    width: 100px;          /* 横幅 */`	
18	`    height: 100px;         /* 高さ */`	
19	`    top: 300px;            /* 上位置 */`	
20	`    background: #faa;       /* 背景色 */`	
21	`}`	
22	`    </style>`	
23	`  </head>`	
24	`  <body>`	

```
25      <div class="animArea">
26        <div class="box"></div>
27      </div>
28
29      <script>
30
31      // classがboxの要素を選択
32      const elBox = document.querySelector('.box')
33
34      // アニメーション開始
35      anim(elBox);
36
37      // アニメーション関数
38      async function anim(el) {
39          // 「四角→丸,回転→四角」のアニメーション
40          await el.animate({
41              borderRadius: ['0px', '50px',              '0px'],
42              transform:    ['',     'rotate(720deg)', ''    ]
43          }, 1500)   // 1500ミリ秒かけて変化
44          .finished;  // Promiseを得る
45
46          // 「下,赤→上,青→下,赤」のアニメーション
47          await el.animate([
48              {top: '300px', background: '#faa'},
49              {top: '0px',   background: '#aaf'},
50              {top: '300px', background: '#faa'}
51          ], {
52              delay: 250,        // 250ミリ秒遅らせて開始
53              duration: 750,     // 750ミリ秒かけて変化
54              easing: 'ease-in-out',   // 変化の種類はease-in-out
55              endDelay: 250      // 250ミリ秒遅らせて終了
56          }).finished;  // Promiseを得る
57
58          anim(el);  // アニメーション再実行
59      };
60
61      </script>
62    </body>
63  </html>
```

部分ごとに解説します。

STEP 1

まず、クラスが box の要素を選択して、アニメーション用のユーザー関数 anim()を使って、アニメーションを開始します。

	クラスが box の要素を選択してアニメーションを開始	chapter7/anim/animate.html
31	// classがboxの要素を選択	
32	const elBox = document.querySelector('.box')	
33		
34	// アニメーション開始	
35	anim(elBox);	

STEP 2

対象になる box クラスのスタイル設定と、その外側になる animArea クラスのスタイル設定です。animArea クラスの位置（position）を相対位置（relative）、box クラスの位置（position）を親に対する絶対位置（absolute）にしています。そして、animArea クラスの領域内で、アニメーションさせます。

box クラスの初期位置は、animArea クラスの範囲の下端です。animArea クラスの高さ（height）が 400px で、box クラスの高さ（height）が 100px なので、上位置（top）を 300px にすることで下端になります。

	スタイル設定	chapter7/anim/animate.html
6	/* アニメーション用の領域 */	
7	.animArea {	
8	position: relative;	/* 位置は相対位置 */
9	width: 100px;	/* 横幅 */
10	height: 400px;	/* 高さ */
11	margin: 50px auto;	/* 上下のマージンは50px、左右は自動 */
12	background: #eee;	/* 背景色 */
13	}	
14	/* アニメーションするボックス */	
15	.box {	
16	position: absolute;	/* 位置は親に対する絶対位置 */
17	width: 100px;	/* 横幅 */
18	height: 100px;	/* 高さ */

19	top: 300px; /* 上位置 */
20	background: #faa; /* 背景色 */
21	}

STEP 3

　アニメーション用のユーザー関数です。async function にすることで、Promise による非同期処理を、await で待ちながら進めます。async、await、Promise、非同期処理といった仕様は、次の章でくわしく紹介します。次の章を読み終わったあとに、再度戻って確認すると、理解が進むでしょう。

●アニメーション用のユーザー関数	chapter7/anim/animate.html
37	// アニメーション関数
38	async function anim(el) {
	～中略～
59	};

STEP 4

　最初のアニメーションです。四角からはじまり、丸になりながら回転し、四角に戻るアニメーションです。

　border-radius のようなハイフンが入るスタイルは、borderRadius のようにハイフンを除いて、そのあとの文字を大文字にします。ここでは 1500 ミリ秒（1.5秒）かけてアニメーションします。

　最後に .finished プロパティを使い、Promise という非同期処理のオブジェクトを得ます。この Promise オブジェクトの前に await をつけることで、async 関数内では、その処理を待ってから、次の処理に進むようになります。

●アニメーション①	chapter7/anim/animate.html
39	// 「四角→丸,回転→四角」のアニメーション
40	await el.animate({
41	borderRadius: ['0px', '50px', '0px'],
42	transform: ['', 'rotate(720deg)', '']
43	}, 1500) // 1500ミリ秒かけて変化
44	.finished; // Promiseを得る

　次のアニメーションです。下にあったボックスが、上に移動して青色に変化して、再度元の位置と色に戻るアニメーションです。

　今回は第2引数にオブジェクトを指定しています。そして、250ミリ秒遅らせてアニメーションを開始して、750ミリ秒かけてアニメーションをおこない、アニメーション終了後250ミリ秒待って、次の処理に行きます。また、アニメーションの変化の種類は ease-in-out にしています。

●アニメーション②	chapter7/anim/animate.html

```
46        // 「下,赤→上,青→下,赤」のアニメーション
47        await el.animate([
48            {top: '300px', background: '#faa'},
49            {top: '0px',   background: '#aaf'},
50            {top: '300px', background: '#faa'}
51        ], {
52            delay: 250,      // 250ミリ秒遅らせて開始
53            duration: 750,    // 750ミリ秒かけて変化
54            easing: 'ease-in-out',   // 変化の種類はease-in-out
55            endDelay: 250     // 250ミリ秒遅らせて終了
56        }).finished;   // Promiseを得る
```

　最後に、同じアニメーション処理をふたたび呼び出します。こうすることで、複数の連続した動きをするアニメーションを繰り返すことができます。

●アニメーションを繰り返す	chapter7/anim/animate.html

```
58        anim(el);   // アニメーション再実行
```

Chapter

8

基本編

非同期処理と通信処理

　ここでは非同期処理と通信処理を学びます。JavaScript
では、待機が発生する処理をあとでおこなう非同期処理
という方式でプログラムを書くことが多いです。その仕
組みと書き方を紹介します。そして、非同期処理の代表
例である、通信処理についても解説します。また、
Web Worker にも触れます。

8-1 非同期処理

ここでは非同期処理とは何かについて解説して、JavaScript で非同期処理を書くための仕組みの一つである Promise について学びます。また、async と await という、非同期処理を短く書く方法も紹介します。

8-1-1 非同期処理とは

プログラムには、シングルスレッドとマルチスレッドの2種類があります。シングルスレッドは、処理を1つずつ順番に進めていき、1つが終わるまで次の処理をせずに待つ方式です。マルチスレッドは、複数処理を並行して進めていく方式です。

Fig 8-01 シングルスレッドとマルチスレッド

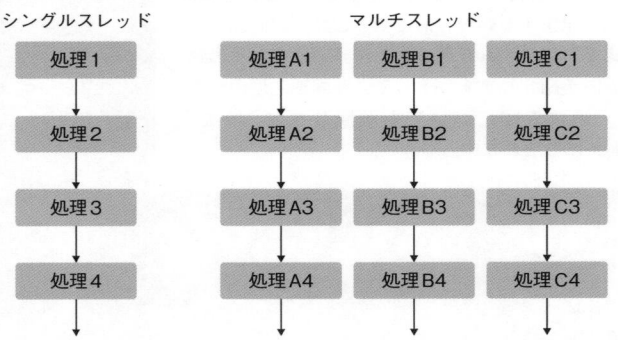

JavaScript は、基本的にシングルスレッドのプログラミング言語です。処理は1つずつ終わるのを待ち、次の処理へと進んでいきます。このシングルスレッドの方式は、通信などの待機時間がある処理で問題になります。待ち時間が終わるまで、全ての処理が止まり、操作不能になるからです。

そこで JavaScript では、この問題を解決するために**非同期処理**と呼ぶ方法を採用しています。時間のかかる処理は終了を待たずに先に進め、処理が終わったタイミングで関数を実行するという方式です。

364

Fig 8-02　非同期処理

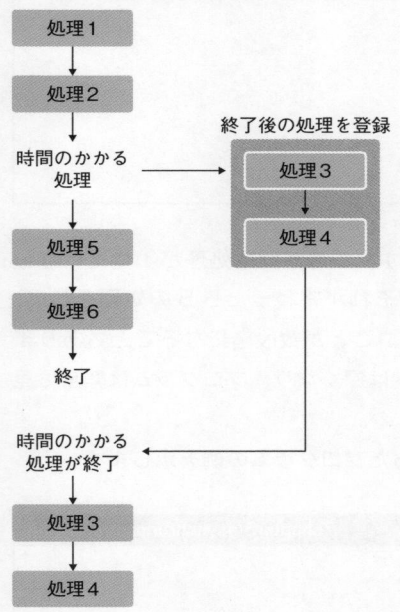

この非同期処理が分かる例を示します。setTimeout()は、一定時間待機したあとに引数の関数を実行する命令です。上の図と同じように、処理1、2、5、6と進んだあとに、処理3、4を実行します。

	簡単な非同期処理の例	chapter8/asynchronous/asynchronous.html
7	// メインの処理の流れ	
8	console.log('処理1');	
9	console.log('処理2');	
10		
11	// 100ミリ秒後に実行する処理	
12	setTimeout(() => {	
13	console.log('処理3');	
14	console.log('処理4');	
15	}, 100);	
16		
17	// メインの処理の流れ	
18	console.log('処理5');	
19	console.log('処理6');	

```
処理1
処理2
処理5
処理6
処理3
処理4
```

　非同期処理は、コールバック関数を使います。この非同期処理が 1 つだけなら
よいのですが、現実には、A の処理をして、それが終わったら B の処理をして、
それが終わったら C の処理をして……と、待つことが数段階になることもありま
す。そうした場合、コールバック関数のネストは深くなり、プログラムは非常に見
づらくなります。

　以下に、そうした非同期処理が入れ子になったプログラムの例を示します。

● 入れ子になった非同期処理の例　　　　　　　　　　　　　chapter8/asynchronous/nest.html

```
 7      console.log('処理1');
 8
 9      // 100ミリ秒待って実行
10      setTimeout(() => {
11          console.log('処理A');
12
13          // 100ミリ秒待って実行
14          setTimeout(() => {
15              console.log('処理B');
16
17              // 100ミリ秒待って実行
18              setTimeout(() => {
19                  console.log('処理C');
20
21                  // 100ミリ秒待って実行
22                  setTimeout(() => {
23                      console.log('処理D');
24
25                      // 100ミリ秒待って実行
26                      setTimeout(() => {
27                          console.log('処理E');
```

```
28                    }, 100);
29                }, 100);
30            }, 100);
31        }, 100);
32    }, 100);
33
34    console.log('処理2');
```

```
● Console
処理1
処理2
処理A
処理B
処理C
処理D
処理E
```

　こうした問題を解決するために、JavaScript には **Promise** という仕組みが加わりました。Promise オブジェクトを使えば、階層が深い非同期処理を、階層を浅く書けます。この Promise について学んでいきます。

8

8-1-2 Promise

　Promise とは約束という意味です。Promise オブジェクトは、あとで処理することを約束して、先に進むためのものです。

　Promise オブジェクトは、new Promise(関数)と、コールバック関数を引数にしてインスタンスを作ります。コールバック関数は、resolve(解決)と reject(拒否)という 2 つの関数を引数に取ります。そして、時間がかかる処理をしたあと、正常に終了すれば resolve()関数を、異常に終了すれば reject()関数を実行します。

非同期処理と通信処理

```
new Promise((resolve, reject) => {
    時間のかかる処理
    正常に終了したときは → resolve()を実行
    異常に終了したときは → reject()を実行
})
```

　Promise オブジェクトには、処理が終わったあとに、続きの処理をするための
メソッドがあります。最も一般的なメソッドは .then(関数)です。.then()のコー
ルバック関数は、resolve()や reject()を実行すると呼び出されます。また、
resolve()や reject()に引数を設定したときは、コールバック関数で値を受け取れ
ます。

```
new Promise((resolve, reject) => {
    時間のかかる処理
    正常に終了したときは → resolve(dataA)を実行
    異常に終了したときは → reject(dataB)を実行
})
.then(dataA => {
    resolve()を実行したときの処理
    resolve()の引数を、dataAとして受け取れる
}, dataB => {
    reject()を実行したときの処理（書かなくてもよい）
    reject()の引数を、dataBとして受け取れる
});
```

　.then()は、ふたたび Promise オブジェクトを返します。そのため、.then()の
あとに、さらに .then()を書くことができます。いくつも .then()を書くことがで
きます。

```
new Promise((resolve, reject) => {
})
.then(data => {
})
.then(data => {
})
.then(data => {
});
```

　この .then()のコールバック関数の戻り値として Promise オブジェクトを書いたときは、その処理の終了を待って、次の .then()を実行します。戻り値がPromise オブジェクトでないときは待機せず、すぐに次に制御が移ります。

```
new Promise((resolveA, reject) => {
    時間のかかる処理
    正常に終了したときは → resolveA()を実行
})
.then(data => {
    resolveA()を実行したときの処理
    変数P = new Promise((resolveB, reject) => {
        時間のかかる処理
        正常に終了したときは → resolveB()を実行
    }
    return 変数P;
})
.then(data => {
    resolveB()を実行したときの処理
    変数P = new Promise((resolveC, reject) => {
        時間のかかる処理
        正常に終了したときは → resolveC()を実行
    }
    return 変数P;
})
    ⋮
```

Promise を使うことで、非同期処理の入れ子を深くせずに、待機があるプログラムを書けます。以下、先ほどの setTimeout の処理を、Promise の書き方で書き直します。

	Promise を使った非同期処理　　　　　　　　　　chapter8/asynchronous/promise-1.html
7	`    console.log('処理1');`
8	
9	`    new Promise((resolve, reject) => {`
10	`        // 100ミリ秒待って実行`
11	`        setTimeout(() => {`
12	`            console.log('処理A');`
13	`            resolve();`
14	`        }, 100);`
15	`    })`
16	`    .then(d => {`
17	`        return new Promise((resolve, reject) => {`
18	`            // 100ミリ秒待って実行`
19	`            setTimeout(() => {`
20	`                console.log('処理B');`
21	`                resolve();`
22	`            }, 100);`
23	`        });`
24	`    })`
25	`    .then(d => {`
26	`        return new Promise((resolve, reject) => {`
27	`            // 100ミリ秒待って実行`
28	`            setTimeout(() => {`
29	`                console.log('処理C');`
30	`                resolve();`
31	`            }, 100);`
32	`        });`
33	`    })`
34	`    .then(d => {`
35	`        return new Promise((resolve, reject) => {`
36	`            // 100ミリ秒待って実行`
37	`            setTimeout(() => {`
38	`                console.log('処理D');`
39	`                resolve();`

40	`            }, 100);`
41	`        });`
42	`    })`
43	`    .then(d => {`
44	`        return new Promise((resolve, reject) => {`
45	`            // 100ミリ秒待って実行`
46	`            setTimeout(() => {`
47	`                console.log('処理E');`
48	`                resolve();`
49	`            }, 100);`
50	`        });`
51	`    });`

```
● Console
処理1
処理2
処理A
処理B
処理C
処理D
処理E
```

入れ子は解消されましたが、それほど見やすくはなっていません。そこで、同じ処理を関数にまとめて整理します。非同期処理をおこなうときは、関数を上手く使って、処理を見やすく書く工夫が必要です。

7	`    // 待機用の関数`
8	`    function wait(msg) {`
9	`        // Promiseオブジェクトを戻り値にする`
10	`        return new Promise((resolve, reject) => {`
11	`            // 100ミリ秒待って実行`
12	`            setTimeout(() => {`
13	`                console.log(msg);`
14	`                resolve();`
15	`            }, 100);`
16	`        });`

8
非同期処理と通信処理

```
17        };
18
19        console.log('処理1');
20
21        wait('処理A')
22        .then(d => {
23            return wait('処理B');
24        })
25        .then(d => {
26            return wait('処理C');
27        })
28        .then(d => {
29            return wait('処理D');
30        })
31        .then(d => {
32            return wait('処理E');
33        });
34
35        console.log('処理2');
```

● Console

処理1
処理2
処理A
処理B
処理C
処理D
処理E

8-1-3 Promiseのインスタンスメソッド

　Promise オブジェクトのインスタンスメソッドは、.then()だけではありません。
以下の3種類があります。全て Promise オブジェクトを戻します。

Table 8-01　**Promise オブジェクトのインスタンスメソッド**

メソッド	説明
`.then(f1, f2)`	resolve() のときは関数 f1、reject() のときは関数 f2 を実行。
`.catch(f1)`	reject() のときは関数 f1 を実行。
`.finally(f1)`	resolve() でも reject() でも関数 f1 を実行。

　.then()は（第 1 引数のみを使い）正常時の処理、.catch()は異常時の処理、.finally()は両方でおこなう最終処理、と使い分けます。

　注意すべき点は、new Promise()のコールバック関数内で reject()が実行されたら、reject()に対応した処理まで、一気に進むことです。あいだにある resolve()に対応した処理は全て飛ばされます。

　こうした処理場所の移動は、try catch 文に似ています。また、最後に実行するfinally 節と .finally()メソッドも似ています。

　以下に例を示します。処理の流れの図を確かめてからコードを見てください。

Fig 8-03　**処理の流れ**

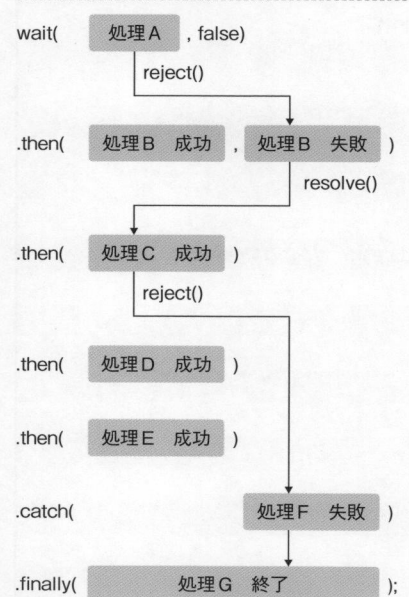

8

非同期処理と通信処理

373

```
7        // 待機用の関数
8        function wait(msg, isOk = true) {
9            // Promiseオブジェクトを戻り値にする
10           return new Promise((resolve, reject) => {
11               // 100ミリ秒待って実行
12               setTimeout(() => {
13                   console.log(msg);
14                   if (isOk) {
15                       // isOkがtrueなら解決
16                       resolve();
17                   } else {
18                       // isOkがfalseなら拒否
19                       reject();
20                   }
21               }, 100);
22           });
23       };
24
25       wait('処理A', false)   // ここでrejectに
26       .then(d => {
27           return wait('処理B 成功');
28       }, d => {
29           return wait('処理B 失敗');
30       })
31       .then(d => {
32           return wait('処理C 成功', false);   // ここでrejectに
33       })
34       .then(d => {
35           return wait('処理D 成功');
36       })
37       .then(d => {
38           return wait('処理E 成功');
39       })
40       .catch(d => {
41           return wait('処理F 失敗');
42       })
43       .finally(d => {
44           return wait('処理G 終了');
45       });
```

```
処理A
処理B  失敗
処理C  成功
処理F  失敗
処理G  終了
```

　出力結果を見てください。「処理 B　成功」と「処理 D　成功」「処理 E　成功」が飛ばされています。

　また、コールバック関数の中で throw 文を使うと、reject()と同じように動作します。そして、reject()に対応した .catch()などに、処理が飛びます。こうした仕組みも、try catch 文に近いです。
　以下に例を示します。throw 文を使い、処理 C、処理 D を飛ばします。

→ コールバック関数の中で throw 文を使う　　　　　　　　chapter8/asynchronous/promise-4.html

```
 7      // 待機用の関数
 8      function wait(msg) {
 9          // Promiseオブジェクトを戻り値にする
10          return new Promise((resolve, reject) => {
11              // 100ミリ秒待って実行
12              setTimeout(() => {
13                  console.log(msg);
14                  resolve();
15              }, 100);
16          });
17      };
18
19      wait('処理A')
20      .then(d => {
21          throw new Error('Oh!');   // 例外を起こす
22          return wait('処理B');
23      })
24      .then(d => {
25          return wait('処理C');
26      })
27      .then(d => {
```

8
非同期処理と通信処理

28	`        return wait('処理D');`
29	`    })`
30	`    .catch(d => {`
31	`        return wait('処理E');`
32	`    })`
33	`    .finally(d => {`
34	`        return wait('処理F');`
35	`    });`

→Console

```
処理A
処理E
処理F
```

8-1-4 Promiseの静的メソッド

Promise には静的メソッドもあります。これらを使うと、複数の Promise をまとめてあつかえます。そして全て正常に終了したときに resolve() と見なしたり、1つでも異常に終了したときは reject() に見なしたりできます。

これまでの Promise の使い方は、1つずつ順番におこなう直列の処理でした。ここであつかうのは、まとめて実行する並列の処理です。

Fig 8-04 **直列と並列**

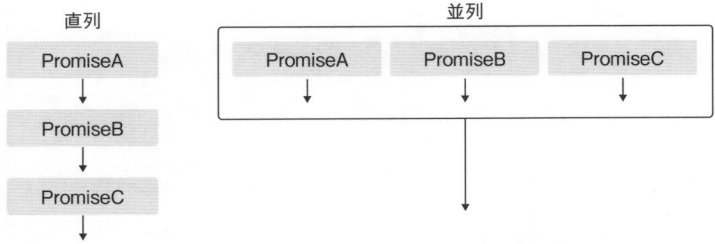

以下に示す関数は、引数として配列や、反復可能なオブジェクトを取ります。全て Promise を返します。

Table 8-02　**Promise オブジェクトの静的メソッド**

メソッド	説明
`.all(a)`	Promise の配列 a が全て解決すれば、解決と見なして結果の配列をあとの処理に送る。 1 つでも拒否されれば拒否と見なし、結果をあとの処理に送る。
`.any(a)`	Promise の配列 a が 1 つでも解決すれば、解決と見なして結果をあとの処理に送る。 全て拒否すれば拒否と見なし、AggregateError をあとの処理に送る。
`.allSettled(a)`	Promise の配列 a の処理が全て終われば、解決と見なして全ての結果を配列にしてあとの処理に送る。
`.race(a)`	Promise の配列 a の処理が 1 つでも終われば次の処理に移行する。 その 1 つの処理が解決なら解決と見なし、拒否なら拒否と見なす。

　以下に、それぞれの処理の図を示します。解決は resolve()、拒否は reject()を実行したことをあらわします。

　まずは Promise.all()です。基本的には、全て解決したら、その結果の配列を受け取って先に進みます。拒否が発生したときは、そこで処理を打ち切って、その結果を受け取って先に進みます。

Fig 8-05　Promise.all()

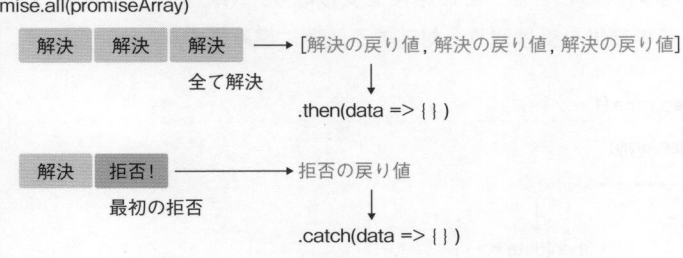

　次は Promise.any()です。基本的には、1 つでも解決したら、そこで処理を打ち切って、その結果を受け取って先に進みます。全て拒否だったときは、AggregateError を受け取ります。.all()と .any()は正反対の処理です。

Fig 8-06　**Promise.any()**

- -

Promise.any(promiseArray)

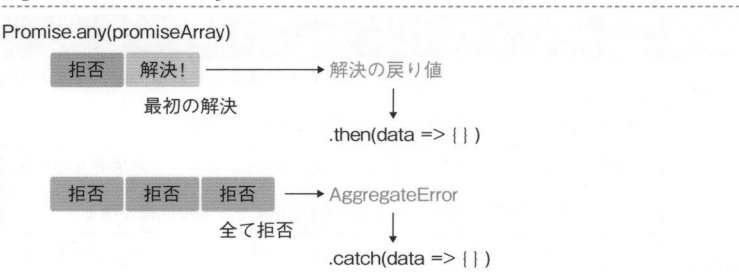

次は Promise.allSettled()です。解決、拒否にかかわらず全て実行が終了するのを待ちます。そして、全ての結果を配列で受け取ります。

Fig 8-07　**Promise.allSettled()**

- -

Promise.allSettled(promiseArray)

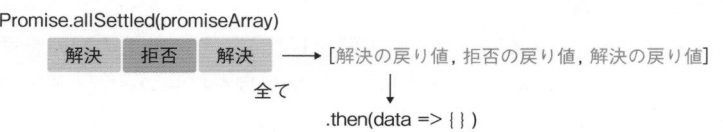

最後は、Promise.race()です。最初の1つの結果が出た時点で処理を打ち切ります。その1つが解決のときは、その結果を受け取り、対応する処理に進みます。拒否のときも、その結果を受け取り、対応する処理に進みます。

Fig 8-08　**Promise.race()**

- -

Promise.race(promiseArray)

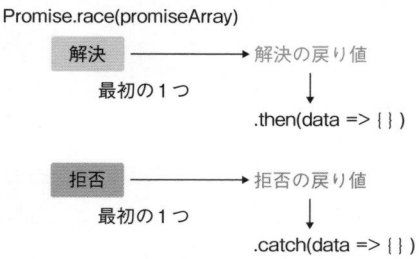

以下に、Promise.all()、Promise.any()、Promise.allSettled()、Promise.race()の例を示します。待機用の関数 p()は全て共通です。まずは、こちらのコードを示します。

```
 1      // 待機用の関数
 2      function p(tm, isResolve = true) {
 3          // Promiseオブジェクトを戻り値にする
 4          return new Promise((resolve, reject) => {
 5              // tmミリ秒待って実行
 6              setTimeout(() => {
 7                  // コンソールに情報を出力
 8                  console.log(tm, isResolve ? 'resolve' : 'reject');
 9
10                  if (isResolve) {
11                      // isResolveがtrueなら解決
12                      resolve(`${tm}:ok`);
13                  } else {
14                      // isResolveがfalseなら拒否
15                      reject(`${tm}:err`);
16                  }
17              }, tm);
18          });
19      };
```

　こちらの共通コードは、外部 JavaScript ファイルとして、それぞれの例の
HTML ファイルに読み込みます。

```
 5      <script src="./promise-static-wait-func.js"></script>
```

　以下に、Promise.all() の例を示します。全てが解決するか、拒否が起きれば、
先に進みます。

```
 8      // Promise.all() その1
 9      setTimeout(() => {
10          console.log('--- Promise.all() その1 ---');
11
12          // Promiseオブジェクトの配列を作成
13          const arr = [p(1, true), p(2, true), p(3, true)];
```

8

非同期処理と通信処理

379

14	
15	`        // Promise.all()の処理`
16	`        Promise.all(arr).then(data => {`
17	`            // 成功時`
18	`            console.log('--> then :', data);`
19	`        }).catch(data => {`
20	`            // 失敗時`
21	`            console.log('--> catch :', data);`
22	`        });`
23	`    }, 0);`
24	
25	`    // Promise.all() その2`
26	`    setTimeout(() => {`
27	`        console.log('--- Promise.all() その2 ---');`
28	
29	`        // Promiseオブジェクトの配列を作成`
30	`        const arr = [p(1, true), p(2, false), p(3, true)];`
31	
32	`        // Promise.all()の処理`
33	`        Promise.all(arr).then(data => {`
34	`            // 成功時`
35	`            console.log('--> then :', data);`
36	`        }).catch(data => {`
37	`            // 失敗時`
38	`            console.log('--> catch :', data);`
39	`        });`
40	`    }, 100);`

```
● Console
--- Promise.all() その1 ---
1 "resolve"
2 "resolve"
3 "resolve"
--> then : (3) ["1:ok", "2:ok", "3:ok"]
--- Promise.all() その2 ---
1 "resolve"
2 "reject"
--> catch : 2:err
3 "resolve"
```

以下に、Promise.any()の例を示します。全てが拒否されるか、解決が起きれば、先に進みます。

● Promise.any()	chapter8/asynchronous/promise-static-any.html

```
8      // Promise.any() その1
9      setTimeout(() => {
10         console.log('--- Promise.any() その1 ---');
11
12         // Promiseオブジェクトの配列を作成
13         const arr = [p(1, false), p(2, true), p(3, false)];
14
15         // Promise.any()の処理
16         Promise.any(arr).then(data => {
17             // 成功時
18             console.log('--> then :', data);
19         }).catch(data => {
20             // 失敗時
21             console.log('--> catch :', data);
22         });
23     }, 0);
24
25     // Promise.any() その2
26     setTimeout(() => {
27         console.log('--- Promise.any() その2 ---');
28
29         // Promiseオブジェクトの配列を作成
30         const arr = [p(1, false), p(2, false), p(3, false)];
31
32         // Promise.any()の処理
33         Promise.any(arr).then(data => {
34             // 成功時
35             console.log('--> then :', data);
36         }).catch(data => {
37             // 失敗時
38             console.log('--> catch :', data);
39         });
40     }, 100);
```

```
● Console
--- Promise.any() その1 ---
1 "reject"
2 "resolve"
--> then : 2:ok
3 "reject"
--- Promise.any() その2 ---
1 "reject"
2 "reject"
3 "reject"
--> catch : AggregateError: All promises were rejected
```

　以下に、Promise.allSettled()の例を示します。全ての処理が終われば、先に進みます。全ての結果を配列で受け取ります。

● Promise.allSettled()　　　　　　　　chapter8/asynchronous/promise-static-all-settled.html

```
 8      // Promiseオブジェクトの配列を作成
 9      const arr = [p(1, false), p(2, true), p(3, false)];
10
11      // Promise.allSettled()の処理
12      Promise.allSettled(arr).then(data => {
13          console.log('--> then :', data);
14      });
```

```
● Console
1 "reject"
2 "resolve"
3 "reject"
--> then : (3) [
    {status: "rejected", reason: "1:err"},
    {status: "fulfilled", value: "2:ok"},
    {status: "rejected", reason: "3:err"}
]
```

　以下に、Promise.race()の例を示します。最初の1つの処理が終われば、先に進みます。解決でも拒否でも構いません。

```
 8    // Promise.race() その1
 9    setTimeout(() => {
10        console.log('--- Promise.race() その1 ---');
11
12        // Promiseオブジェクトの配列を作成
13        const arr = [p(1, true), p(2, false), p(3, true)];
14
15        // Promise.race()の処理
16        Promise.race(arr).then(data => {
17            // 成功時
18            console.log('--> then :', data);
19        }).catch(data => {
20            // 失敗時
21            console.log('--> catch :', data);
22        });
23    }, 0);
24
25    // Promise.race() その2
26    setTimeout(() => {
27        console.log('--- Promise.race() その2 ---');
28
29        // Promiseオブジェクトの配列を作成
30        const arr = [p(1, false), p(2, true), p(3, false)];
31
32        // Promise.race()の処理
33        Promise.race(arr).then(data => {
34            // 成功時
35            console.log('--> then :', data);
36        }).catch(data => {
37            // 失敗時
38            console.log('--> catch :', data);
39        });
40    }, 100);
```

8

非同期処理と通信処理

```
Console
--- Promise.race()  その1 ---
1 "resolve"
--> then : 1:ok
2 "reject"
3 "resolve"
--- Promise.race()  その2 ---
1 "reject"
--> catch : 1:err
2 "resolve"
3 "reject"
```

Promise には他の静的メソッドもあります。以下は、解決済み、あるいは拒否済みの Promise オブジェクトを返します。.then()内の関数の戻り値などに使えます。

Table 8-03　その他の静的メソッド

メソッド	説明
`.resolve(v)`	引数 v の理由で解決した Promise を返す。
`.reject(v)`	引数 v の理由で拒否した Promise を返す。

8-1-5　async と await

JavaScript では Promise を使うことで、非同期処理を入れ子にせずに書けます。しかし、かなり複雑で、すっきりとした構文とは言いがたいです。もっとシンプルに書く方法があります。それが async と await を使った書き方です。async と await は、Promise を使った処理を、同期処理のように見せることができます。

async function と書くことで、その関数は非同期処理をあつかう関数になります。また、この関数は、暗黙的に Promise オブジェクトを返します。

async function 内では、非同期の関数の前に await をつけることで、Promise の処理を待ってからプログラムを進めます。await をつけた関数の戻り値は、resolve()の引数になります。

```
async function 関数名(引数) {
    処理
    await 非同期の関数()
    変数 = await 非同期の関数()
        // 非同期の関数内でresolve(v)を実行したなら、vが変数に入る
    処理
}
```

　以下に例を示します。async がついた exec() 関数の中で、非同期の関数に await をつけています。そのため、処理を待ちつつ進んでいきます。console.log (await wait(〜))で出力されるのは、wait()関数内の、resolve(msg)の変数 msg の値です。

```
 7      // 待機用の関数
 8      function wait(msg, isResolve = true) {
 9          // Promiseオブジェクトを戻り値にする
10          return new Promise((resolve, reject) => {
11              // 100ミリ秒待って実行
12              setTimeout(() => {
13                  if (isResolve) {
14                      // isResolveがtrueなら解決
15                      resolve(msg);
16                  } else {
17                      // isResolveがfalseなら拒否
18                      reject(`error (${msg}) `);
19                  }
20              }, 100);
21          });
22      };
23
24      // async実験用の関数
25      async function exec() {
26          console.log('--- 処理開始 ---');
27
28          console.log(await wait('処理A'));
```

```
29        console.log(await wait('処理B'));
30
31        console.log('処理途中');
32
33        const c = await wait('処理C');
34        const d = await wait('処理D');
35        console.log(c);
36        console.log(d);
37
38        console.log('--- 処理終了 ---');
39    };
40
41    // 処理の開始
42    console.log('--> 処理1');
43    console.log('--> exec()', exec());
44    console.log('--> 処理2');
```

● Console
```
--> 処理1
--- 処理開始 ---
--> exec() Promise {<pending>}
--> 処理2
処理A
処理B
処理途中
処理C
処理D
--- 処理終了 ---
```

　また、await の処理を try catch 文で囲うと、reject()を catch で捕まえられます。以下に例を示します。

● await の処理を try catch 文で囲う　　　　　chapter8/asynchronous/async-await-try-catch.html
```
7     // 待機用の関数
8     function wait(msg, isResolve = true) {
9         // Promiseオブジェクトを戻り値にする
10        return new Promise((resolve, reject) => {
11            // 100ミリ秒待って実行
```

```
12              setTimeout(() => {
13                  if (isResolve) {
14                      // isResolveがtrueなら解決
15                      resolve(msg);
16                  } else {
17                      // isResolveがfalseなら拒否
18                      reject(`error (${msg}) `);
19                  }
20              }, 100);
21          });
22      };
23
24      // async実験用の関数
25      async function exec() {
26          console.log('--- 処理開始 ---');
27
28          console.log(await wait('処理A'));
29          console.log(await wait('処理B'));
30
31          // try catch文
32          try {
33              // 例外が発生するかもしれない処理
34              console.log(await wait('処理C', false));
35              console.log(await wait('処理D'));
36          } catch(e) {
37              // 例外発生時の処理
38              console.log('例外発生', e);
39          }
40
41          console.log('--- 処理終了 ---');
42      };
43
44      // 処理の開始
45      exec();
```

```
●Console
--- 処理開始 ---
処理A
処理B
例外発生 error（処理C）
--- 処理終了 ---
```

8-2 通信処理

ここでは通信処理をあつかいます。まず JSON と JSONP という、JavaScript の通信処理でよく用いられるデータ形式を説明します。その後、サンプル用のサーバーの起動方法を解説して、実際の通信処理を 2 種類解説します。

8-2-1 JSON

Chapter1 の基礎知識でも出てきましたが、**JSON** は、JavaScript Object Notation の略です。JavaScript のオブジェクトに似た書き方でデータを書く方法です。JavaScript を使った通信処理では、このテキスト形式のデータを使うことが多いです。

以下に JSON の例を示します。

例

```
{
    "menu": [
        {"name": "ホットコーヒー", "price": 450},
        {"name": "アイスコーヒー", "price": 450},
        {"name": "チョコケーキ", "price": 500},
        {"name": "チーズケーキ", "price": 500}
    ]
}
```

JSON では、通常のオブジェクトのように、内容を入れ子にすることができます。また、配列や文字列、数値、真偽値、null を書くことができます。undefined や関数は書けません。

オブジェクトは、プロパティ名を「"」（ダブルクォーテーション）で囲います。また、文字列も「"」で囲います。「'」（シングルクォーテーション）や、「`」（バッククォート）は使えません。

8

非同期処理と通信処理

389

JavaScriptには、ビルトインのJSONオブジェクトがあります。JSONオブジェクトの静的メソッドを使うと、JSONをパースしたり、文字列化したりできます。

Table 8-04 **JSONオブジェクトのメソッド**

メソッド	説明
`JSON.stringify(o)`	オブジェクトoをJSON形式の文字列にして返す。
`JSON.stringify(o, null, s)`	オブジェクトoをJSON形式の文字列にして返す。人間が読みやすいように整形して、第3引数の文字列sでインデントする。
`JSON.parse(s)`	JSON形式の文字列sからオブジェクトを作る。失敗すると例外を起こす。

以下にJSONオブジェクトを使う例を示します。まずは、単純な文字列化です。

```
JSON.stringify()メソッド                          chapter8/json/json-stringify-1.html
7    // オブジェクトを作成
8    const shop = {
9      menu: [
10       {name: 'ホットコーヒー', 'price': 450},
11       {name: 'アイスコーヒー', 'price': 450},
12       {name: 'チョコケーキ', 'price': 500},
13       {name: 'チーズケーキ', 'price': 500}
14     ],
15     order: null,
16     open: true
17   };
18
19   // 文字列化してコンソールに出力
20   console.log(JSON.stringify(shop));
```

```
Console
{"menu":[{"name":"ホットコーヒー","price":450},{"name":"アイスコーヒー
","price":450},{"name":"チョコケーキ","price":500},{"name":"チーズケーキ
","price":500}],"order":null,"open":true}
```

以下に人間に見やすいようにインデントをつけた文字列化です。JSON.stringify
()に、第2引数、第3引数を設定します。

```
7     // オブジェクトを作成
8     const shop = {
9        menu: [
10            {name: 'ホットコーヒー', 'price': 450},
11            {name: 'アイスコーヒー', 'price': 450},
12            {name: 'チョコケーキ', 'price': 500},
13            {name: 'チーズケーキ', 'price': 500}
14        ],
15        order: null,
16        open: true
17     };
18
19     // 文字列化してコンソールに出力
20     console.log(JSON.stringify(shop, null, '  '));
```

Console

```
{
  "menu": [
    {
      "name": "ホットコーヒー",
      "price": 450
    },
    {
      "name": "アイスコーヒー",
      "price": 450
    },
    {
      "name": "チョコケーキ",
      "price": 500
    },
    {
      "name": "チーズケーキ",
      "price": 500
    }
  ],
  "order": null,
  "open": true
}
```

8

非同期処理と通信処理

以下に、JSON形式の文字列から、パースする例を示します。

```
// JSON形式の文字列を作成                        chapter8/json/json-parse.html
7    // JSON形式の文字列を作成
8    const text = '{"menu":[{"name":"ホットコーヒー","price":450},
     {"name":"アイスコーヒー","price":450},{"name":"チョコケーキ",
     "price":500},{"name":"チーズケーキ","price":500}],"order":null,
     "open":true}';

9
10   // オブジェクトにパース
11   let res = null;
12   try {
13       res = JSON.parse(text);
14   } catch(e) {
15   }
16
17   // コンソールに出力
18   console.log(res);
```

```
● Console
{
    menu: [
        {name: "ホットコーヒー", price: 450},
        {name: "アイスコーヒー", price: 450},
        {name: "チョコケーキ", price: 500},
        {name: "チーズケーキ", price: 500}
    ],
    order: null,
    open: true
}
```

8-2-2 JSONP

JSON は、JavaScript で読み取るには便利な形式ですが、サーバー側で特殊な設定をしない限り、同じドメインからしか読み込めません。クロスオリジンの制約があるためです。この制約を回避するには、たとえばサーバー側で、レスポンスヘッダに `access-control-allow-origin: *` という値をつけるといった対応が

必要です。Web API(URL を指定してデータを取れるサービス)の中には、こうした設定をおこなうことで、JSON を JavaScript から読み込み可能にしています。

　こうしたサーバー側の設定以外にも、JSON のテキストデータを、JavaScript から読み込む方法があります。それは、JavaScript のプログラムとして読み込む方法です。JavaScript のプログラムは、別ドメインからも読み込めます。JSONP は、そうした仕掛けを施した JSON です。

　JSONP は、JSON with padding の略です。padding は、付け足しという意味です。JSON を、JavaScript の関数ではさみ、JSON を引数として実行します。この関数部分が padding です。以下では、前後の「resFnc(」「)」が付け足し部分です。

構文

```
resFnc({"menu": ["ホットコーヒー", "アイスコーヒー"]})
```

　通常、この関数名は、Web API の callback の値として指定します。以下のような URL のとき、resFnc を関数名として付け足します。

構文

```
https://example.com/api?q=abc&callback=resFnc
```

　Web ページ側のプログラムで、resFnc という関数を用意しておけば、JSON を受け取ることができます。

　以下に、サーバーを利用せずに模式化した、JSONP の処理の例を示します。

STEP 1

まずは、読み込む JSONP 形式のファイルです。

●JSONP 形式のファイル	sample/chapter8/json/jsonp.js

```
1  back({"menu": ["ホットコーヒー", "アイスコーヒー"]})
```

次に、Web ページ側のプログラムを示します。script 要素を作成して、JSONP の URL を指定して、document の body に加えます。そして、back()関数で、JSON を得ます。

	●Web ページ側のプログラム	chapter8/json/jsonp.html
7	// windowにDOMContentLoadedの処理を登録	
8	window.addEventListener('DOMContentLoaded', e => {	
9	// body要素にscript要素を加える	
10	const el = document.createElement('script');	
11	el.setAttribute('src', './jsonp.js');	
12	document.body.appendChild(el);	
13	});	
14		
15	// JSONPが呼ぶ関数	
16	function back(json) {	
17	console.log(JSON.stringify(json, null, ' '));	
18	}	

```
●Console
{
  "menu": [
    "ホットコーヒー",
    "アイスコーヒー"
  ]
}
```

8-2-3 サンプル用のサーバーの起動

以降の Fetch、XMLHttpRequest のサンプルを確かめるには、サーバーを起動する必要があります。サンプルを試したいときは、Node.js の準備が必要です。Chapter 1「1-5 開発環境の準備 3 Node.js」(p.46) の Node.js の環境準備ができているという前提で話を進めます。サンプルを試さないときは、こうした準備は不用です。

CUI 環境を開き、サンプルファイルの「chapter8/server」に移動して、以下のコマンドを実行します。

```
node .
```

するとサーバーが起動します。Web ブラウザで以下の URL にアクセスします。
localhost が使えないときは、127.0.0.1 など、自身をあらわす IP アドレスを指定
します。Hello World と表示されれば、サーバーが起動しています。

> **URL** http://localhost:3000/
> **URL** http://127.0.0.1:3000/

　サーバーとして実行するファイルは、以下になります。net フォルダ、web-
worker フォルダ以下の、静的ファイルの読み込みを受け付けます。

● サーバーとして実行するファイル	chapter8/server/index.js

```
1    const express = require('express');
2    const app = express();
3
4    // ルート
5    app.get('/', (req, res) => {
6        res.send('Hello World');
7    });
8
9    // 設定の配列
10   const optArr = [
11       {path: '/net', root: __dirname + '/../net'},
12       {path: '/web-worker', root: __dirname + '/../web-worker'}
13   ];
14
15   // 各設定の、静的ファイル読み込み受付を開始する
16   optArr.forEach(x => {
17       console.log(x.path, x.root);
18       app.use(x.path, express.static(x.root));
19   });
20
21   // 受付開始（http://localhost:3000/...）
22   app.listen(3000);
```

　JavaScript には通信機能があります。インターネット上にあるリソースをダウンロードしたり、URL にデータをアップロードしたりできます。Web ブラウザの JavaScript には、fetch() 関数があります。この fetch() 関数は、第 1 引数に URL を書いて実行すると、インターネット上のリソースにアクセスできます。

　この fetch() 関数は、Promise オブジェクトを返します。後続の .then() メソッドでは、Response オブジェクトを受け取れます。通信後にデータを取り出したりする処理は、この Response オブジェクトを使っておこないます。

構文

```
fetch(URLの文字列)
.then(response => {
    Responseオブジェクトを使った処理
})
```

　fetch() 関数は第 2 引数にオブジェクトを書けます。このオブジェクトには、通信を制御する細かな設定を書きます。ファイルを POST でアップロードしたりするときは、第 2 引数にオブジェクトを指定します。その他に、ヘッダーに追加する情報など、細かな設定を指定できます。

構文

```
fetch(URLの文字列, {
    method: 'POST',   // GETやPOSTを指定
    body: ''   // 送信するデータ
})
.then(response => {
    Responseオブジェクトを使った処理
})
```

　以下に、第 2 引数に指定するオブジェクトのプロパティを、いくつか示します。設定がかなりあるので、細かな制御が必要なときは「JavaScript fetch API」で Web 検索するとよいでしょう。ドメイン間通信の設定や、Cookie の送受信の有無、リダイレクトやリファラーの制御など、多岐におよびます。

Table 8-05　第2引数に指定するオブジェクトのプロパティ

プロパティ	説明
`method`	GET や POST の文字列。
`headers`	Headers オブジェクト。
`body`	POST のときに送るデータ。文字列など、いくつかのデータ形式を送れる。
`cache`	キャッシュモード。reload、force-cache など、いくつかの設定あり。

　Headers オブジェクトは、new Headers()でインスタンスを作り、.append (キー , 値)でデータを追加します。

　fetch()の結果得られる Response オブジェクトには、さまざまなプロパティやメソッドがあります。まずはプロパティの一部を掲載します。これらのプロパティを使えば、通信が成功したか確認できます。

Table 8-06　Response オブジェクトのプロパティ

プロパティ	説明
`.headers`	ヘッダー。
`.ok`	レスポンスが成功したかの真偽値。
`.status`	HTTP ステータスコード。200(成功)など。
`.statusText`	HTTP ステータスコードに応じたメッセージ。OK など。
`.url`	レスポンスの URL。
`.body`	レスポンスのボディ。

　次にメソッドを示します。値を取り出すためのものが多いです。.json()や .text() を使えば、次の .then()で JSON やテキストを受け取れます。
　通常はテキスト形式でデータを受け取ることが多いと思います。バイナリデータを取り出す命令などもありますので、そうした処理が必要ならば、Response オブジェクトについて、さらに調べるとよいでしょう。

Table 8-07　Response オブジェクトのメソッド

メソッド	説明
`.text()`	Promise オブジェクトを返す。文字列を引数に resolve()する。
`.json()`	Promise オブジェクトを返す。JSON オブジェクトを引数に resolve()する。

8

非同期処理と通信処理

397

fetch()関数で「data.json」を読み込む例を示します。この処理はサーバー上に
ファイルがあるときしか動きません。サンプルを確かめる際には、本節の「8-2-
3　サンプル用のサーバーの起動」(P.394)の準備をしてください。以下の URL で
アクセスできます。

> **URL** http://localhost:3000/net/fetch.html
> **URL** http://127.0.0.1:3000/net/fetch.html

　それでは、サンプルを解説します。処理の結果はコンソールに表示するので、コ
ンソールを開いてください。以下は、通信処理で読み込む「data.json」です。

●通信処理で読み込むファイル　　　　　　　　　　　　　　　　　chapter8/net/data.json
```
1 {"menu": ["ホットコーヒー", "アイスコーヒー"]}
```

　以下は、通信処理をおこなう「fetch.html」です。Response オブジェクト
の .json()メソッドを利用して、JSON をパースしたオブジェクトを、次の .then()
で取り出します。.text()メソッドを使えば、文字列として取り出します。

●fetch()を利用した通信処理　　　　　　　　　　　　　　　　　chapter8/net/fetch.html
```
 7     // URL
 8     const url = './data.json';
 9
10     // fetchの処理
11     fetch(url)
12     .then(response => {
13         // Responseの内容をコンソールに出力
14         console.log('--- Response ---');
15         console.log(response.url);
16         console.log(response.status);
17         console.log(response.ok);
18         console.log(response.statusText);
19
20         // レスポンスからjsonを得る
21         return response.json()
22     })
23     .then(result => {
```

24	// 成功時 resultはJSONをパースしたオブジェクト
25	const txt = JSON.stringify(result, null, ' ');
26	console.log('--- Success ---');
27	console.log(txt);
28	})
29	.catch(error => {
30	// 失敗時
31	console.error('--- Error ---');
32	console.error(error);
33	});

```
●Console
--- Response ---
http://localhost:3000/net/data.json
200
true
OK
--- Success ---
{
  "menu": [
    "ホットコーヒー",
    "アイスコーヒー"
  ]
}
```

8-2-5 XMLHttpRequestで通信をする

XMLHttpRequest は、fetch() が登場する前からある古い通信方法です。XMLHttpRequest を利用してもネットワーク通信ができます。XMLHttpRequest は、以下の方法でインターネット上のファイルを取得できます。

構文

```
変数 = new XMLHttpRequest()
変数.addEventListener('load', function() {
    ファイル読み込み後の処理
});
変数.open('GET', URL);
変数.send();
```

ファイル読み込み後の処理では、load イベントに登録した関数の this か、XMLHttpRequest オブジェクトのインスタンスを利用して、各種の値やデータを取り出せます。情報の中で、よく使うものを表にします。

Table 8-08　**XMLHttpRequest オブジェクトのプロパティ**

プロパティ	説明
`.status`	HTTP ステータスコード。200（成功）など。
`.statusText`	HTTP ステータスコードに応じたメッセージ。OK など。
`.responseURL`	レスポンスの URL。
`.response`	レスポンス。
`.responseText`	レスポンスの文字列。

　XMLHttpRequest で「data.json」を読み込む例を示します。この処理はサーバー上にファイルがあるときしか動きません。サンプルを確かめる際には、本節の「8-2-3　サンプル用のサーバーの起動」(P.394)の準備をしてください。以下の URL でアクセスできます。

URL http://localhost:3000/net/xml-http-request.html
URL http://127.0.0.1:3000/net/xml-http-request.html

　それでは、サンプルを解説します。処理の結果はコンソールに表示するので、コンソールを開いてください。以下は、通信処理で読み込む「data.json」です。

→ 通信処理で読み込むファイル　　　　　　　　　　　　　　　　　chapter8/net/data.json
```
1 {"menu": ["ホットコーヒー", "アイスコーヒー"]}
```

　以下は、通信処理をおこなう「xml-http-request.html」です。ファイルを読み込んだあと、this を使う方法と、XMLHttpRequest オブジェクトのインスタンスを使う方法で、情報を出力しています。得られる値は同じです。

```
 7        // URL
 8        const url = './data.json';
 9
10        // XMLHttpRequestオブジェクトの作成
11        var req = new XMLHttpRequest();
12
13        // 読み込み後の処理を登録
14        req.addEventListener('load', function() {
15            console.log('--- this --');
16            console.log(this.status);
17            console.log(this.statusText);
18            console.log(this.responseURL);
19            console.log(this.response);
20            console.log(this.responseText);
21            console.log('--- req --');
22            console.log(req.status);
23            console.log(req.statusText);
24            console.log(req.responseURL);
25            console.log(req.response);
26            console.log(req.responseText);
27        });
28
29        // 通信を開始
30        req.open('GET', url);
31        req.send();
```

8
非同期処理と通信処理

401

```
● Console

--- this --
200
OK
http://localhost:3000/net/data.json
{"menu": ["ホットコーヒー", "アイスコーヒー"]}
{"menu": ["ホットコーヒー", "アイスコーヒー"]}
--- req --
200
OK
http://localhost:3000/net/data.json
{"menu": ["ホットコーヒー", "アイスコーヒー"]}
{"menu": ["ホットコーヒー", "アイスコーヒー"]}
```

　通信の設定は、非常に多岐にわたるので、詳細に利用したいときは「JavaScript XMLHttpRequest」で Web 検索をするとよいでしょう。

8-3 Web Worker

ここでは Web Worker について学びます。Web Worker を使えば、時間の掛かる計算をバックグラウンドでおこなえます。

8-3-1 Web Worker

JavaScript は、基本的にシングルスレッドだと説明しましたが、バックグラウンドのスレッドで処理する方法も用意されています。それが、**Web Worker** です。new Worker() で Worker オブジェクトを作成します。そして、Worker にメッセージを送ったり、Worker からメッセージを受け取ったりすることで、別のスレッドとやり取りします。

構文

```
worker = new Worker(外部JavaScriptのURL)

worker.postMessage(送信するデータ)

worker.onmessage = function(event) {
    event.dataが受信するデータ
}
```

Worker の処理は別スレッドで実行します。そのため、通常の JavaScript のスレッドを止めません。また、Web ページの UI の処理も止めません。それらの処理の背後で動作します。

Worker のスレッドと、JavaScript のメインスレッドは、文字列やオブジェクトといったデータを送り合うことができます。しかし、Worker は、JavaScriptのメインスレッドと、メモリーを共有できません。そのため送信時や受信時は、データをいったんシリアライズします。シリアライズは日本語で直列化と訳されます。文字列やバイト列のように、階層構造を持たないデータ構造に変換します。そのため、データの複製を作って送ることになります。関数にオブジェクトを渡すと

きのような、参照を使うわけではありません。そのため、Worker に送ったデータを書きかえても、元のデータは変化しません。

Worker 側では、onmessage を利用してデータを受け取ります。また、データを戻すときには postMessage()を使います。

```
onmessage = function(event) {
    event.dataが受信するデータ
    postMessage(送信するデータ)
}
```

Worker は、JavaScript のメインスレッドとは別に、バックグラウンドのスレッドで処理をおこなうので、時間がかかる重い計算をおこなうのに適しています。画像処理や解析処理など、数秒かかってしまう処理は、Worker を使ってユーザーの操作を妨げないようにするとよいです。

Worker の処理はサーバー上にファイルがあるときしか動きません。サンプルを確かめるときは、前節の「8-2-3　サンプル用のサーバーの起動」(P.394)の準備をしてください。以下の URL でアクセスできます。

URL▶ http://localhost:3000/web-worker/web-worker.html
URL▶ http://127.0.0.1:3000/web-worker/web-worker.html

以下に Worker を使った処理の例を示します。処理の結果はコンソールに表示するので、コンソールを開いてください。以下は、Worker として動作する「web-worker.js」です。

```
1    // 送信されたデータを取得
2    onmessage = function(event) {
3        // データをJSON化して、コンソールに出力
4        console.log('@worker', JSON.stringify(event.data));
5
6        // 返信するデータを作成
7        const data = {msg: '返信！', arr: [4, 5, 6]};
8
9        // 呼び出し元にデータを送信
10       postMessage(data);
11   };
```

　以下は、Worker を使った処理をする「web-worker.html」です。Worke オブジェクトを作成して、データを送信したあと、データを受け取ります。

```
7    console.log('--- 開始 ---');
8
9    // Workerを作成
10   const worker = new Worker('web-worker.js');
11
12   // 送信するデータを作成
13   const data = {msg: '送信！', arr: [1, 2, 3]};
14
15   // Workerに値を送信
16   worker.postMessage(data);
17
18   // Workerから送信された値をconsoleに出力
19   worker.onmessage = function(event) {
20       // データをJSON化して、コンソールに出力
21       console.log('@html', JSON.stringify(event.data));
22   };
23
24   console.log('--- 終了 ---');
```

　コンソールに「web-worker.html」の出力と「web-worker.js」の出力が表示されます。別のスレッドの出力ですが、同じコンソールで確認できます。

8

非同期処理と通信処理

405

```
● Console
--- 開始 ---
web-worker.html:24 --- 終了 ---
@worker {"msg":"送信！","arr":[1,2,3]}
@html {"msg":"返信！","arr":[4,5,6]}
```

　上記の例は、必要最小限の Woker の処理を書いたものでした。もう少し複雑にして、それぞれ別のスレッドで動いている様子を確認します。

　Worker の処理はサーバー上にファイルがあるときしか動きません。サンプルを確かめるときは、前節の「8-2-3　サンプル用のサーバーの起動」(P.394)の準備をしてください。以下の URL でアクセスできます。

> URL http://localhost:3000/web-worker/web-worker-wait.html
> URL http://127.0.0.1:3000/web-worker/web-worker-wait.html

　以下に Worker を使った処理の例を示します。処理の結果はコンソールに表示するので、コンソールを開いてください。以下は、Worker として動作する「web-worker-wait.js」です。時間のかかる処理が加わっています。

● 重い処理とその経過の出力　　　　　　　　　　hapter8/web-worker/web-worker-wait.js

```
 1      // 送信されたデータを取得
 2      onmessage = function(event) {
 3          // データをコンソールに出力
 4          console.log('@worker', event.data);
 5
 6          // 時間のかかる処理
 7          for (let i = 0; i < 5000; i ++) {
 8              const str = [...'@'.repeat(5000)].join();
 9
10              // 1000ごとにコンソールに経過を出力
11              if (i % 1000 === 0) {
12                  console.log('@worker', i);
13              }
14          }
15
```

▼

406

16	// 呼び出し元にデータを送信
17	postMessage('返信！');
18	};

　以下は、Worker を使った処理をする「web-worker.html」です。html 側では、setInterval を使った定期的な出力を 100 ミリ秒ごとにおこないます。Worker 側では重い処理をして、その途中で何度かコンソールに経過を出力します。それぞれの出力が混ざって表示され、別の処理として同時に動いている様子が分かります。こうした重い処理を背後で進行させるのに、Worker は便利です。

●重い処理を待つあいだ定期的に出力	chapter8/web-worker/web-worker-wait.html
7	// Workerを作成
8	const worker = new Worker('web-worker-wait.js');
9	
10	// Workerに値を送信
11	worker.postMessage('送信！');
12	
13	// Workerから送信された値をconsoleに出力
14	worker.onmessage = function(event) {
15	// データをコンソールに出力
16	console.log('@html', event.data);
17	
18	// 待機処理をクリア
19	clearInterval(intervalID);
20	};
21	
22	// 待機処理
23	let cnt = 0;
24	const intervalID = setInterval(() => {
25	console.log('@html', 'wait...', cnt ++);
26	}, 100);

8

非同期処理と通信処理

```
● Console
@worker 送信!
@worker 0
@html wait... 0
@worker 1000
@html wait... 1
@worker 2000
@html wait... 2
@html wait... 3
@worker 3000
@html wait... 4
@worker 4000
@html wait... 5
@html wait... 6
@html 返信!
```

8-3-2 Shared Worker

Web Worker には種類があります。**Shared Worker** は、Web Worker の一種
です。

Shared Worker は、複数開いている Web ブラウザのタブやウィンドウで、情
報を共有できる Worker です。タブやウィンドウごとに Woker を走らせるのでは
なく、単一の共通 Woker を走らせて、まとめて処理をおこないます。

Shared Worker は、先ほどの Woker とは少し処理が違います。port 経由で
メッセージの送受信をします。html 側は、以下のように書きます。

構文

```
worker = new SharedWorker(外部JavaScriptのURL)

worker.port.postMessage(送信するデータ);

worker.port.onmessage = function(event) {
    event.dataが受信するデータ
}
```

Worker 側は、以下のように書きます。

```
onconnect = function(event) {
    port = event.ports[0];
    port.onmessage = function(event) {
        event.dataが受信するデータ
        port.postMessage(送信するデータ)
    }
}
```

　Shared Worker の処理もサーバー上にファイルがあるときしか動きません。サンプルを確かめるときは、前節の「8-2-3　サンプル用のサーバーの起動」(P.394)の準備をしてください。以下の URL でアクセスできます。

URL http://localhost:3000/web-worker/shared-worker.html
URL http://127.0.0.1:3000/web-worker/shared-worker.html

　以下に Shared Worker を使った処理の例を示します。処理の結果はコンソールに表示するので、コンソールを開いてください。複数のタブで同じ URL を開き、コンソールを開いて、cnt の情報が共有されることを確認してください。以下は、Worker として動作する「shared-worker.js」です。

●Worker として動作するファイル	chapter8/web-worker/shared-worker.js

```
 1      // カウンター用変数
 2      let cnt = 0;
 3
 4      // 送信されたデータを取得
 5      onconnect = function(event) {
 6          const port = event.ports[0];
 7
 8          port.onmessage = function(event) {
 9              // データをコンソールに出力
10              console.log('@worker', event.data);
11
12              // 呼び出し元にデータを送信
13              port.postMessage(`返信！${++ cnt}`);
14          };
15      };
```

以下は、Shared Worker を使った処理をする「shared-worker.html」です。
SharedWorke オブジェクトを作成して、データを送信したあと、データを受け
取っています。

	SharedWorker を使った処理	chapter8/web-worker/shared-worker.html
7	`// Workerを作成`	
8	`const worker = new SharedWorker('shared-worker.js');`	
9		
10	`// Workerに値を送信`	
11	`worker.port.postMessage('送信！');`	
12		
13	`// Workerから送信された値をconsoleに出力`	
14	`worker.port.onmessage = function(event) {`	
15	`    // データをコンソールに出力`	
16	`        console.log('@html', event.data);`	
17	`    };`	

以下は1つ目のタブのコンソールです。

```
● Console
@html 返信！1
```

以下は2つ目のタブのコンソールです。

```
● Console
@html 返信！2
```

以下は3つ目のタブのコンソールです。

```
● Console
@html 返信！3
```

410

9

基本編

Canvas

　ここでは、JavaScript を使った描画処理として、Canvas を取り上げて、その使い方を学んでいきます。Canvas を使えば、パスをもとに線を描いたり、中を塗りつぶしたり、文字や画像を描画したりできます。また、画素を直接読み取ったり、書きかえたりすることも可能です。最後には、Canvas を使ったアニメーションもおこないます。

9-1 HTML5 とマルチメディア処理

　HTML5 には、さまざまなマルチメディア機能があります。画像や動画、音声ファイルなどを読み込み、Web ページ上で表示したり操作したりできます。画像は img タグで読み込んだり、JavaScript の Image オブジェクトで読み込んだりできます。また、canvas タグで作成した領域は、JavaScript から描画可能です。動画は video タグ、音声は audio タグを使います。これらのほとんどは、Web ページにタグを書くか DOM に要素を追加して、その要素をあつかう API を使い、JavaScript から操作します。

　video と audio のあつかいは似ています。ここでは、video を例に、JavaScript から操作する例を示します。そのあとは、多くの場面で利用される Canvas について紹介します。

　以下に video を操作する例を示します。[再生] ボタンをクリックすると動画を再生します。[一時停止] ボタンをクリックすると動画が一時停止します。動画の進行に合わせて、再生時間と全体時間が表示されます。また、動画の再生が終わったら、終了のメッセージを出します。

Fig 9-01　video.html

- -

```
 1  <!DOCTYPE html>
 2  <html lang="ja">
 3    <head>
 4      <meta charset="utf-8">
 5    </head>
 6    <body>
 7      <video id="video" width="400" height="300">
 8        <source src="gogh.mp4">
 9      </video>
10      <div>
11        <button id="play">再生</button>
12        <button id="pause">一時停止</button>
13      </div>
14      <div>
15        現在/全体 秒 : <span id="time"></span>
16      </div>
17      <div id="status"></div>
18
19      <script>
20
21      // windowにDOMContentLoadedの処理を登録
22      window.addEventListener('DOMContentLoaded', e => {
23          // video要素と、情報出力用要素を選択
24          const elVideo = document.querySelector('#video');
25          const elTm = document.querySelector('#time');
26          const elStatus = document.querySelector('#status');
27
28          // 再生ボタンをクリックしたときの処理
29          document.querySelector('#play')
30          .addEventListener('click', e => {
31              elVideo.play();
32              elStatus.innerText = '再生中';
33          });
34
35          // 一時停止ボタンをクリックしたときの処理
36          document.querySelector('#pause')
37          .addEventListener('click', e => {
38              elVideo.pause();
```

9

Canvas

413

39	`elStatus.innerText = '一時停止中';`
40	`});`
41	
42	`// 現在/全体時間の表示`
43	`elVideo.addEventListener('timeupdate', e => {`
44	`elTm.innerText = elVideo.currentTime`
45	`+ '/' + elVideo.duration;`
46	`});`
47	
48	`// 再生完了`
49	`elVideo.addEventListener('ended', e => {`
50	`elStatus.innerText = '再生終了';`
51	`});`
52	`});`
53	
54	`</script>`
55	`</body>`
56	`</html>`

くわしく内容を見ていきます。

STEP 1

まずは、video 要素と、情報出力用の要素を、document.querySelector()で選択します。動画の操作は、変数 elVideo を通しておこないます。

●video 要素と情報出力用の要素を選択		chapter9/video/video.html
23	`// video要素と、情報出力用要素を選択`	
24	`const elVideo = document.querySelector('#video');`	
25	`const elTm = document.querySelector('#time');`	
26	`const elStatus = document.querySelector('#status');`	

STEP 2

id が play の [再生] ボタンをクリックしたときの処理です。video 要素の .play()メソッドで、動画を再生します。video 要素には、動画を操作するメソッドがいくつかあります。

●再生ボタンをクリックしたときの処理	chapter9/video/video.html
28	// 再生ボタンをクリックしたときの処理
29	document.querySelector('#play')
30	.addEventListener('click', e => {
31	elVideo.play();
32	elStatus.innerText = '再生中';
33	});

STEP 3

　id が pause の［一時停止］ボタンをクリックしたときの処理です。video 要素の .pause()メソッドで、動画を一時停止します。

●一時停止ボタンをクリックしたときの処理	chapter9/video/video.html
35	// 一時停止ボタンをクリックしたときの処理
36	document.querySelector('#pause')
37	.addEventListener('click', e => {
38	elVideo.pause();
39	elStatus.innerText = '一時停止中';
40	});

STEP 4

　現在／全体時間の表示です。video 要素にはさまざまなイベントがあります。それらに関数を登録することで、動画の状態に合わせた処理をおこなえます。ここでは timeupdate イベントを使います。video 要素の .currentTime プロパティで現在時間、.duration プロパティで全体時間を得られます。

●現在／全体時間の表示	chapter9/video/video.html
42	// 現在/全体時間の表示
43	elVideo.addEventListener('timeupdate', e => {
44	elTm.innerText = elVideo.currentTime
45	+ '/' + elVideo.duration;
46	});

9

Canvas

再生が完了したときの処理です。ここでは ended イベントを使っています。再
生終了と表示します。

	→再生が完了したときの処理	chapter9/video/video.html
48	// 再生完了	
49	elVideo.addEventListener('ended', e => {	
50	elStatus.innerText = '再生終了';	
51	});	

HTML5のCanvas

　Canvas は、その名のとおり、描画のためのキャンバスになる要素です。
Canvas には、JavaScript のプログラムから図を描いたり、グラフを描画したり
できます。また、Data URL という形式で画像を取り出すこともできます。取り出
した画像は、img 要素を使って表示したり、ファイルとしてダウンロードしたりで
きます。

　ここでは、Canvas を使って描画する方法を紹介します。Canvas には 2D と
3D の描画が用意されており、ここでは 2D の描画を解説します。canvas タグに
は、width（横幅）と height（高さ）の属性があり、この属性に指定した画素数で、
Canvas の描画領域は作成されます。

構文

```
<canvas width="横幅ピクセル数" height="高さピクセル数"></canvas>
```

　ここで注意しなければならないことがあります。CSS にも width と height のス
タイル設定があります。スタイルで見た目の横幅と高さを変更しても、描画領域の
画素数は変わりません。

　たとえば canvas の属性に、width="300" height="200" と書いたとします。ス
タイルで width: 600px; height: 400px; と書いたときは、縦横 2 倍に引き延ばさ
れて表示されます。その結果、ぼやけた感じになります。画素数は同じためです。
同様に、width: 150px; height: 100px; と書いたときは、縮小して表示されます。
この場合も描画領域の画素数は変わりません。勘違いしやすい部分ですので注意し
てください。

　作成した Canvas への描画は、コンテクストという描画の文脈を取り出してお
こないます。ここで取り出すのは 2D コンテクストです。2 次元の描画をおこなう
ためのオブジェクトです。他にも WebGL を利用して 3D をあつかうコンテクスト
があります。こちらは、プログラムが複雑なため、three.js などのライブラリを
使って、間接的に操作した方がよいでしょう。

コンテクストの取り出しは、canvas の .getContext()メソッドでおこないます。
以下、id が canvas の要素を選択して、2D コンテクストを取り出す書き方です。
2D コンテクストのプロパティやメソッドを使って描画をします。

```
canvas = document.querySelector('#canvas')
context = canvas.getContext('2d')
```

また、描画領域の横幅と高さは、canvas の width、height プロパティで得られ
ます。作成直後の描画領域の画素は全て透明です。

```
canvas.width
canvas.height
```

2D コンテクストでは、座標は左上が基準座標になります。左上が、x が 0、y
が 0 の位置です。

Fig 9-02　座標

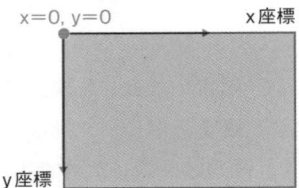

以下に、canvas タグを選択して、2 次元コンテクストを取り出す例を示します。
Canvas の背景が透明であることが分かるように、背景に市松模様の画像を入れて
います。また、Canvas の領域が分かるように枠線をつけています。

Fig 9-03　**canvas.html**

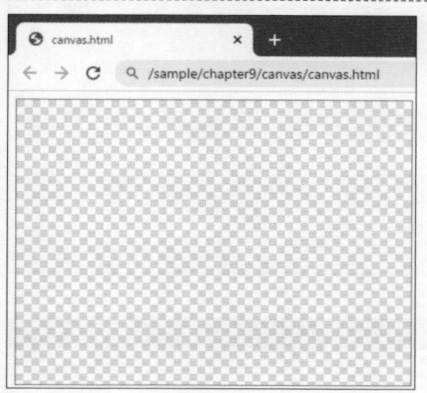

●2次元コンテクストを取り出す	chapter9/canvas/canvas.html

```
1  <!DOCTYPE html>
2  <html>
3    <head>
4      <meta charset="UTF-8" />
5      <style>
6  canvas {
7      background: url(./img/transparent.png);
8      border: solid 1px #888;
9  }
10     </style>
11   </head>
12   <body>
13
14     <canvas id="canvas" width="400" height="300"></canvas>
15
16     <script>
17
18     // Canvasを選択して、2次元コンテクストを取り出す
19     const canvas  = document.querySelector('#canvas');
20     const context = canvas.getContext('2d');
21
22     // Canvasと2次元コンテクストを文字列にして出力
23     console.log(`${canvas}`);
```

```
24      console.log(`${context}`);
25
26      // 横幅と高さを出力
27      console.log(canvas.width);
28      console.log(canvas.height);
29
30    </script>
31  </body>
32 </html>
```

```
• Console
[object HTMLCanvasElement]
[object CanvasRenderingContext2D]
400
300
```

9-3 図形の描画

Canvas では、さまざまな図形の描画ができます。この描画には、いくつかの特徴があります。

- 塗りつぶし描画と、線描画がある。
- 塗りつぶしの設定と、線の設定がある。
- 点の集合をもとにパスという領域を作り、塗りつぶすか、線を引く。

パスで領域を作り、塗りつぶすか、線を引くかするのが、Canvas での描画になります。

Fig 9-04　Canvas での描画

パスを作る　　塗りつぶし　　線描画

まず、塗りつぶしの設定を示します。.fillStyle で塗りつぶし方を決められます。

Table 9-01　塗りつぶしの設定

プロパティ	説明
`.fillStyle`	#ffbbcc や rgba(0,0,255,0.5) などの、CSS と同じ記法の塗りつぶしスタイルを設定。

#ffbbcc は、R（赤）が 0xff、G（緑）が 0xbb、B（青）が 0xcc の色です。大文字でも小文字でもかまいません。

rgba(0,0,255,0.5) は、R（赤）が 0、G（緑）が 0、B（青）が 255、透明度が 0.5 の色です。これらは CSS と同じ方法が使えます。他の指定をしたいときは「CSS 色」などのキーワードで Web 検索するとよいでしょう。

9
Canvas

次は線描画の設定を示します。.strokeStyle で線の色を指定できます。また、線の太さや形状についての設定もあります。線を太くしたときは、作成したパスの中央が、線の中央に来ます。パスの内側や外側ではないので注意が必要です。

Table 9-02　線描画の設定

プロパティ	説明
`.strokeStyle`	#ffbbcc や rgba(0,0,255,0.5) などの、CSS と同じ記法の線描画スタイルを設定。
`.lineWidth`	線の幅をピクセル数で指定。
`.lineCap`	線の終端の形状を、butt(終端に垂直)、round(終端を中心に丸く)、square(終端を中心に四角)のいずれかで設定。
`.lineJoin`	線の曲がる場所の形状を、bevel(角を落とす)、round(丸く)、miter(そのまま延長して尖らせる)のいずれかで設定。

以下は、塗りつぶし、線描画で共通の設定です。

Table 9-03　塗りつぶし / 線描画　共通の設定

プロパティ	説明
`.globalAlpha`	描画時の透明度を 0.0(透明) ～ 1.0(不透明) で設定。

2D コンテクストの状態は、.save()で保存しておけば、変更後に .restore()で元の状態に復帰できます。描画の途中で状態を保存して、一時的に値を変更したあと、元に戻すといった使い方をします。

Table 9-04　描画の保存 / 復帰のメソッド

メソッド	説明
`.save()`	状態を保存。
`.restore()`	状態を復帰。

これらの命令は入れ子にできます。初期状態から、保存 1 回目の状態、保存 2 回目の状態、保存 3 回目の状態と .save()を 3 回繰り返したとします。そのときは .restore()をするごとに、保存 2 回目の状態、保存 1 回目の状態、初期状態と設定が戻ります。

矩形の描画

Canvas の描画の基本は、パスを作って塗りつぶす、あるいは線描画をするです。ただし、よく使う矩形(長方形)については、パスを作らずに、直接描画するメソッドが用意されています。また、矩形の領域を削除するメソッドもあります。

Table 9-05　**矩形の描画に関わるメソッド**

メソッド	説明
`.fillRect(x, y, w, h)`	座標 x, y、横幅 w、高さ h で矩形を塗りつぶす。
`.strokeRect(x, y, w, h)`	座標 x, y、横幅 w、高さ h で矩形の線を描く。
`.clearRect(x, y, w, h)`	座標 x, y、横幅 w、高さ h で矩形の領域を削除する。

context.clearRect(0, 0, canvas.width, canvas.height)とすれば、中身を全て削除できます。アニメーションなどで、前回の描画内容を消してから描画したいときは、この方法を使います。

同じように、context.fillRect(0, 0, canvas.width, canvas.height)とすれば、全体を塗りつぶせます。まず背景を塗ってから描画をはじめたいときは、この方法を使います。

以下に、矩形描画の例を示します。まず背景を塗りつぶしします。そのあと、同じサイズで塗りつぶしと線描画をおこないます。線の太さの中央に、塗りつぶしの位置が来ているのを確認してください。最後に、少し小さな矩形で消去しています。背景の市松模様が出てきます。

Fig 9-05　**rect.html**

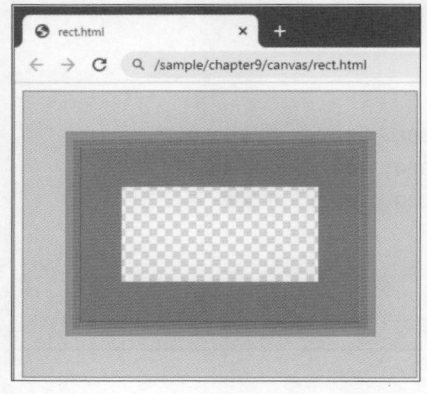

```
1  <!DOCTYPE html>
2  <html>
3    <head>
4      <meta charset="UTF-8" />
5      <style>
6  canvas {
7      background: url(./img/transparent.png);
8      border: solid 1px #888;
9  }
10     </style>
11   </head>
12   <body>
13
14     <canvas id="canvas" width="400" height="300"></canvas>
15
16     <script>
17
18     // Canvasを選択して、2次元コンテクストを取り出す
19     const canvas  = document.querySelector('#canvas');
20     const context = canvas.getContext('2d');
21
22     // 背景を作る　塗りつぶし色を指定して、全領域の矩形を描く
23     context.fillStyle = '#ccffcc';
24     context.fillRect(0, 0, canvas.width, canvas.height);
25
26     // 塗りつぶし色と、線の色と太さを指定
27     context.fillStyle   = '#8888ff';
28     context.strokeStyle = 'rgba(255, 32, 32, 0.66)';
29     context.lineWidth   = 16;
30
31     // 矩形を描く
32     context.fillRect(  50,  50, 300, 200);  // 塗りつぶし
33     context.strokeRect(50,  50, 300, 200);  // 線描画
34     context.clearRect(100, 100, 200, 100);  // 消去
35
36     </script>
37   </body>
38 </html>
```

　画像の描画の方式には、大きく分けて2種類あります。1つ目は、1ドットずつに RGB（赤緑青）の色を指定していく方式です。こうした方式を、**ラスター形式**と呼びます。2つ目は、点をいくつか定めて、そのあいだの線を引く方式です。この方法では、補助点を定めて、曲線を作ることもあります。こうした方式を、**ベクター形式**と呼びます。

　パスの描画は、ベクター形式です。点を設定して、そのあいだをつなぐパスを作り、そのパスの内側を塗りつぶしたり、パスに沿って線を引いたりします。

Fig 9-06　ベクター形式でのパスの描画

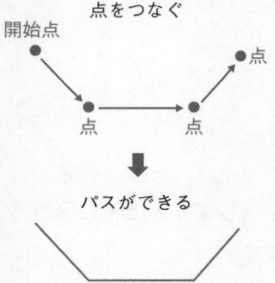

　2D コンテクストのパスは、.beginPath() でリセットしてから指定を開始します。そして .moveTo() で始点を設定してサブパスの作成を開始します。サブパスは複数作ることができ、まとめて塗りつぶしなどをおこなえます。

　描画はなるべく一度にした方が、処理速度が速いです。細かく .fillStyle や .strokeStyle などの設定を変更して描画すると、かなり時間がかかります。なるべく設定を変更しないようにして、一気に描画するとよいです。ゲームなどで高速処理が求められるときに、この知識は役立ちます。

　始点を設定したあとは、.lineTo() で点を追加します。パスを閉じたいときは、.closePath() を実行すると、始点と最終座標を結んでパスを閉じます。閉じなかったときは開いたままになります。

　以下に、パスを作るメソッドを示します。

9

Canvas

Table 9-06　パスを作るメソッド

メソッド	説明
`.beginPath()`	現在のパスをリセットして、パスの指定を開始。
`.moveTo(x, y)`	座標 x, y に始点を移動。サブパスの作成を開始。
`.lineTo(x, y)`	座標 x, y にパスの座標を追加。
`.closePath()`	始点と最終座標を結んでパスを閉じる。

　パスを作ったあとは、塗りつぶしや線描画をします。こちらのメソッドも示します。

Table 9-07　パス作成後に塗りつぶしや線描画をするメソッド

メソッド	説明
`.fill()`	パスの内側を塗りつぶす。
`.stroke()`	パスに沿って線描画。
`.clip()`	画像を描画可能な、クリップ領域を作る。

　以下に、.fill()、.stroke()メソッドを使った描画の例を示します。.clip()メソッドについては、使い方が難しいので、あとで別途説明します。

　ここでは、パスを閉じない三角形と、パスを閉じた三角形を描きます。塗りつぶしではどちらも同じ図形になっていますが、線描画では形が違います。パスを閉じない三角形では、パスは開いたままです。閉じていない部分は線が描画されません。

Fig 9-07　**path.html**

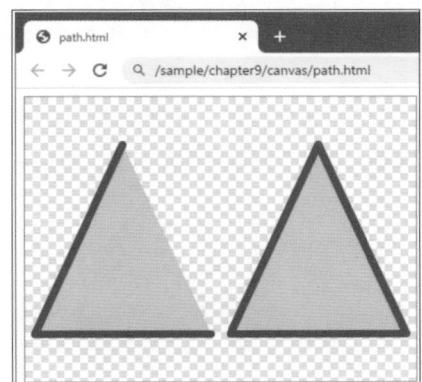

```html
1  <!DOCTYPE html>
2  <html>
3    <head>
4      <meta charset="UTF-8" />
5      <style>
6  canvas {
7      background: url(./img/transparent.png);
8      border: solid 1px #888;
9  }
10     </style>
11   </head>
12   <body>
13
14     <canvas id="canvas" width="400" height="300"></canvas>
15
16     <script>
17
18     // Canvasを選択して、2次元コンテクストを取り出す
19     const canvas  = document.querySelector('#canvas');
20     const context = canvas.getContext('2d');
21
22     // 設定をおこなう
23     context.fillStyle   = '#faa';
24     context.strokeStyle = '#44f';
25     context.lineWidth   = 8;
26     context.lineCap     = 'round';
27     context.lineJoin    = 'round';
28
29     // パスの指定を開始
30     context.beginPath();
31
32     // 左上に三角
33     context.moveTo(100,  50);
34     context.lineTo( 10, 250);
35     context.lineTo(190, 250);
36
37     // 右上に三角
38     context.moveTo(300,  50);
```

9

Canvas

39	`    context.lineTo(210, 250);`
40	`    context.lineTo(390, 250);`
41	`    context.closePath()`
42	
43	`    context.fill();        // 塗りつぶし`
44	`    context.stroke();     // 線描画`
45	
46	`    </script>`
47	`  </body>`
48	`</html>`

　続いて、.clip()メソッドの説明をおこないます。.clipメソッドを使うと、以下の図のように、パスで作った領域の内側だけを描画します。

Fig 9-08　クリップ領域

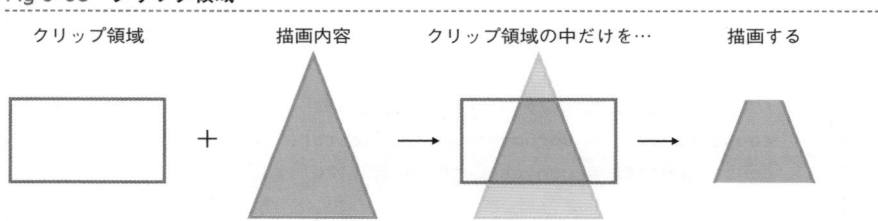

　クリップ領域は、.save()、.resotre()の対象なります。事前に.save()で保存しておけば、.clip()で作成したあと、.resotre()で復帰すれば、クリップ領域を消せます。

　以下に、クリップの例を示します。2Dコンテクストの状態を.save()で保存して、三角形のクリップ領域を作ります。そして左側に矩形を描くと、クリップされます。続いて、2Dコンテクストの状態を.restore()で復帰して、右側に矩形を描きます。クリップされずに描画されます。

Fig 9-09　clip.html

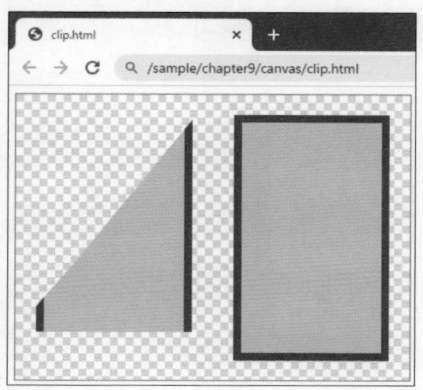

クリップ領域の中だけを描画	chapter9/canvas/clip.html

```
1   <!DOCTYPE html>
2   <html>
3     <head>
4       <meta charset="UTF-8" />
5       <style>
6   canvas {
7       background: url(./img/transparent.png);
8       border: solid 1px #888;
9   }
10      </style>
11    </head>
12    <body>
13
14      <canvas id="canvas" width="400" height="300"></canvas>
15
16      <script>
17
18      // Canvasを選択して、2次元コンテクストを取り出す
19      const canvas  = document.querySelector('#canvas');
20      const context = canvas.getContext('2d');
21
22      // 設定をおこなう
23      context.fillStyle   = '#faa';
24      context.strokeStyle = '#44f';
```

9

Canvas

429

25	`    context.lineWidth   = 8;`
26	
27	`    // パスの指定を開始`
28	`    context.beginPath();`
29	
30	`    // パスを作る（三角形）`
31	`    context.moveTo(200, 0);`
32	`    context.lineTo(0,   250);`
33	`    context.lineTo(400, 250);`
34	`    context.closePath()`
35	
36	`    // コンテクストを保存してクリップ`
37	`    context.save();`
38	`    context.clip();`
39	
40	`    // 矩形を描く`
41	`    context.fillRect(25, 25, 150, 250);`
42	`    context.strokeRect(25, 25, 150, 250);`
43	
44	`    // コンテクストを復帰`
45	`    context.restore();`
46	
47	`    // 矩形を描く`
48	`    context.fillRect(225, 25, 150, 250);`
49	`    context.strokeRect(225, 25, 150, 250);`
50	
51	`    </script>`
52	`  </body>`
53	`</html>`

9-3-3 円弧の描画

次は円弧のパスです。円弧のパスを作るには、.arc()メソッドを使います。

Table 9-08　円弧のパスを作成するメソッド

メソッド	説明
`.arc(x, y, r, s, e[, a])`	座標 x, y を中心に、半径 r、開始角度 s、終了角度 e の円弧を作る。パスは時計回りに作られ、a に true を設定すると反時計回りになる。a は省略可能。

角度の単位はラジアンです。角度は右端からはじまり、2πで1周します。Math.PI がπをあらわします。1周の角度は 2 * Math.PI です。360度表記であらわすときは、360 / 180 * Math.PI と書きます。

Fig 9-10　回転

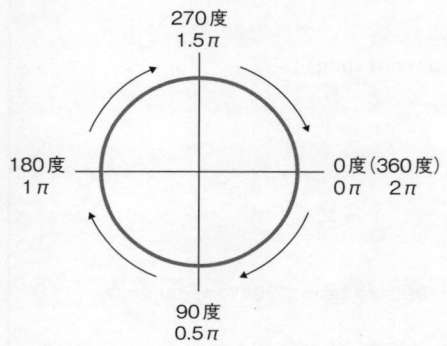

　以下に例を示します。最初に左の円弧、次に上の円弧、最後に右下の円弧を描きます。右端から回転ははじまり（0度）、時計回りに1周します。反時計回りの設定を true にすると、逆向きに回転します。それぞれ0度の場所に矩形を描いて、基準の場所が分かるようにしています。

Fig 9-11　arc.html

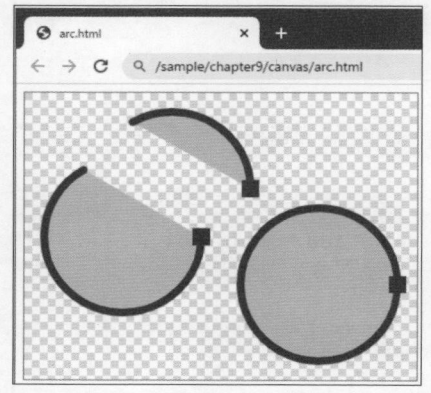

9

Canvas

```
 1  <!DOCTYPE html>
 2  <html>
 3    <head>
 4      <meta charset="UTF-8" />
 5      <style>
 6  canvas {
 7      background: url(./img/transparent.png);
 8      border: solid 1px #888;
 9  }
10      </style>
11    </head>
12    <body>
13
14      <canvas id="canvas" width="400" height="300"></canvas>
15
16      <script>
17
18      // Canvasを選択して、2次元コンテクストを取り出す
19      const canvas  = document.querySelector('#canvas');
20      const context = canvas.getContext('2d');
21
22      // 設定をおこなう
23      context.fillStyle   = '#faa';
24      context.strokeStyle = '#44f';
25      context.lineWidth   = 8;
26      context.lineCap     = 'round';
27
28      //--------------------
29      // パスを作る 時計回り
30      context.beginPath();
31      context.arc(100, 150, 80, 0, 240 / 180 * Math.PI);
32      context.fill();      // 塗りつぶし
33      context.stroke();    // 線描画
34
35      // 回転の始点を描画
36      context.strokeRect(175, 145, 10, 10);   // 塗りつぶし
37
```

38	//--------------------
39	// パスを作る 半時計回り
40	context.beginPath();
41	context.arc(150, 100, 80, 0, 240 / 180 * Math.PI, true);
42	context.fill(); // 塗りつぶし
43	context.stroke(); // 線描画
44	
45	// 回転の始点を描画
46	context.strokeRect(225, 95, 10, 10); // 塗りつぶし
47	
48	//--------------------
49	// パスを作る ぐるっと1周
50	context.beginPath();
51	context.arc(300, 200, 80, 0, 360 / 180 * Math.PI);
52	context.fill(); // 塗りつぶし
53	context.stroke(); // 線描画
54	
55	// 回転の始点を描画
56	context.strokeRect(375, 195, 10, 10); // 塗りつぶし
57	
58	</script>
59	</body>
60	</html>

円弧には、もう1つ .arcTo() メソッドがあります。

Table 9-09 円弧のパスを作成するメソッド

メソッド	説明
.arcTo(x1, y1, x2, y2, r)	直前の座標 x0, y0 から、座標 x1, y1 にパスを伸ばしていく。そして、半径 r の円弧を描くように、座標 x2, y2 にいたるパスを引く。

Fig 9-12　arcTo

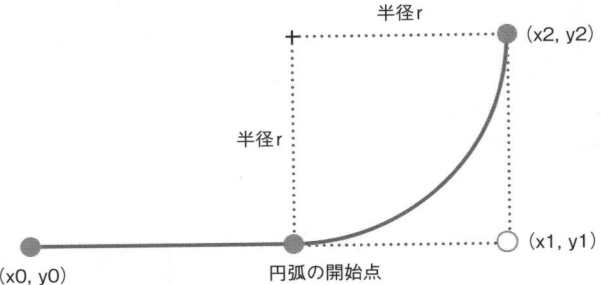

半径r

半径r

(x2, y2)

(x1, y1)

(x0, y0)

円弧の開始点

　以下に例を示します。上の図と同じ座標の変数を用意して、.arcTo()の描画をおこないます。また、半径の四角と、3つの座標の位置も描画します。

Fig 9-13　arc-to.html

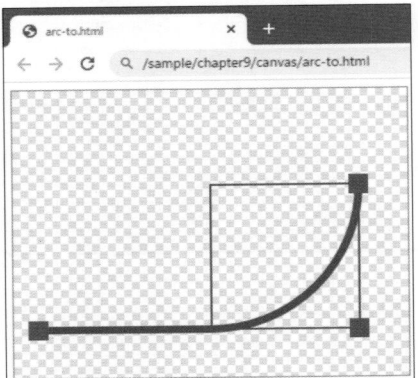

.arcTo() メソッドを使った円弧の描画	chapter9/canvas/arc-to.html

```
1  <!DOCTYPE html>
2  <html>
3    <head>
4      <meta charset="UTF-8" />
5      <style>
6  canvas {
7      background: url(./img/transparent.png);
8      border: solid 1px #888;
9  }
```

```
10        </style>
11      </head>
12      <body>
13
14        <canvas id="canvas" width="400" height="300"></canvas>
15
16        <script>
17
18        // Canvasを選択して、2次元コンテクストを取り出す
19        const canvas  = document.querySelector('#canvas');
20        const context = canvas.getContext('2d');
21
22        // 座標
23        const x0 =  25, y0 = 250;
24        const x1 = 350, y1 = 250;
25        const x2 = 350, y2 = 100;
26
27        //--------------------
28        // 設定をおこなう
29        context.fillStyle   = '#a00';
30        context.strokeStyle = '#44f';
31        context.lineWidth   = 8;
32
33        // パスを作る
34        context.beginPath();
35        context.moveTo(x0, y0);
36        context.arcTo(x1, y1, x2, y2, 150);
37        context.stroke();   // 線描画
38
39        //--------------------
40        // 設定をおこなう
41        context.lineWidth = 2;
42
43        // 半径を描く
44        context.strokeRect(200, 250, 150, -150);
45
46        // 3つの座標
47        context.fillRect(x0 - 10, y0 - 10, 20, 20);
```

9
Canvas

435

48	`    context.fillRect(x1 - 10, y1 - 10, 20, 20);`
49	`    context.fillRect(x2 - 10, y2 - 10, 20, 20);`
50	
51	`  </script>`
52	`  </body>`
53	`</html>`

9-3-4 ベジェ曲線の描画

ベジェ曲線は、制御点(Control point)によって描く曲線です。2D コンテクストでは、制御点が 1 つの 2 次ベジェ曲線(fig9-14)、制御点が 2 つの 3 次ベジェ曲線(fig9-15)のパスを作れます。ベジェ曲線を作るには、以下の表のメソッドを使います。

Table 9-10　ベジェ曲線を描画するメソッド

メソッド	説明
`.quadraticCurveTo(cx, cy, x, y)`	制御点 cx, cy、次の座標が x, y の、2 次ベジェ曲線のパスを作る。
`.bezierCurveTo(cx1, cy1, cx2, cy2, x, y)`	制御点 cx1, cy1、制御点 cx2, cy2、次の座標が x, y の、3 次ベジェ曲線のパスを作る。

Fig 9-14　2 次ベジェ曲線

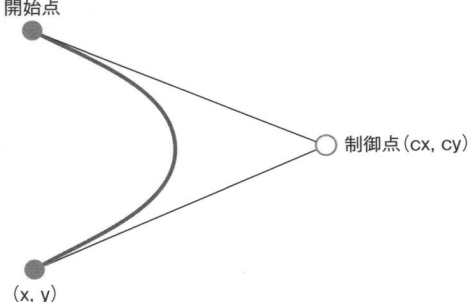

開始点

制御点(cx, cy)

(x, y)

Fig 9-15　3次ベジェ曲線

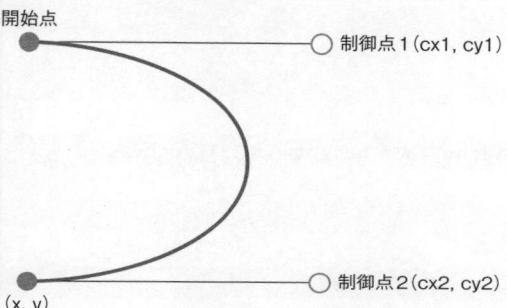

開始点

制御点1（cx1, cy1）

制御点2（cx2, cy2）

（x, y）

　以下に、2次ベジェ曲線の例を示します。開始点と制御点、次の座標が分かるようにしています。また、補助線も描いています。

Fig 9-16　quadratic-curve.html

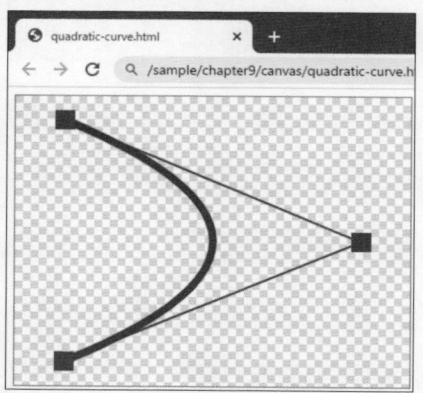

●2次ベジェ曲線の描画	chapter9/canvas/quadratic-curve.html

```
1  <!DOCTYPE html>
2  <html>
3    <head>
4      <meta charset="UTF-8" />
5      <style>
6  canvas {
7      background: url(./img/transparent.png);
8      border: solid 1px #888;
```

```
 9 }
10     </style>
11   </head>
12   <body>
13
14     <canvas id="canvas" width="400" height="300"></canvas>
15
16     <script>
17
18     // Canvasを選択して、2次元コンテクストを取り出す
19     const canvas  = document.querySelector('#canvas');
20     const context = canvas.getContext('2d');
21
22     // 座標
23     const x0 =  50, y0 =  25;
24     const cx = 350, cy = 150;
25     const x  =  50, y  = 275;
26
27     //--------------------
28     // 設定をおこなう
29     context.fillStyle   = '#a00';
30     context.strokeStyle = '#44f';
31     context.lineWidth   = 8;
32
33     // パスを作る
34     context.beginPath();
35     context.moveTo(x0, y0);
36     context.quadraticCurveTo(cx, cy, x, y);
37     context.stroke();  // 線描画
38
39     //--------------------
40     // 設定をおこなう
41     context.lineWidth = 2;
42
43     // パスを作る
44     context.beginPath();
45     context.moveTo(x0, y0);
46     context.lineTo(cx, cy);
47     context.lineTo(x, y);
```

48	`    context.stroke();   // 線描画`
49	
50	`    // 3つの座標`
51	`    context.fillRect(x0 - 10, y0 - 10, 20, 20);`
52	`    context.fillRect(cx - 10, cy - 10, 20, 20);`
53	`    context.fillRect(x  - 10, y  - 10, 20, 20);`
54	
55	`    </script>`
56	`  </body>`
57	`</html>`

　以下に、3次ベジェ曲線の例を示します。開始点と、2つの制御点、次の座標が分かるようにしています。また、補助線も描いています。

Fig 9-17　bezier-curve.html

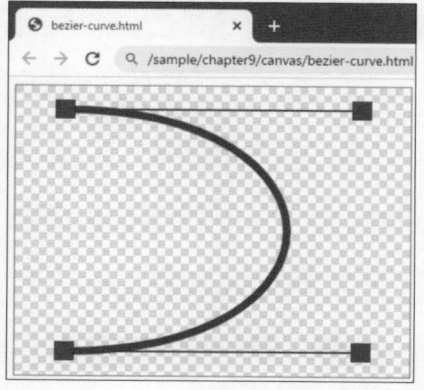

●3次ベジェ曲線の描画	chapter9/canvas/bezier-curve.html
1	`<!DOCTYPE html>`
2	`<html>`
3	`  <head>`
4	`    <meta charset="UTF-8" />`
5	`    <style>`
6	`canvas {`
7	`    background: url(./img/transparent.png);`
8	`    border: solid 1px #888;`
9	`}`

```
10        </style>
11      </head>
12      <body>
13
14        <canvas id="canvas" width="400" height="300"></canvas>
15
16        <script>
17
18        // Canvasを選択して、2次元コンテクストを取り出す
19        const canvas  = document.querySelector('#canvas');
20        const context = canvas.getContext('2d');
21
22        // 座標
23        const x0  =  50,  y0  =  25;
24        const cx1 = 350, cy1 =  25;
25        const cx2 = 350, cy2 = 275;
26        const x   =  50,  y   = 275;
27
28        //---------------------
29        // 設定をおこなう
30        context.fillStyle   = '#a00';
31        context.strokeStyle = '#44f';
32        context.lineWidth   = 8;
33
34        // パスを作る
35        context.beginPath();
36        context.moveTo(x0, y0);
37        context.bezierCurveTo(cx1, cy1, cx2, cy2, x, y);
38        context.stroke();  // 線描画
39
40        //---------------------
41        // 設定をおこなう
42        context.lineWidth = 2;
43
44        // パスを作る
45        context.beginPath();
46        context.moveTo(x0, y0);
47        context.lineTo(cx1, cy1);
48        context.moveTo(x, y);
```

```
49      context.lineTo(cx2, cy2);
50      context.stroke();  // 線描画
51
52      // 3つの座標
53      context.fillRect(x0  - 10, y0  - 10, 20, 20);
54      context.fillRect(cx1 - 10, cy1 - 10, 20, 20);
55      context.fillRect(cx2 - 10, cy2 - 10, 20, 20);
56      context.fillRect(x   - 10, y   - 10, 20, 20);
57
58    </script>
59  </body>
60 </html>
```

9-4 文字や画像の描画

Canvas では、文字や画像も描画できます。文字の描画では、フォントを指定可能です。画像の描画では、読み込んだ画像や Canvas を使用可能です。

9-4-1 文字列の描画

2D コンテクストで文字の描画をします。2D コンテクストには文字の設定のプロパティもあります。まずは設定のプロパティを表で示します。

Table 9-11 **文字列描画用の設定のプロパティ**

プロパティ	説明
.font	"bold 14px 'ＭＳ 明朝'" のように、スタイル、サイズ、種類を設定する。
.textAlign	横方向の揃え位置を指定。start（初期値）、end、left、right、center を指定可能。
.textBaseline	縦方向の揃え位置を指定。top、hanging、middle、alphabetic（初期値）、ideographic（漢字などの下端）、bottom を指定可能。

縦位置は、同じ設定でもフォントによって位置が異なるので、確認しながら調整するとよいです。

次は描画のメソッドを示します。

Table 9-12 **文字列描画のメソッド**

プロパティ	説明
.fillText(t, x, y[, m])	文字列 t を、座標 x, y に塗りつぶし描画。最大横幅 m も指定可能。
.strokeText(t, x, y[, m])	文字列 t を、座標 x, y に線描画。最大横幅 m も指定可能。
.measureText(t).width	現在の設定で文字列 t を描画したときの横幅を得る。

以下に例を示します。左側は横位置の設定違いを順に描画、右側は縦位置の設定違いを順に描画します。それぞれ、横位置、縦位置の設定は配列で作り、.forEach() で 1 つずつ取り出して処理します。

Fig 9-18 **text.html**

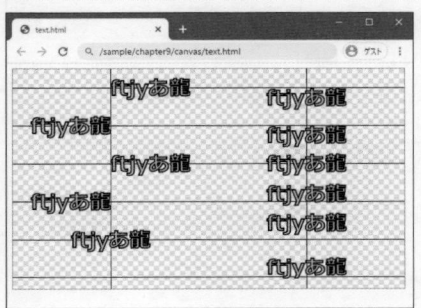

➡ 文字列を描画する	chapter9/canvas/text.html

```
1   <!DOCTYPE html>
2   <html>
3     <head>
4       <meta charset="UTF-8" />
5       <style>
6   canvas {
7       background: url(./img/transparent.png);
8       border: solid 1px #888;
9   }
10      </style>
11    </head>
12    <body>
13
14      <canvas id="canvas" width="600" height="350"></canvas>
15
16      <script>
17
18      // Canvasを選択して、2次元コンテクストを取り出す
19      const canvas  = document.querySelector('#canvas');
20      const context = canvas.getContext('2d');
21
22      // 横幅、高さ、行の高さ
23      const w = canvas.width;
24      const h = canvas.height;
25      const lnH = 60;
26
```

```
27      // 線描画で罫線を作る
28      context.fillRect(150, 0, 1, h);   // 縦線
29      context.fillRect(450, 0, 1, h);   // 縦線
30
31      for (let y = lnH / 2; y <= h; y += lnH) {
32          context.fillRect(0, y, w, 1);   // 横線
33      }
34
35      // 設定をおこなう
36      context.fillStyle   = '#ccc';
37      context.strokeStyle = '#000';
38      context.lineWidth   = 2;
39      context.font = 'bold 32px sans-serif';
40      const t = 'ftjyあ龍';
41
42      // 左側 横位置変更
43      ['start', 'end', 'left', 'right', 'center']
44      .forEach((align, i) => {
45          // 設定をおこなう
46          context.textAlign    = align;
47          context.textBaseline = 'middle';
48
49          // 文字列描画
50          context.fillText(  t, 150, lnH * (i + 0.5));
51          context.strokeText(t, 150, lnH * (i + 0.5));
52      });
53
54      // 右側 縦位置変更
55      ['top', 'hanging', 'middle',
56      'alphabetic', 'ideographic', 'bottom']
57      .forEach((baseline, i) => {
58          // 設定をおこなう
59          context.textAlign    = 'center';
60          context.textBaseline = baseline;
60
62          // 文字列描画
63          context.fillText(  t, 450, lnH * (i + 0.5));
64          context.strokeText(t, 450, lnH * (i + 0.5));
```

65	`    });`
66	
67	`  </script>`
68	` </body>`
69	`</html>`

画像の描画

　2D コンテクストで画像の描画をします。画像として、さまざまなメディアが利用できます。主に使うのは、以下の 3 種類でしょう。

- img タグで読み込んだ画像。
- Image オブジェクトで読み込んだ画像。
- 他の Canvas。

以下に、画像を描画するメソッドを示します。

Table 9-13　**画像描画のメソッド**

プロパティ	説明
`.drawImage(i, dx, dy)`	画像 i を、座標 dx, dy に描画。
`.drawImage(i, dx, dy, dw, dh)`	画像 i を、座標 dx, dy に、横幅 dw、高さ dh で描画。
`.drawImage(i, sx, sy, sw, sh, dx, dy, dw, dh)`	画像 i の座標 sx, sy、横幅 sw、高さ sh の領域を、座標 dx, dy に、横幅 dw、高さ dh で描画。

　画像の読み込みは非同期処理です。そのため、画像を読み込んで描画するときは、読み込みを待ってから描画します。JavaScript のプログラム内で読み込むには、Image オブジェクトを使います。new Image()でオブジェクトを作ったあと、src 属性に URL を代入すると読み込みがはじまります。onload 属性に関数を登録するか、.addEventListener()で load イベントに関数を登録すると、読み込み後に処理を開始できます。

9
Canvas

構文

```
変数 = new Image()
変数.onload = 関数
変数.src = URLの文字列
```

以下に例を示します。画像の一部を描画します。画像は、メトロポリタン美術館のパブリックドメインの画像を使います。

Fig 9-19　元画像

Fig 9-20　image.html

```
1   <!DOCTYPE html>
2   <html>
3     <head>
4       <meta charset="UTF-8" />
5       <style>
6   canvas {
7       background: url(./img/transparent.png);
8       border: solid 1px #888;
9   }
10      </style>
11    </head>
12    <body>
13
14      <canvas id="canvas" width="400" height="300"></canvas>
15
16      <script>
17
18      // Canvasを選択して、2次元コンテキストを取り出す
19      const canvas  = document.querySelector('#canvas');
20      const context = canvas.getContext('2d');
21
22      // Imageオブジェクトを作成
23      const img = new Image();
24
25      // 読み込み完了時の処理を登録
26      img.onload = function() {
27          // 画像を描画
28          context.drawImage(img,
29              150, 250, 700, 500,
30               25,  25, 350, 250);
31      };
32
33      // 画像を読み込む
34      img.src = './img/DT1502.jpg';
35
36      </script>
37    </body>
38  </html>
```

9

Canvas

9-5 画素の処理と画像の取り出し

　Canvas を使えば、画素を取り出して 1 ドットずつ RGBA（赤、緑、青、透明）の値を得たり、書きかえたりできます。また、Data URL という方法で、画像を PNG や JPEG として取り出して、img タグに表示したり、画像としてダウンロードしたりできます。

　ただし、これらの処理には注意が必要です。ローカルで実行する際に制限があります。同じローカルにある画像を読み込んで Canvas に描画していると、クロスオリジンの制約により、画素の取り出しや画像の取り出しはエラーになります。これは、Google Chrome のセキュリティの制限です。

　ここでは、ローカル画像を貼り付けない例を示しながら説明します。

9-5-1 画素の処理

　2D コンテクストからは、ImageData オブジェクトを取り出せます。ImageData オブジェクトを使えば、画素単位での処理ができます。ImageData オブジェクトには、以下のプロパティがあります。

Table 9-14　**ImageData オブジェクトのプロパティ**

プロパティ	説明
`.width`	横幅
`.height`	高さ
`.data`	RGBA のデータが入った配列

　.data プロパティは、各画素の（赤、緑、青、透明）RGBA の値が順番に、0 から 255 の値で入っています。そして、参照する座標は左上からはじまり、左から右へ、そして端まで来ると次の行に移動します。data の配列の配置は、少し分かり難いので図を示します。

448

Fig 9-21　データの並び

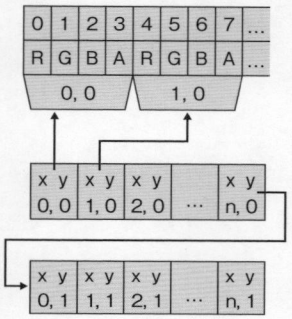

　2D コンテクストには、ImageData オブジェクトを取り出すメソッドや、ImageData オブジェクトを描画するメソッドがあります。以下に、それらの一部を紹介します。

Table 9-15　ImageData オブジェクトをあつかうメソッド

メソッド	説明
`.getImageData(sx, sy, sw, sh)`	座標 sx, sy、横幅 sw、高さ sh の領域を、ImageData として取り出す。
`.putImageData(i, dx, dy)`	ImageData オブジェクト i を、座標 dx, dy に描画。
`.putImageData(i, dx, dy, sx, sy, sw, sh)`	ImageData オブジェクト i の、座標 sx, sy、横幅 sw、高さ sh の領域を、座標 dx, dy に描画。

　以下に例を示します。グラデーションの描画をしたあと、真ん中部分を取り出して、RGB を入れ替えています。

Fig 9-22　**image-data.html**

→ ImageData オブジェクトを利用した描画処理	chapter9/canvas/image-data.html

```html
1  <!DOCTYPE html>
2  <html>
3    <head>
4      <meta charset="UTF-8" />
5      <style>
6  canvas {
7      background: url(./img/transparent.png);
8      border: solid 1px #888;
9  }
10     </style>
11   </head>
12   <body>
13
14     <canvas id="canvas" width="400" height="300"></canvas>
15
16     <script>
17
18     // Canvasを選択して、2次元コンテクストを取り出す
19     const canvas  = document.querySelector('#canvas');
20     const context = canvas.getContext('2d');
21     const w = canvas.width;
22     const h = canvas.height;
23
24     // 図形を描く
```

```
25    for (let i = 0; i < h; i ++) {
26        // 色の作成と設定
27        const gradation = Math.trunc(255 * i / h);
28        const r = gradation;
29        const g = 255 - gradation;
30        const b = 255;
31        context.fillStyle = `rgb(${r},${g},${b})`;
32
33        // 横1ラインずつ塗りつぶし
34        context.fillRect(i / 8, i, w - h / 8, 1);
35    }
36
37    // ImageDataオブジェクトを取り出す
38    const imgDt = context.getImageData(50, 100, 300, 100);
39    const data = imgDt.data;
40
41    // 画素に対して処理をする
42    for (let i = 0; i < data.length; i += 4) {
43        // RGBAを取り出す
44        const r = data[i + 0];
45        const g = data[i + 1];
46        const b = data[i + 2];
47        const a = data[i + 3];
48
49        // RGBAを入れ替える
50        data[i + 0] = b;
51        data[i + 1] = r;
52        data[i + 2] = g;
53    }
54
55    // ImageDataオブジェクトを描画する
56    context.putImageData(imgDt, 50, 100);
57
58    </script>
59  </body>
60 </html>
```

9

Canvas

Canvas からは、Data URL と呼ばれる形式の PNG 画像や JPEG 画像を取り出せます。

Data URL は、URL としても使える文字列形式のデータです。この値を img タグの src 属性に設定すると、画像のように表示できます。また、ダウンロードさせると、通常のバイナリ形式の画像としてローカルに保存できます。

以下に、Data URL を取り出すメソッドを示します。2D コンテクストではなく、Canvas のメソッドなので注意してください。

Table 9-16　**Data URL を取り出すメソッド**

メソッド	説明
`.toDataURL([t, e])`	画像の種類 t、エンコードオプション e で、Data URL を得る。引数を指定しないときは png 形式。

画像の種類を jpeg にしたいときは、第 1 引数を 'image/jpeg' と書きます。デフォルト値は 'image/png' です。'image/jpeg' を指定したとき、エンコードオプションとして、0 から 1 の値を指定するとエンコードの質を調整できます。デフォルト値は 0.92 です。

以下に例を示します。Canvas に図形を描画したあと、画像を Data URL で取り出して、img タグで Web ページに挿入します。

Fig 9-23　**to-data-url.html**

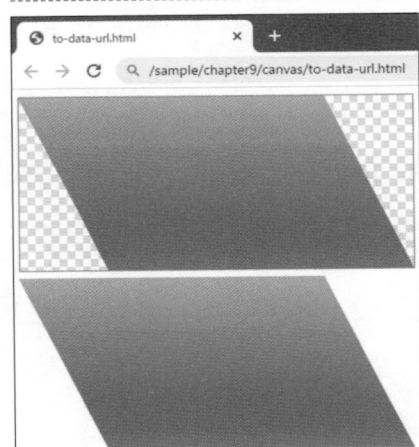

```
 1  <!DOCTYPE html>
 2  <html>
 3    <head>
 4      <meta charset="UTF-8" />
 5      <style>
 6  canvas {
 7      background: url(./img/transparent.png);
 8      border: solid 1px #888;
 9  }
10      </style>
11    </head>
12    <body>
13
14      <canvas id="canvas" width="400" height="180"></canvas>
15
16      <script>
17
18      // Canvasを選択して、2次元コンテクストを取り出す
19      const canvas  = document.querySelector('#canvas');
20      const context = canvas.getContext('2d');
21      const w = canvas.width;
22      const h = canvas.height;
23
24      // 図形を描く
25      for (let i = 0; i < h; i ++) {
26          // 色の作成と設定
27          const gradation = Math.trunc(255 * i / h);
28          const r = gradation;
29          const g = 255 - gradation;
30          const b = 255;
31          context.fillStyle = `rgb(${r},${g},${b})`;
32
33          // 横1ラインずつ塗りつぶし
34          context.fillRect(i / 2, i, w - h / 2, 1);
35      }
36
37      // Data URLを得る
38      const dtUrl = canvas.toDataURL();
```

9

Canvas

453

```
39      console.log(dtUrl);
40
41      // 画像としてWebページに追加
42      const elImg = document.createElement('img');
43      elImg.setAttribute('src', dtUrl);
44      document.querySelector('body').appendChild(elImg);
45
46    </script>
47  </body>
48 </html>
```

Canvasを利用したアニメーション

Canvas を利用してアニメーションをおこないます。requestAnimationFrame()で描画処理を呼び出して、.clearRect()を使って全領域を消去したあと、描画します。

以下に例を示します。丸い玉が画面上を斜め下へと移動し続けます。画面の端に来ると、逆側に移動します。

Fig 9-24 anim.html

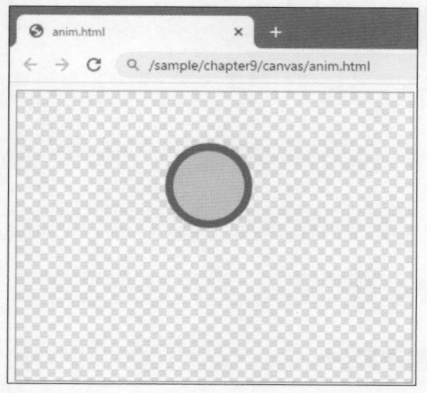

●Canvas を利用したアニメーション	chapter9/canvas/anim.html

```
 1  <!DOCTYPE html>
 2  <html lang="ja">
 3    <head>
 4      <meta charset="utf-8">
 5      <style>
 6  canvas {
 7      background: url(./img/transparent.png);
 8      border: solid 1px #888;
 9  }
10      </style>
11    </head>
12    <body>
```

13	`<canvas width="400" height="300" id="canvas"></canvas>`
14	
15	`<script>`
16	
17	`// idがcanvasのCanvasを選択して、2次元コンテクストを取り出す`
18	`const canvas  = document.querySelector('#canvas');`
19	`const context = canvas.getContext('2d');`
20	`const w = canvas.width;`
21	`const h = canvas.height;`
22	`const size = 40;`
23	`let x = 0`
24	`let y = 0;`
25	
26	`// 設定をおこなう`
27	`context.fillStyle   = '#faa';`
28	`context.strokeStyle = '#44f';`
29	`context.lineWidth   = 8;`
30	
31	`// タイムスタンプ記録用変数`
32	`let tmOld = 0;`
33	
34	`// アニメーション用関数`
35	`const step = function(tm) {`
36	`    // タイムスタンプの差分を求めて、過去値を更新`
37	`    let tmDif = tm - tmOld;`
38	`    if (tmDif > 1000) { tmDif = 0 }`
39	`    tmOld = tm;`
40	
41	`    // タイムスタンプの時間から移動位置を計算`
42	`    x += tmDif / 4;`
43	`    y += tmDif / 8;`
44	`    if (x >= w + size) {x = -size}`
45	`    if (y >= h + size) {y = -size}`
46	
47	`    // まず、前回の描画内容を全部消す`
48	`    context.clearRect(0, 0, w, h);`
49	
50	`    // 円形のパスを作成して塗りつぶしと線描画`
51	`    context.beginPath();`

```
52        context.arc(x, y, size, 0, 2 * Math.PI);
53        context.fill();
54        context.stroke();
55
56        // アニメーションの再実行
57        requestAnimationFrame(step);
58    };
59
60    // アニメーションの実行
61    requestAnimationFrame(step);
62
63    </script>
64  </body>
65 </html>
```

9

Canvas

457

2D と WebGLのコンテキスト

　Canvas のコンテキストには、2D と WebGL があります。2D は、作図やグラフに便利ですが、描画速度はそれほど高速ではありません。大量のものを描画してアニメーションさせると、すぐに動きが遅くなります。

　対して WebGL は、GPU（Graphics Processing Unit：描画専用の演算装置）を使って描画するので高速です。ゲームなど、大量の画像を高速に描画する必要がある場合は、WebGL を使うとよいです。ただし、パスを描くといったことはできません。

　WebGL は高速ですが、あまり直感的にプログラムを書くことはできません。Three.js のような 3D 専用の JavaScrip ライブラリや、PixiJS のようなゲーム用の JavaScript のライブラリを使った方が、プログラムを書きやすいです。これらのライブラリでは、内部で WebGL を使っているので高速に描画できます。

　ライブラリは、いくつかの種類を調べて、自分が使いやすいものを選ぶとよいでしょう。特に、ゲーム用のライブラリは種類が多いです。開発を始めるタイミングでユーザー数が多く、情報が豊富にあるものを採用するとよいです。

　また、2D コンテキストを使う際も、なるべく自分で一からプログラムを書かずに済ませた方がよいです。グラフなどを描画する際は、D3.js といったデータビジュアライゼーションツールや、Chart.js といったグラフ作成ライブラリを使うと、短いコードできれいなグラフを作れます。

　こうしたライブラリの情報は、Chapter 11 の「11-4　ライブラリやフレームワーク」（P.545）にまとめていますので参考にしてください。

実践編

Webページを作ろう

ここでは JavaScript を使って、Twitter のようなミニブログ風の Web ページ（シングルページアプリケーション）を作っていきます。

とても簡易的なものなので、本番で利用できるものではありませんが、どういったプログラムで、どのようなことを実現できるのか体験できます。必要な部品を洗い出して、その部品を一つ一つ作って組み立てていく様子を、たどっていってください。

10-1 Webページを作る

まずは、どんな Web ページを作るかを書き出していき、完成品の動作確認、部品への分解、骨格となる HTML ファイルの作成をおこないます。その後、いくつかの部品のプログラムを作成します。

10-1-1 どんなWebページを作るか

本章では、実践編として、実際に動作する Web ページを作成します。今回作る Web ページは、以下の機能を持ちます。

- ファイルの読み込み。
  - [画像欄] に画像をドロップすると、画像を読み込む。
  - [画像欄] をクリックすると、ファイルダイアログを開いて、画像を読み込む。
- ボタンによる UI。
  - [セピア] ボタンをクリックすると、画像をセピア色に変換する。
  - [戻す] ボタンをクリックすると、加工した画像を初期状態に戻す。
  - [保存] ボタンをクリックすると、加工した画像と、入力したコメントをダウンロードする。
  - [削除] ボタンをクリックすると、[画像欄] と [コメント欄] を空にする。
- 入力欄によるコメント入力。
  - [コメント欄] に文字を入力すると、文字数を表示する。
  - IME の変換確定前は、文字数の表示を避ける。
- [投稿] ボタンの処理。
  - [投稿] ボタンをクリックすると、画像をバイナリデータとして、コメントをテキストデータとして、サーバーに送信する。
- 投稿リスト欄。
  - 過去に投稿した画像とコメントを、タイムライン形式で表示する。

以下に、実際に動作している画面を示します。画像は、メトロポリタン美術館の

パブリックドメインの画像を使っています。これらの画像は、サンプルの「chapter10/samle_images」にありますので、動作確認に使ってください。

Fig 10-01 投稿前の初期状態

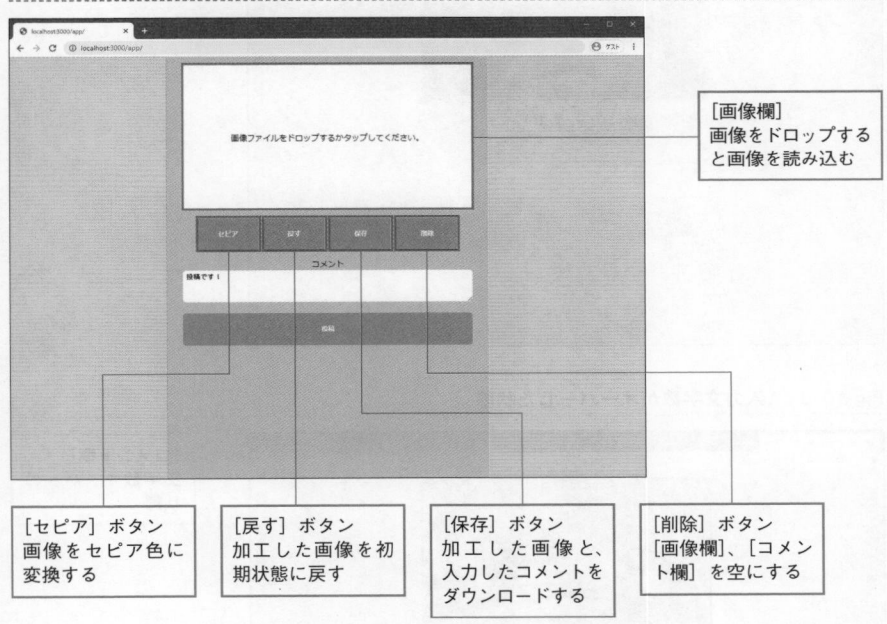

[画像欄]
画像をドロップすると画像を読み込む

[セピア] ボタン
画像をセピア色に変換する

[戻す] ボタン
加工した画像を初期状態に戻す

[保存] ボタン
加工した画像と、入力したコメントをダウンロードする

[削除] ボタン
[画像欄]、[コメント欄] を空にする

Fig 10-02 画像を読み込んだ状態

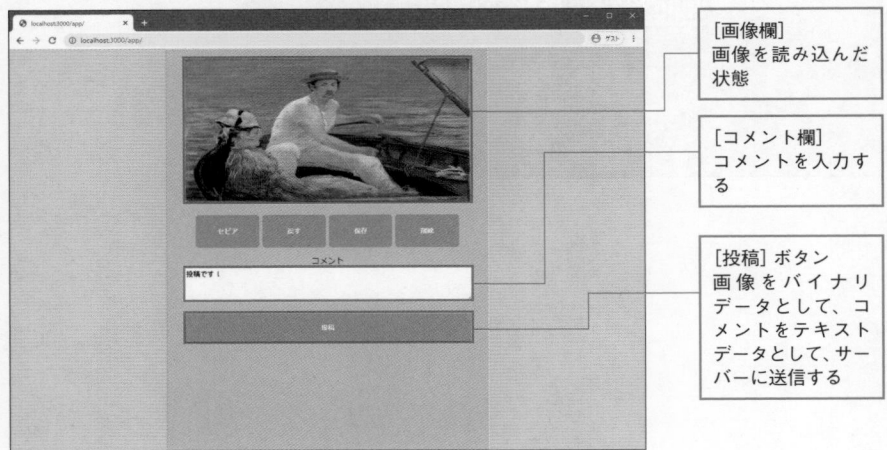

[画像欄]
画像を読み込んだ状態

[コメント欄]
コメントを入力する

[投稿] ボタン
画像をバイナリデータとして、コメントをテキストデータとして、サーバーに送信する

Fig 10-03 　画像をセピア色に加工した状態

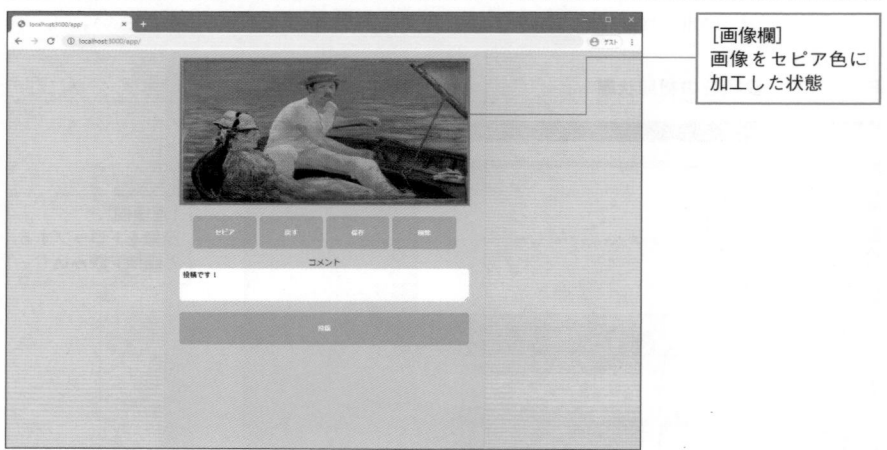

[画像欄]
画像をセピア色に
加工した状態

Fig 10-04 　入力文字数がオーバーした状態

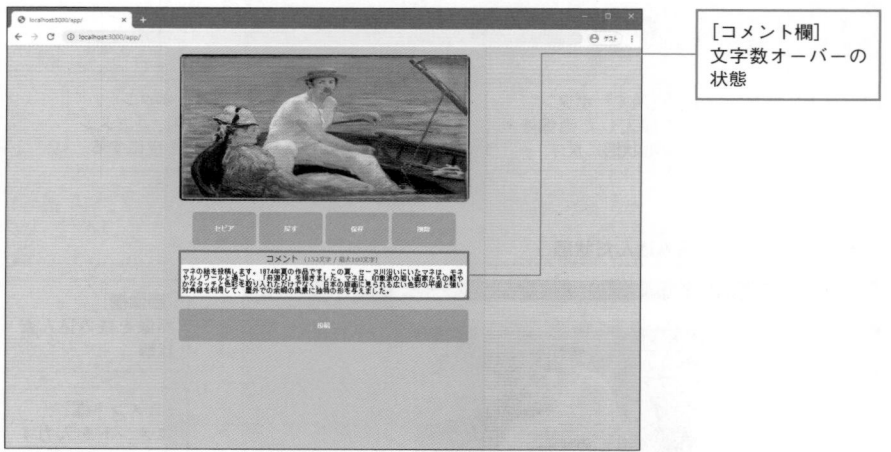

[コメント欄]
文字数オーバーの
状態

Fig 10-05　投稿した状態①

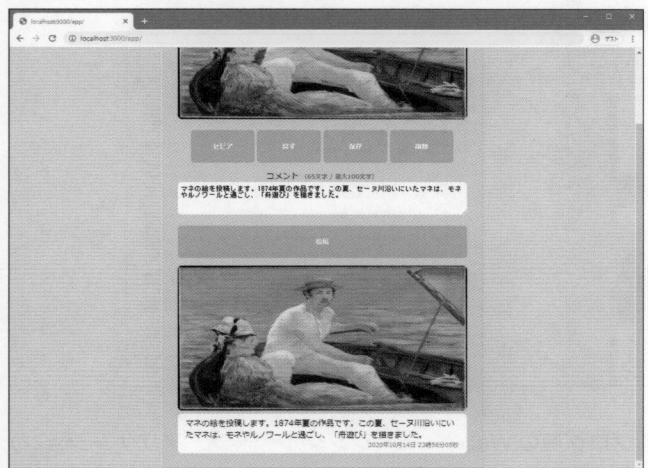

Fig 10-06　投稿した状態②

Fig 10-07　レスポンシブなモバイルの状態

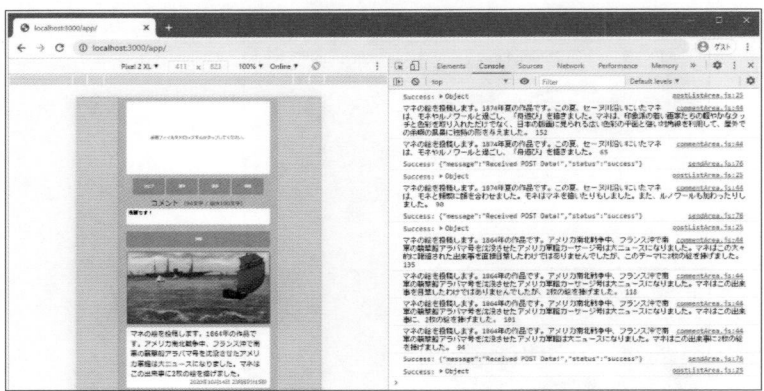

　Twitter のようなミニブログ風の Web ページ（シングルページアプリケーション）
です。ただし、プログラムのサンプルとして、分かりやすさを優先して作っている
ので、セキュリティ的な配慮はしていません。また、サーバー側のプログラムは、
データを分かりやすく返すことだけを考えて作られているので、本番環境で利用で
きるものではありません。あくまでサンプルとして、動作を確認したり、プログラ
ムの内容を確かめたりしてください。

10-1-2　動作の確認

　今回の Web ページの動作を確認するには、Node.js によるサーバーを起動する
必要があります。Chapter1「1-5　開発環境の準備 3　Node.js」（P.46）の Node.js
の環境ができているという前提で話を進めます。
　CUI 環境を開き、サンプルの「chapter10/server」に移動して、以下のコマンド
を実行します。

```
node .
```

　サーバーが起動しますので、Web ブラウザで以下の URL を開きます。
localhost が使えないときは、127.0.0.1 など、自身をあらわす IP アドレスを指定
します。サーバーが起動していれば、Web ページが表示されます。

> URL http://localhost:3000/app/
> URL http://127.0.0.1:3000/app/

今回のサーバーには、Express だけでなく、以下のモジュールを使っています。マルチパートのフォームデータをあつかうモジュールです。画像のバイナリデータと、文字列のテキストデータを同時に受信するために使っています。

> **multer - npm**
> URL https://www.npmjs.com/package/multer
>
> **expressjs/multer: Node.js middleware for handling `multipart/form-data`.**
> URL https://github.com/expressjs/multer

サーバーのプログラムは、Web ページのプログラムを解説したあとに掲載します。ここでは、動作だけを説明します。

» http://localhost:3000/app/

http://localhost:3000/app/ 以下の静的ファイルを読み込みます。この URL 以下にアクセスすると、「chapter10/app」以下のファイルを Web ブラウザに返します。また、ファイル名を指定しないときは「index.html」を返します。

» http://localhost:3000/upload_images/

http://localhost:3000/upload_images/ 以下の静的ファイルを読み込みます。この URL 以下にアクセスすると、「chapter10/server/upload_images」以下のファイルを Web ブラウザに返します。このフォルダは、投稿した画像ファイルを保存する場所です。タイムラインに表示する画像ファイルは、ここから読み込みます。

» http://localhost:3000/post

http://localhost:3000/post は、データを投稿する URL です。この URL に POST 方式でデータを送ると、データをサーバーに保存します。送るデータは、

image という名前の画像のバイナリと、comment という名前のコメントの文字列
です。image は「chapter10/server/upload_images」に保存します。comment
は他の情報とともに「chapter10/server/post-dat.txt」に保存します。

　簡易的な Web ページの処理なので、データベースを使わずにテキストファイル
への保存で済ませています。

》http://localhost:3000/get

　http://localhost:3000/get は、過去の投稿データの JSON を返します。この
URL の情報を使い、タイムラインを表示します。データの JSON は、以下のよう
な内容です。

●▶ 投稿データの JSON の例

```
{"list": [{"comment":"マネの絵を投稿します。1864年の作品です。アメリカ南北戦争中、フ
ランス沖で南軍の襲撃船アラバマ号を沈没させたアメリカ軍艦は大ニュースになりました。マネはこの
出来事に2枚の絵を捧げました。","dir":"upload_images/","image":"8f5a846e87b0f8
e7dc73d878542b2d71","date":1602687555168},{"comment":"マネの絵を投稿します
。1874年夏の作品です。この夏、セーヌ川沿いにいたマネは、モネと頻繁に顔を合わせました。モネ
はマネを描いたりもしました。また、ルノワールも加わったりしました。","dir":"upload_imag
es/","image":"5de657b40ac7f9487afebbd895760857","date":1602687401245},
{"comment":"マネの絵を投稿します。1874年夏の作品です。この夏、セーヌ川沿いにいたマネは
、モネやルノワールと過ごし、「舟遊び」を描きました。","dir":"upload_images/","image
":"544140e93c844d90a88891808482143c","date":1602687365513}]]}
```

　簡単に構造を書くと、以下のようになります。

●▶ 投稿データの JSON の構造

```
{"list": [
    {
        "comment":"コメント欄の内容。",
        "dir":"upload_images/",
        "image":"8f5a846e87b0f8e7dc73d878542b2d71",
        "date":1602687555168
    },
    ⋮
]]}
```

comment はコメントの文字列、dir は画像ファイルを読み込むためのディレクトリ、image は画像ファイルのファイル名です。画像ファイルの URL は、上の例なら、/upload_images/8f5a846e87b0f8e7dc73d878542b2d71 です。

date は、保存した日時（基準日時からのミリ秒）です。タイムラインでは、この値から new Date() で Date オブジェクトを作成して、投稿日時を表示します。

10-1-3 画面を作る

まずは、Web ページの枠組みとなる画面レイアウトを作ります。全体の構造になる HTML ファイルは、大まかに、以下の構造になっています。

- **#imageArea**
  - **#noView** ： 画像のドロップを促す div 要素。
  - **#view** ： 画像を表示する canvas 要素。
  - **#file** ： ファイル入力欄。
- **#controlArea**
  - **#ef1** ： [セピア] ボタン。
  - **#efBack** ： [戻す] ボタン。
  - **#efSave** ： [保存] ボタン。
  - **#efDel** ： [削除] ボタン。
- **#commentArea**
  - **#commentStatus** ： 文字数を表示する span 要素。
  - **#comment** ： [コメント] 欄。
- **#sendArea**
  - **#send** ： [投稿] ボタン。
- **#postListArea**
  - 投稿された内容をタイムライン表示。

#imageArea は、少し説明が必要です。初期状態では、#noView（画像のドロップを促す div 要素）を表示して、#view（画像を表示する canvas 要素）は隠れています。画像を #imageArea にドロップしたり、#imageArea をクリックしてファイルを選んだりすると、表示と非表示が逆転して、#noView が隠れて、#view が表示されます。

また、#file（ファイル入力欄）は、常に隠れています。#imageArea をクリックした際に、ファイル読み込みダイアログを表示するために用意しています。

今回の Web ページ（シングルページアプリケーション）の JavaScript ファイルは、外部 JavaScript ファイルです。それぞれのエリアに対応したファイルを用意しています。ファイルの一覧と、それぞれの内容および、そこで利用する技術について説明します。

» common.js

全エリア共通で使う処理です。具体的には、各ボタンをクリックしたあとの表示を調整します。

» storage.js

Web ページを読み込んだときに、以前の作業状態を復帰するための処理です。Web ページの JavaScript にあるストレージ機能を使い、読み込んだ画像や、書き込んだコメントを保存します。また、保存したデータを元に、元の表示状態を復元します。

» imageArea.js

#imageArea の処理です。ドラッグ＆ドロップでファイルを読み込む処理、エリアのクリックで、ファイル読み込みダイアログを開く処理があります。この領域では、ローカルファイルの読み込みを学びます。

» controlArea.js

#controlArea の処理です。このエリアは、ボタンによる各種処理をまとめています。

[セピア] ボタンをクリックすると、Canvas から画素を取り出して、全ての画素をセピア色に変換します。

[戻す] ボタンをクリックすると、加工（セピア色化）をかける前の状態に戻します。

[保存] ボタンをクリックすると、表示している画像を、PNG 形式の画像ファイルとしてローカルに保存します。また、コメント欄に入力した文字列もテキスト

ファイルとして**ローカルに保存**します。この処理を学ぶことで、Webページで作成したデータを、どのようにローカルに保存するかが分かります。

　[削除] ボタンをクリックすると、画像ファイルを読み込む前、そしてコメントを入力する前の状態に戻します。

≫ commentArea.js

　#controlArea の処理です。コメント欄に文字を記入すると、リアルタイムに文字数を表示します。また一定の文字数を超えると、警告色に変えて文字数を表示します。

　英数字の入力だけなら、単純に入力状態を見て表示すればよいですが、日本語ではIMEの変換時は、表示を反映しないようにした方が望ましいです。そうしたIMEの状態を見ながら、文字数を表示します。

≫ sendArea.js

　#sendArea の処理です。画像や文字列のデータを、**画面遷移をせずにサーバーに送信します**。そして、送信が完了した状態で、#postListArea の表示を更新して、送信した情報を反映します。

　画像というバイナリデータと、文字列のデータを混ぜて、fetch()でサーバーに送ります。

≫ dateFormat.js

　日付の表示を上手く加工するプログラムです。タイムラインの表示用に使います。

≫ postListArea.js

　#postListArea の処理です。過去に投稿した画像やコメントが、タイムラインとして表示されます。サーバーから JSON を受け取って、その JSON をもとに表示します。こうすることで、ページ遷移をせずに必要に応じてサーバーからデータを取り、Webページに表示できます。

　以下に「index.html」を示します。CSS は煩雑になるので、本章の末尾で、関連ファイルとして掲載します。

```
 1  <!DOCTYPE html>
 2  <html lang="ja">
 3    <head>
 4      <meta charset="utf-8">
 5      <link rel="stylesheet" href="style.css">
 6    </head>
 7    <body>
 8      <div id="wrap">
 9        <div id="imageArea" class="uiArea">
10          <div id="noView">
11            <div>画像ファイルをドロップするかタップしてください。</div>
12          </div>
13          <canvas id="view" width="800" height="420"></canvas>
14          <input type="file" accept=".jpg,.jpeg,.png,.gif"
            id="file">
15        </div>
16        <div id="controlArea" class="uiArea">
17          <button id="ef1">セピア</button>
18          <button id="efBack">戻す</button>
19          <button id="efSave">保存</button>
20          <button id="efDel">削除</button>
21        </div>
22        <div id="commentArea" class="uiArea">
23          <div>コメント <span id="commentStatus"></span></div>
24          <div>
25            <textarea id="comment"
26              data-default="投稿です！"
27              data-lenmax="100"
28            ></textarea>
29          </div>
30        </div>
31        <div id="sendArea" class="uiArea">
32          <button id="send">投稿</button>
33        </div>
34        <div id="postListArea">
35        </div>
36      </div>
37
```

38	`<script src="common.js"></script>`
39	`<script src="storage.js"></script>`
40	`<script src="imageArea.js"></script>`
41	`<script src="controlArea.js"></script>`
42	`<script src="commentArea.js"></script>`
43	`<script src="sendArea.js"></script>`
44	`<script src="dateFormat.js"></script>`
45	`<script src="postListArea.js"></script>`
46	
47	`</body>`
48	`</html>`

10-1-4 common.js

何もしていない状態では、ボタンをクリックすると、ボタンがフォーカス状態に
なり、縁に黒線が表示されます。そのまま表示されると不格好なので、一定時間後
にフォーカス状態を外して、見た目を整えるようにします。ここでは、そうした処
理をしています。

➡ クリックイベント / フォーカス状態の解除の処理   chapter10/app/common.js

```
1   // windowにDOMContentLoadedの処理を登録
2   window.addEventListener('DOMContentLoaded', e => {
3       // ボタンの全要素
4       document.querySelectorAll('button')
5       .forEach(el => {
6           // クリック時のイベント登録
7           el.addEventListener('click', e => {
8               // フォーカスを解除
9               setTimeout(() => {
10                  el.blur();
11              }, 100);
12          });
13      });
14  });
```

全てのボタン要素を選択して、クリックしたあと100ミリ秒後に、フォーカスを解除します。ここでは、ボタンに .addEventListener()を使い、クリック時の処理を登録しています。

　要素のイベントへの関数の登録は、複数できます。ここで処理を追加したあと、別の場所で処理を登録しても両方有効です。このように、まったく違う処理なら、分けて登録するのも1つの方法です。

10-1-5　dateFormat.js

　dateFormat()関数は、引数にフォーマットを示す文字列と、Date オブジェクトを取り、日時を整形した文字列を戻します。

●日時の整形	chapter10/app/dateFormat.js

```
1    // 日時フォーマット
2    function dateFormat(txt, d) {
3        // 引数dが未指定なら現在の時刻でDateオブジェクトを作成
4        if (d === undefined) { d = new Date(); }
5
6        // 桁揃え用の関数
7        const dgt = (m, n) => `${m}`.padStart(n, '0').substr(-n);
8
9        // 置換用の配列を作成
10       const arr = [
11           {k: 'YYYY', v: d.getFullYear()}
12           ,{k: 'MM',   v: dgt(d.getMonth() + 1, 2)}
13           ,{k: 'DD',   v: dgt(d.getDate(), 2)}
14           ,{k: 'hh',   v: dgt(d.getHours(), 2)}
15           ,{k: 'mm',   v: dgt(d.getMinutes(), 2)}
16           ,{k: 'ss',   v: dgt(d.getSeconds(), 2)}
17       ];
18
19       // 置換用の配列を使って、引数tの内容を置換する
20       arr.forEach(x => txt = txt.replace(x.k, x.v));
21
22       // 置換結果を戻す
23       return txt;
24   }
```

以下のように指定して使います。

構文

```
const d = new Date()
const s = dateFormat('YYYY年MM月DD日 hh時mm分ss秒', d)
```

そうすると、以下のような文字列を得られます。

```
2020年10月04日 03時59分05秒
```

Date オブジェクトから地方時（現地の時間）の文字列を適切に得るのは、少し面倒です。そのため、こうした関数を用意しておくか、あるいはモジュールを使うとよいです。参考になるいくつかのモジュールを紹介しておきます。

Moment.js｜Home
URL https://momentjs.com/

Day.js・2kB JavaScript date utility library
URL https://day.js.org/

本書の執筆時点では、JavaScript に日時関係の新しい仕様が入るという話があります。1 年後、2 年後には、別の方法が最適になっている可能性もあります。

ストレージの利用

　Webページで利用していた情報を、ローカルに保存したいときがあります。た
とえば、作業途中のデータを記録しておき、Webブラウザをふたたび開いたとき
に、その情報を読み取るといった目的です。

　今回作るWebページでは、読み込んだ画像や、書き込んだコメントをWebブ
ラウザに保存しておき、ふたたび開いたときに作業状態を復帰できるようにしま
す。

　こうした機能は、WebページのJavaScriptにある**ストレージ**を使います。スト
レージには、**localStorage** と **sessionStorage** があります。sessionStorage は、
Webページを閉じた時点で消えるストレージです。そのため、今回の用途には使
えません。localStorage は、Webページを閉じたあとも残るストレージです。こ
こでは localStorage を使います。

　localStorage のプロパティとメソッドを示します。sessionStorage にも、同じ
プロパティとメソッドがあります。

Table 10-01　**localStorage のプロパティ**

プロパティ	説明
`.length`	保存されているデータアイテムの数。

Table 10-02　**localStorage のメソッド**

メソッド	説明
`.key(n)`	n番目のデータアイテムのキーを返す。
`.getItem(k)`	キーkの値を返す。存在しないときは null を返す。
`.setItem(k, s)`	キーkに、文字列の値sを登録する。
`.removeItem(k)`	キーkのデータアイテムを削除する。
`.clear()`	ストレージから全てのデータを消去する。

　以下、Webページで使う storage.js を示します。

```
 1      // windowにDOMContentLoadedの処理を登録
 2      window.addEventListener('DOMContentLoaded', e => {
 3          // Canvasの内容をストレージから復帰
 4          restoreStorageCanvas();
 5
 6          // コメントの内容をストレージから復帰
 7          restoreStorageComment();
 8      });
 9
10      //-------------------
11      // キー
12      const keyCanvas = 'appCanvas';
13      const keyCmnt   = 'appComment';
14
15      //-------------------
16      // Canvasの内容をストレージに保存
17      function saveStorageCanvas() {
18          // 要素の選択
19          const canvas = document.querySelector('#view');
20
21          // Data URLの取り出し
22          const dtUrl = canvas.toDataURL();
23
24          // ストレージに保存
25          localStorage.setItem(keyCanvas, dtUrl);
26      }
27
28      // Canvasの内容をストレージから復帰
29      function restoreStorageCanvas() {
30          // ストレージから取得
31          const dtUrl = localStorage.getItem(keyCanvas);
32          if (dtUrl === null) { return; }
33
34          // 要素の選択
35          const canvas = document.querySelector('#view');
36          const context = canvas.getContext('2d');
37
38          // 画像の読み込み
```

```
39        const img = new Image();
40        img.onload = () => {
41            // 画像の描画
42            context.drawImage(img, 0, 0);
43
44            // 読み込み時間の設定
45            canvas.setAttribute('time', Date.now());
46
47            // 表示の変更
48            const elNoView = document.querySelector('#noView');
49            elNoView.style.display = 'none';
50            canvas.style.display = 'inline';
51        };
52        img.src = dtUrl;
53    }
54
55    // Canvasの内容をストレージから削除
56    function removeStorageCanvas() {
57        // ストレージから削除
58        localStorage.removeItem(keyCanvas);
59    }
60
61    //--------------------
62    // コメントの内容をストレージに保存
63    function saveStorageComment() {
64        // 要素の選択
65        const elCmnt = document.querySelector('#comment');
66
67        // ストレージに保存
68        localStorage.setItem(keyCmnt, elCmnt.value);
69    }
70
71    // コメントの内容をストレージから復帰
72    function restoreStorageComment() {
73        // ストレージから取得
74        let txt = localStorage.getItem(keyCmnt);
75        if (txt === null) { txt = '' }
76
77        // 要素の選択
```

```
78        const elCmnt = document.querySelector('#comment');
79
80        // デフォルト値の設定
81        const txtDefault = elCmnt.dataset.default;
82        if (txt === '') { txt = txtDefault }
83
84        // 値の復帰
85        elCmnt.value = txt;
86    }
87
88    // コメントの内容をストレージから削除
89    function removeStorageComment() {
90        // ストレージから削除
91        localStorage.removeItem(keyCmnt);
92    }
```

各部を解説します。

STEP 1

DOM の読み込み完了時に、Canvas の内容をストレージから復帰します。また、コメント欄の入力文字も復帰します。

```
// Canvasとコメント欄の内容をストレージから復帰        chapter10/app/storage.js
1    // windowにDOMContentLoadedの処理を登録
2    window.addEventListener('DOMContentLoaded', e => {
3        // Canvasの内容をストレージから復帰
4        restoreStorageCanvas();
5
6        // コメントの内容をストレージから復帰
7        restoreStorageComment();
8    });
```

STEP 2

ストレージの保存に使うキーです。キーは文字列で書きます。

```
11      // キー
12      const keyCanvas = 'appCanvas';
13      const keyCmnt   = 'appComment';
```

STEP 3

Canvas の内容をストレージに保存する処理です。Canvas から Data URL を取り出して保存します。保存は .setItem()でおこないます。Data URL は文字列なので、文字列を受け付けるストレージに保存できます。

→ Canvas の内容をストレージに保存する   chapter10/app/storage.js

```
16      // Canvasの内容をストレージに保存
17      function saveStorageCanvas() {
18          // 要素の選択
19          const canvas = document.querySelector('#view');
20
21          // Data URLの取り出し
22          const dtUrl = canvas.toDataURL();
23
24          // ストレージに保存
25          localStorage.setItem(keyCanvas, dtUrl);
26      }
```

STEP 4

Canvas の内容をストレージから復帰する処理です。.getItem()を使ってデータを読み出します。一見難しそうに見えますが、内容は簡単です。処理の流れを以下に書きます。

1. ストレージから Data URL を取り出す。
2. 取り出した Data URL を、Imege オブジェクトを使って画像として読み込む。
3. 読み込んだ画像を、Canvas の 2D コンテクストに描画する。

またここでは、Canvas 要素に time 属性を追加しています。画像が読み込まれたことを示す設定です。この有無で、画像が読み込み済みか分かります。

最後に、#noView の要素(画像のドロップを促す文字列)を非表示にして、Canvas を表示にします。

●Canvas の内容をストレージから復帰する		chapter10/app/storage.js
28	// Canvasの内容をストレージから復帰	
29	function restoreStorageCanvas() {	
30	// ストレージから取得	
31	const dtUrl = localStorage.getItem(keyCanvas);	
32	if (dtUrl === null) { return; }	
33		
34	// 要素の選択	
35	const canvas = document.querySelector('#view');	
36	const context = canvas.getContext('2d');	
37		
38	// 画像の読み込み	
39	const img = new Image();	
40	img.onload = () => {	
41	// 画像の描画	
42	context.drawImage(img, 0, 0);	
43		
44	// 読み込み時間の設定	
45	canvas.setAttribute('time', Date.now());	
46		
47	// 表示の変更	
48	const elNoView = document.querySelector('#noView');	
49	elNoView.style.display = 'none';	
50	canvas.style.display = 'inline';	
51	};	
52	img.src = dtUrl;	
53	}	

STEP 5

Canvas の内容をストレージから削除する処理です。.removeItem()を使うだけなので簡単です。

●Canvas の内容をストレージから削除する		chapter10/app/storage.js
55	// Canvasの内容をストレージから削除	
56	function removeStorageCanvas() {	
57	// ストレージから削除	
58	localStorage.removeItem(keyCanvas);	
59	}	

以降は、コメント欄に対しての処理です。

コメントの内容をストレージに保存する処理です。.setItem()を使って保存します。Canvas のときとキーが違う(keyCmnt)ことに注意してください。

	コメントの内容をストレージに保存する　　　　　　　　　　　chapter10/app/storage.js
62	// コメントの内容をストレージに保存
63	function saveStorageComment() {
64	// 要素の選択
65	const elCmnt = document.querySelector('#comment');
66	
67	// ストレージに保存
68	localStorage.setItem(keyCmnt, elCmnt.value);
69	}

STEP 7

コメントの内容をストレージから復帰する処理です。.getItem()で読み出します。

デフォルト値の設定の行に注目してください。elCmnt.dataset.default を、デフォルトの文字列にしています。<tagName data-default=" ～ "> のように、data- ではじまる属性は、dataset を使って読み取れます。data-default のときは、要素 .dataset.default で値を読めます。

	コメントの内容をストレージから復帰する　　　　　　　　　chapter10/app/storage.js
71	// コメントの内容をストレージから復帰
72	function restoreStorageComment() {
73	// ストレージから取得
74	let txt = localStorage.getItem(keyCmnt);
75	if (txt === null) { txt = '' }
76	
77	// 要素の選択
78	const elCmnt = document.querySelector('#comment');
79	
80	// デフォルト値の設定
81	const txtDefault = elCmnt.dataset.default;
82	if (txt === '') { txt = txtDefault }

83	
84	// 値の復帰
85	elCmnt.value = txt;
86	}

STEP 8

コメントの内容をストレージから削除する処理です。.removeItem()でデータを削除します。

→コメントの内容をストレージから削除する	chapter10/app/storage.js
88	// コメントの内容をストレージから削除
89	function removeStorageComment() {
90	// ストレージから削除
91	localStorage.removeItem(keyCmnt);
92	}

ドラッグ＆ドロップと
ファイルの読み込み

　ここでは、id が imageArea の領域の処理を解説します。ここでは、３つの大きな処理があります。

- ドラッグ＆ドロップでのファイルの受け付け。
- ファイル選択ダイアログでのファイルの選択。
- ローカルファイルの読み込み。

　Web ページの JavaScript では、通常はローカルのファイルを直接読み込むことはできません。しかし、ユーザーが直接ファイルを指定した場合は、読み込みが許可されます。ファイルのドラッグ＆ドロップや、ファイル選択ダイアログは、そうしたユーザーが直接ファイルを指定する方法です。
　ここでは、先に全体のコードを示したあと、各部を解説しながら、これらの仕様を把握していきます。

```
ドラッグ＆ドロップとファイルの読み込み                          chapter10/app/imageArea.js
1      // windowにDOMContentLoadedの処理を登録
2      window.addEventListener('DOMContentLoaded', e => {
3          // 画像エリアの要素
4          const elImgA = document.querySelector('#imageArea');
5          const elNoView = document.querySelector('#noView');
6          const elFile = document.querySelector('#file');
7
8          // Canvas関係の要素
9          const canvas = document.querySelector('#view');
10         const context = canvas.getContext('2d');
11
12         //--------------------
13         // 画像エリアにドロップしたときの処理
14         elImgA.addEventListener('dragover', e => {
15             e.preventDefault();
16         });
17         elImgA.addEventListener('dragleave', e => {
```

18	e.preventDefault();
19	});
20	elImgA.addEventListener('drop', e => {
21	e.preventDefault();
22	uiReadImage(e.dataTransfer.files[0]);
23	});
24	
25	// 画像エリアをクリックしたときの処理
26	elImgA.addEventListener('click', e => {
27	elFile.click();
28	});
29	elFile.addEventListener('change', e => {
30	uiReadImage(e.target.files[0]);
31	});
32	
33	//---------------------
34	// 以降関数
35	
36	// 画像エリア ファイルの読み込み
37	async function uiReadImage(file) {
38	// 画像の読み込みとCanvasへの描画
39	try {
40	const dtURL = await readImage(file);
41	await drawImage(dtURL, canvas, context);
42	} catch(e) {
43	return;
44	}
45	
46	// 表示の変更
47	elNoView.style.display = 'none';
48	canvas.style.display = 'inline';
49	
50	// 読み込み時間の設定
51	canvas.setAttribute('time', Date.now());
52	
53	// キャンバスの内容をストレージに保存
54	saveStorageCanvas();
55	}

```
56
57         // 画像ファイルの読み込み
58         function readImage(file) {
59             return new Promise((resolve, reject) => {
60                 // ファイル種類の有効性の確認
61                 const re = /¥.(png|jpg|jpeg|gif)$/i;
62                 if (! file.name.match(re)) {
63                     reject();
64                     return;
65                 }
66
67                 // ファイルの読み込み
68                 const reader = new FileReader();
69                 reader.onload = () => {
70                     resolve(reader.result);
71                 };
72                 reader.readAsDataURL(file);
73             });
74         }
75
76         // 画像の描画
77         function drawImage(url, canvas, context) {
78             return new Promise((resolve, reject) => {
79                 // 画像を読み込み
80                 const img = new Image();
81                 img.src =url;
82                 img.onload = () => {
83                     // 横幅、高さの変数を作成
84                     const wC = canvas.width;
85                     const hC = canvas.height;
86                     const wI = img.width;
87                     const hI = img.height;
88
89                     // 読み込んだ画像を貼り付け
90                     context.drawImage(img, 0, 0, wI, hI,
91                         0, 0, wC, hC);
92                     resolve();
93                 };
```

94	`        });`
95	`    }`
96	`});`

各部を説明します。

STEP 1

まず、今回使う各要素やCanvas関連の変数を作成します。

```
●要素／変数の作成                                    chapter10/app/imageArea.js
3      // 画像エリアの要素
4      const elImgA = document.querySelector('#imageArea');
5      const elNoView = document.querySelector('#noView');
6      const elFile = document.querySelector('#file');
7
8      // Canvas関係の要素
9      const canvas = document.querySelector('#view');
10     const context = canvas.getContext('2d');
```

STEP 2

　画像エリアで、ドロップを受け付ける処理です。dragover、dragleave、drop
といったイベントで、e.preventDefault()を実行して、通常のファイルドロップ時
の処理を無効にします。そうしなければ、ファイルをドロップした時点でそのファ
イルが別タブで読み込まれてしまうからです。

　そしてdropに登録した関数の末尾で、uiReadImage()関数（後述のユーザー定
義関数）にe.dataTransfer.files [0] という値を渡します。この値が、JavaScript
が受け取るファイルの情報です。

```
13              // 画像エリアにドロップしたときの処理
14              elImgA.addEventListener('dragover', e => {
15                  e.preventDefault();
16              });
17              elImgA.addEventListener('dragleave', e => {
18                  e.preventDefault();
19              });
20              elImgA.addEventListener('drop', e => {
21                  e.preventDefault();
22                  uiReadImage(e.dataTransfer.files[0]);
23              });
```

STEP 3

　uiReadImage()関数の紹介をおこなう前に、ファイル読み込みダイアログの説明を先にします。画像エリアをクリックすると、`<input type="file" 〜 id="file">` の要素を、プログラムからクリックします。そうすることで、ファイルボタンをクリックしたのと同じ状態になり、ファイル読み込みダイアログが開きます。

　id が file の要素には、change イベントが発生したときの関数を登録しています。この関数では、uiReadImage()関数に e.target.files [0] という値を渡します。この値が、JavaScript が受け取るファイルの情報です。

　使っている uiReadImage()関数は、ドラッグ&ドロップの処理と同じです。次は、この関数を見ていきます。

```
25              // 画像エリアをクリックしたときの処理
26              elImgA.addEventListener('click', e => {
27                  elFile.click();
28              });
29              elFile.addEventListener('change', e => {
30                  uiReadImage(e.target.files[0]);
31              });
```

uiReadImage()関数では、画像ファイルの読み込みを readImage()関数(後述のユーザー定義関数)でおこない、Data URL を受け取ります。また、画像の描画を drawImage()関数(後述のユーザー定義関数)でおこない、読み込んだ画像をCanvas に描画します。これらの関数は、非同期関数です。await をつけて、処理が終わるまで待ってから進めます。uiReadImage()関数には、async がついていることに注意してください。

これらの処理の途中で何らかのエラーが発生したときは、try catch 文で catch節に飛び、そこで処理を終了します。画像として解釈できないファイルを読み込もうとしたときには、ここで処理が終了します。

画像の読み込みが終わったあとは、id が noView の要素を非表示にして、Canvas を表示に変えます。また、読み込み済みを示す time 属性を Canvas に追加します。値は、現在の時間(基準日時からのミリ秒)です。

最後に、読み込んだ Canvas の内容をストレージに保存します。

● 画像エリアへのファイルの読み込み　　　　　　　　　　　　chapter10/app/imageArea.js

```
36      // 画像エリア ファイルの読み込み
37      async function uiReadImage(file) {
38          // 画像の読み込みとCanvasへの描画
39          try {
40              const dtURL = await readImage(file);
41              await drawImage(dtURL, canvas, context);
42          } catch(e) {
43              return;
44          }
45
46          // 表示の変更
47          elNoView.style.display = 'none';
48          canvas.style.display = 'inline';
49
50          // 読み込み時間の設定
51          canvas.setAttribute('time', Date.now());
52
53          // キャンバスの内容をストレージに保存
54          saveStorageCanvas();
55      }
```

　画像ファイルの読み込みは、FileReader オブジェクトを使います。読み込みは、onload 属性に読み込み後に実行する関数を代入して、.readAsDataURL()で Data URL として読み込みます。結果は reader.result で得ます。ここでは、Promise の resolve()を使い、呼び出し元に戻します。

　FileReader オブジェクトには、ローカルデータを読み込むメソッドがいくつかあります。それらの一部を紹介します。

Table 10-03　**FileReader オブジェクトのメソッド**

メソッド	説明
`.readAsText(f)`	ファイル f を、文字列として読み込む。
`.readAsDataURL(f)`	ファイル f を、Data URL として読み込む。
`.readAsArrayBuffer(f)`	ファイル f を、ArrayBuffer として読み込む。

　上のメソッドは、ファイルの代わりに Blob も使えます。Blob は、変更不可な生データを持つ、ファイル風オブジェクトです。ArrayBuffer は、固定長の生バイナリデータのバッファです。Blob や ArrayBuffer は、複雑なバイナリの処理が必要になったときに調べるとよいです。画像をあつかう範囲では、くわしく知る必要はないです。

　以下、画像ファイルを読み込む処理を示します。

→画像ファイルの読み込み	chapter10/app/imageArea.js
57	// 画像ファイルの読み込み
58	function readImage(file) {
59	return new Promise((resolve, reject) => {
60	// ファイル種類の有効性の確認
61	const re = /¥.(png|jpg|jpeg|gif)$/i;
62	if (! file.name.match(re)) {
63	reject();
64	return;
65	}
66	
67	// ファイルの読み込み

68	`            const reader = new FileReader();`
69	`            reader.onload = () => {`
70	`                resolve(reader.result);`
71	`            };`
72	`            reader.readAsDataURL(file);`
73	`        });`
74	`    }`

STEP 6

　画像の描画は、すでに学んだ処理です。Image オブジェクトを使って Data URL を画像として読み込み、2D コンテクストに描画します。ここでは処理を簡便化するために、どんな縦横比の画像も、同じサイズに無理やり貼り付けています。実際には、どの部分で切り抜くかなど、処理を考える必要があるでしょう。

●画像の描画　　　　　　　　　　　　　　　　　　　　　　chapter10/app/imageArea.js

76	`    // 画像の描画`
77	`    function drawImage(url, canvas, context) {`
78	`        return new Promise((resolve, reject) => {`
79	`            // 画像を読み込み`
80	`            const img = new Image();`
81	`            img.src =url;`
82	`            img.onload = () => {`
83	`                // 横幅、高さの変数を作成`
84	`                const wC = canvas.width;`
85	`                const hC = canvas.height;`
86	`                const wI = img.width;`
87	`                const hI = img.height;`
88	
89	`                // 読み込んだ画像を貼り付け`
90	`                context.drawImage(img, 0, 0, wI, hI,`
91	`                    0, 0, wC, hC);`
92	`                resolve();`
93	`            };`
94	`        });`
95	`    }`

10-4 作ったファイルの ローカルへの保存

　ここでは、id が controlArea の領域の処理を解説します。ここで最も大切なの
は、画像ファイルやテキストファイルを自動でダウンロードさせる処理です。全体
のプログラムを示したあと、各部の処理を解説します。

	作ったファイルのローカルへの保存 chapter10/app/controlArea.js
1	`// windowにDOMContentLoadedの処理を登録`
2	`window.addEventListener('DOMContentLoaded', e => {`
3	`    // ボタンの要素`
4	`    const elEf1 = document.querySelector('#ef1');`
5	`    const elEfBack = document.querySelector('#efBack');`
6	`    const elEfSave = document.querySelector('#efSave');`
7	`    const elEfDel = document.querySelector('#efDel');`
8	
9	`    // Canvas関係の要素`
10	`    const canvas = document.querySelector('#view');`
11	`    const context = canvas.getContext('2d');`
12	
13	`    //--------------------`
14	`    // セピアボタンをクリックしたときの処理`
15	`    elEf1.addEventListener('click', e => {`
16	`        // 読み込み日時の確認`
17	`        if (! checkTime()) { return; }`
18	
19	`        // セピア色化`
20	`        efSepia(canvas, context);`
21	`    });`
22	
23	`    // 戻すボタンをクリックしたときの処理`
24	`    elEfBack.addEventListener('click', e => {`
25	`        // 読み込み日時の確認`
26	`        if (! checkTime()) { return; }`
27	
28	`        // 戻す`

```
29              efBack(context);
30          });
31
32          // 保存ボタンをクリックしたときの処理
33          elEfSave.addEventListener('click', e => {
34              // 読み込み日時の確認
35              if (! checkTime()) { return; }
36
37              // 保存
38              efSave(canvas);
39          });
40
41          // 削除ボタンをクリックしたときの処理
42          elEfDel.addEventListener('click', e => {
43              // 表示の変更
44              const elNoView = document.querySelector('#noView');
45              elNoView.style.display = 'block';
46              canvas.style.display = 'none';
47
48              // コメントの削除
49              const elCmnt = document.querySelector('#comment');
50              elCmnt.value = '';
51
52              // ストレージを削除
53              removeStorageCanvas();   // Canvas
54              removeStorageComment();  // コメント
55
56              // 初期値の復帰
57              restoreStorageComment();  // コメント
58          });
59
60          //-----------------------
61          // 以降関数
62
63          // 読み込み最終時刻
64          let timeOld = null;
65          let imgDataCache = null;
66
67          // 読み込み日時の確認
```

```
68    function checkTime() {
69        // 読み込み日時の取得
70        const time = canvas.getAttribute('time');
71
72        // 読み込みがまだか確認
73        if (time === null) { return false; }
74
75        // 読み込みが新しいか確認
76        if (time !== timeOld) {
77            // ImageDataのキャッシュを得る
78            imgDataCache = context.getImageData(
79                0, 0, canvas.width, canvas.height);
80        }
81
82        // 読み込み日時の更新
83        timeOld = time;
84
85        // 正常終了という結果を戻す
86        return true;
87    }
88
89    // セピア色化
90    function efSepia(canvas, context) {
91        // 変数の初期化
92        const w = canvas.width;
93        const h = canvas.height;
94        const imgDt = context.getImageData(0, 0, w, h);
95        const data = imgDt.data;
96
97        // 画素に対して処理をする
98        for (let i = 0; i < data.length; i += 4) {
99            // RGBAを取り出す
100            const r = data[i + 0];
101            const g = data[i + 1];
102            const b = data[i + 2];
103            const a = data[i + 3];
104
105            // 輝度を計算
106            let Y = 0.298912 * r + 0.586611 * g + 0.114478 * b;
```

```
107              Y = Math.trunc(Y);
108
109              // RGBの値を上書き
110              data[i + 0] = Math.trunc(Y * 240 / 255);
111              data[i + 1] = Math.trunc(Y * 200 / 255);
112              data[i + 2] = Math.trunc(Y * 145 / 255);
113          }
114
115          // ImageDataオブジェクトを描画する
116          context.putImageData(imgDt, 0, 0);
117      }
118
119      // 戻す
120      function efBack(context) {
121          // ImageDataオブジェクトを描画する
122          context.putImageData(imgDataCache, 0, 0);
123      }
124
125      // 保存
126      function efSave(canvas) {
127          // 画像ファイルの保存
128          saveImage(canvas);
129
130          // テキストファイル（コメント）の保存
131          saveComment();
132      }
133
134      // 画像ファイルの保存
135      function saveImage(canvas) {
136          // Data URLを取り出す
137          const dtUrl = canvas.toDataURL();
138
139          // a要素の作成
140          const elA = document.createElement('a');
141
142          // ダウンロード用のファイル名を指定
143          elA.setAttribute('download', 'save.png');
144
145          // URLを指定
```

```
146            elA.setAttribute('href', dtUrl);
147
148        // bodyに追加して、クリックして、取りのぞく
149            document.body.appendChild(elA);
150            elA.click();
151            elA.remove();
152        }
153
154        // テキストファイル（コメント）の保存
155        function saveComment() {
156            // コメント部分保存用の文字列を読み取る
157            const elCmnt = document.querySelector('#comment');
158            const txt = 'comment:' + elCmnt.value;
159
160            // blobを作り、Object URLを作る
161            const blob = new Blob([txt], {type: 'text/plain'});
162            const url = URL.createObjectURL(blob);
163
164            // a要素の作成
165            const elA = document.createElement('a');
166
167            // ダウンロード用のファイル名を指定
168            elA.setAttribute('download', 'save.txt');
169
170            // URLを指定
171            elA.setAttribute('href', url);
172
173            // bodyに追加して、クリックして、取りのぞく
174            document.body.appendChild(elA);
175            elA.click();
176            elA.remove();
177
178            // Object URLを破棄する
179            URL.revokeObjectURL(url);
180        }
181    });
```

各部を説明します。

STEP 1

まず、今回使う各要素や Canvas 関連の変数を作成します。

```
● 各要素の選択                                      chapter10/app/controlArea.js
3        // ボタンの要素
4        const elEf1 = document.querySelector('#ef1');
5        const elEfBack = document.querySelector('#efBack');
6        const elEfSave = document.querySelector('#efSave');
7        const elEfDel = document.querySelector('#efDel');
8
9        // Canvas関係の要素
10       const canvas = document.querySelector('#view');
11       const context = canvas.getContext('2d');
```

STEP 2

次に、処理がよく似ている［セピア］［戻す］［保存］ボタンのプログラムを示します。それぞれ、checkTime()関数（後述のユーザー定義関数）の戻り値が false なら処理を終了します。checkTime()関数は、Canvas に属性 time があるかを確認します。なければ、まだ画像が読み込まれていませんので false を戻します。この確認をしたあと、それぞれのボタンに対応した関数を実行します。

```
● ［セピア］［戻す］［保存］ボタンの処理              chapter10/app/controlArea.js
14       // セピアボタンをクリックしたときの処理
15       elEf1.addEventListener('click', e => {
16           // 読み込み日時の確認
17           if (! checkTime()) { return; }
18
19           // セピア色化
20           efSepia(canvas, context);
21       });
22
23       // 戻すボタンをクリックしたときの処理
24       elEfBack.addEventListener('click', e => {
25           // 読み込み日時の確認
26           if (! checkTime()) { return; }
```

27	
28	// 戻す
29	efBack(context);
30	});
31	
32	// 保存ボタンをクリックしたときの処理
33	elEfSave.addEventListener('click', e => {
34	// 読み込み日時の確認
35	if (! checkTime()) { return; }
36	
37	// 保存
38	efSave(canvas);
39	});

STEP 3

[削除] ボタンの処理だけ、少し特殊です。表示を初期状態に戻し、ストレージを削除します。最後に restoreStorageComment() を実行しているのは、入力欄が空のときのデフォルト文字列を表示するためです。

● [削除] ボタンをクリックしたときの処理   chapter10/app/controlArea.js

41	// 削除ボタンをクリックの処理
42	elEfDel.addEventListener('click', e => {
43	// 表示の変更
44	const elNoView = document.querySelector('#noView');
45	elNoView.style.display = 'block';
46	canvas.style.display = 'none';
47	
48	// コメントの削除
49	const elCmnt = document.querySelector('#comment');
50	elCmnt.value = '';
51	
52	// ストレージを削除
53	removeStorageCanvas(); // Canvas
54	removeStorageComment(); // コメント
55	
56	// 初期値の復帰
57	restoreStorageComment(); // コメント
58	});

STEP **4**

読み込み日時の確認処理です。Canvas の time 属性が空のときは null が返るので、return false で処理を打ち切り、false を返します。

また、読み込み日時が timeOld と違う値なら、新規の画像ファイルが読み込まれたので、2D コンテクストから ImageData を取り出して、imgDataCache に代入します。この imgDataCache は [戻る] ボタンをクリックしたときに使います。

最後に return true で、true を戻し、正常終了を呼び出し元に知らせます。

	読み込み日時の確認処理	chapter10/app/controlArea.js
63	// 読み込み最終時刻	
64	let timeOld = null;	
65	let imgDataCache = null;	
66		
67	// 読み込み日時の確認	
68	function checkTime() {	
69	// 読み込み日時の取得	
70	const time = canvas.getAttribute('time');	
71		
72	// 読み込みがまだか確認	
73	if (time === null) { return false; }	
74		
75	// 読み込みが新しいか確認	
76	if (time !== timeOld) {	
77	// ImageDataのキャッシュを得る	
78	imgDataCache = context.getImageData(	
79	0, 0, canvas.width, canvas.height);	
80	}	
81		
82	// 読み込み日時の更新	
83	timeOld = time;	
84		
85	// 正常終了という結果を戻す	
86	return true;	
87	}	

STEP 5

セピア色化の処理です。画素をもとに、輝度を計算して、RGB の値を上書きします。すでに学んだことの応用です。

●セピア色化の処理	chapter10/app/controlArea.js

```
 89          // セピア色化
 90          function efSepia(canvas, context) {
 91              // 変数の初期化
 92              const w = canvas.width;
 93              const h = canvas.height;
 94              const imgDt = context.getImageData(0, 0, w, h);
 95              const data = imgDt.data;
 96
 97              // 画素に対して処理をする
 98              for (let i = 0; i < data.length; i += 4) {
 99                  // RGBAを取り出す
100                  const r = data[i + 0];
101                  const g = data[i + 1];
102                  const b = data[i + 2];
103                  const a = data[i + 3];
104
105                  // 輝度を計算
106                  let Y = 0.298912 * r + 0.586611 * g + 0.114478 * b;
107                  Y = Math.trunc(Y);
108
109                  // RGBの値を上書き
110                  data[i + 0] = Math.trunc(Y * 240 / 255);
111                  data[i + 1] = Math.trunc(Y * 200 / 255);
112                  data[i + 2] = Math.trunc(Y * 145 / 255);
113              }
114
115              // ImageDataオブジェクトを描画する
116              context.putImageData(imgDt, 0, 0);
117          }
```

STEP 6

画像の加工を戻す処理です。imgDataCache を上書きするだけで元に戻ります。

● 画像の加工を戻す処理	chapter10/app/controlArea.js
119	// 戻す
120	function efBack(context) {
121	// ImageDataオブジェクトを描画する
122	context.putImageData(imgDataCache, 0, 0);
123	}

STEP 7

[保存] ボタンの処理です。画像ファイルの保存と、テキストファイル(コメント)の保存の関数を実行します。Web ブラウザで、ファイルのダウンロードを許可するか、確認が出るはずです。許可して、ファイルのダウンロードを確認してください。ダウンロード先は、Web ブラウザ規定のダウンロードフォルダです。

● [保存] ボタンの処理	chapter10/app/controlArea.js
125	// 保存
126	function efSave(canvas) {
127	// 画像ファイルの保存
128	saveImage(canvas);
129	
130	// テキストファイル (コメント) の保存
131	saveComment();
132	}

STEP 8

画像ファイルの保存です。Canvas から Data URL を取り出したあと、document. createElement() で a タグの要素を作ります。a タグは、リンクに使う HTML の部品です。この a タグに download 属性をつけてファイル名を設定して、href 属性に Data URL を設定すると、指定した名前でファイルをダウンロードできます。

a 要素は、document.body に子要素として追加します。そして、.click() メソッドでクリックすると、ダウンロードがはじまります。最後に、.remove() で body から取りのぞきます。

```
134        // 画像ファイルの保存
135        function saveImage(canvas) {
136            // Data URLを取り出す
137            const dtUrl = canvas.toDataURL();
138
139            // a要素の作成
140            const elA = document.createElement('a');
141
142            // ダウンロード用のファイル名を指定
143            elA.setAttribute('download', 'save.png');
144
145            // URLを指定
146            elA.setAttribute('href', dtUrl);
147
148            // bodyに追加して、クリックして、取りのぞく
149            document.body.appendChild(elA);
150            elA.click();
151            elA.remove();
152        }
```

STEP 9

　テキストファイル(コメント)の保存です。画像ファイルだけでなく、テキストファイルなどもダウンロードできます。この機能を使えば、HTML ファイルや CSV ファイルを作って保存することも可能です。

　ファイルの保存には、Blob と URL.createObjectURL()を使います。Blob は、以下の形式でデータを作ります。MIME タイプの文字列は、ここでは text/plain です。

構文

```
new Blob([データの入った要素, ...], {type: MIMEタイプの文字列});
```

　URL.createObjectURL() は、Blob から Data URL を作ります。最後に、URL.revokeObjectURL()でメモリーからデータを解放します。解放しなければ、Web ページを閉じるまで、メモリーを使いっぱなしになります。URL.createObjectURL

()では、大きなデータをあつかうことが多いので解放した方がよいです。

　以下に、実際に文字列をダウンロードさせるプログラムを示します。

●テキストファイル（コメント）の保存　　　　　　　　　chapter10/app/controlArea.js

```
154          // テキストファイル（コメント）の保存
155          function saveComment() {
156              // コメント部分保存用の文字列を読み取る
157              const elCmnt = document.querySelector('#comment');
158              const txt = 'comment:' + elCmnt.value;
159
160              // blobを作り、Object URLを作る
161              const blob = new Blob([txt], {type: 'text/plain'});
162              const url = URL.createObjectURL(blob);
163
164              // a要素の作成
165              const elA = document.createElement('a');
166
167              // ダウンロード用のファイル名を指定
168              elA.setAttribute('download', 'save.txt');
169
170              // URLを指定
171              elA.setAttribute('href', url);
172
173              // bodyに追加して、クリックして、取りのぞく
174              document.body.appendChild(elA);
175              elA.click();
176              elA.remove();
177
178              // Object URLを破棄する
179              URL.revokeObjectURL(url);
180          }
```

⑩ Webページを作ろう

501

10-5 入力文字数をリアルタイムに表示する

　ここでは、id が commentArea の領域の処理を解説します。ここでは入力文字数をリアルタイムに表示します。その際、IME の変換時は処理を避けます。こうした処理のやり方を見ていきます。全体のプログラムを示したあと、各部の処理を解説します。

	入力文字数をリアルタイムに表示する	chapter10/app/commentArea.js
1	// windowにDOMContentLoadedの処理を登録	
2	window.addEventListener('DOMContentLoaded', e => {	
3	// 要素	
4	const elCmnt = document.querySelector('#comment');	
5	const elStat = document.querySelector('#commentStatus');	
6		
7	//--------------------	
8	// IME入力時の制御	
9	let isComposition = false;	
10		
11	// IME入力開始時の処理	
12	elCmnt.addEventListener('compositionstart', e => {	
13	// IME入力中	
14	isComposition = true;	
15	});	
16		
17	// IME入力終了時の処理	
18	elCmnt.addEventListener('compositionend', e => {	
19	// IME入力終了	
20	isComposition = false;	
21		
22	// コメント入力時の処理	
23	inputComment();	
24	});	
25		
26	// コメント欄、入力時の処理	
27	elCmnt.addEventListener('input', e => {

```
28          // IME入力時は無視
29          if (isComposition) { return; }
30
31          // コメント入力時の処理
32          inputComment();
33      });
34
35      //------------------
36      // 以降関数
37
38      // コメント入力時の処理
39      function inputComment() {
40          // 入力情報の取得
41          const txt = elCmnt.value;
42          const len = [...txt].length;
43          const lenMax = parseInt(elCmnt.dataset.lenmax);
44          console.log(txt, len);
45
46          // 入力情報の表示
47          const cls = len <= lenMax
48              ? 'inputStatus' : 'inputStatus inputStatusWarn'
49          const msg = `<span class="${cls}">`
50              + ` (${len}文字 / 最大${lenMax}文字) </span>`;
51          elStat.innerHTML = msg;
52
53          // コメントの内容をストレージに保存
54          saveStorageComment();
55      }
56  });
```

各部を説明します。

STEP 1

まず、今回使う各要素の変数を作成します。

● 各要素の選択	chapter10/app/commentArea.js
3	// 要素
4	const elCmnt = document.querySelector('#comment');
5	const elStat = document.querySelector('#commentStatus');

STEP 2

入力時に、リアルタイムに処理をおこなうには、いくつか方法があります。ここでは input イベントを使い、関数を呼び出します。その際、IME の変換を避けるために、compositionstart イベント（変換開始）と、compositionend イベント（変換終了）も利用します。

compositionstart イベントで関数が呼ばれると、変数 isComposition を true にします。変数 isComposition が true のあいだ、input イベントの関数では処理をおこないません。そして、compositionend イベントの関数で、変数 isComposition を false にします。

compositionend イベントは、input イベントよりもあとに起きます。そのため、このままでは IME 確定後に input の処理ができません。そこで、input と同じように inputComment()関数（後述のユーザー定義関数）を実行します。

● IME の変換を避けながら入力時の処理をおこなう	chapter10/app/commentArea.js
8	// IME入力時の制御
9	let isComposition = false;
10	
11	// IME入力開始
12	elCmnt.addEventListener('compositionstart', e => {
13	// IME入力中
14	isComposition = true;
15	});
16	
17	// IME入力終了
18	elCmnt.addEventListener('compositionend', e => {

19	// IME入力終了
20	isComposition = false;
21	
22	// コメント入力時の処理
23	inputComment();
24	});
25	
26	// コメント欄、入力時の処理
27	elCmnt.addEventListener('input', e => {
28	// IME入力時は無視
29	if (isComposition) { return; }
30	
31	// コメント入力時の処理
32	inputComment();
33	});

STEP 3

コメント入力時の処理をおこなう inputComment() 関数です。入力が発生すると、id が commentStatus の要素に、入力文字数を表示します。最大文字数は、id が comment の要素の data-lenmax から得ます。data- が先頭についている属性の値は、.dataset.lenmax のように得られます。

入力文字数が lenMax 以内なら、span 要素のクラスを inputStatus に、超えると inputStatus inputStatusWarn の 2 つにします。inputStatusWarn が加わると、CSS の設定で文字が赤くなります。

最後に、コメントの内容をストレージに保存します。

●コメント入力時の処理	chapter10/app/commentArea.js
38	// コメント入力時の処理
39	function inputComment() {
40	// 入力情報の取得
41	const txt = elCmnt.value;
42	const len = [...txt].length;
43	const lenMax = parseInt(elCmnt.dataset.lenmax);
44	console.log(txt, len);
45	
46	// 入力情報の表示

```
47          const cls = len <= lenMax
48              ? 'inputStatus' : 'inputStatus inputStatusWarn'
49          const msg = `<span class="${cls}">`
50              + ` (${len}文字 / 最大${lenMax}文字) </span>`;
51          elStat.innerHTML = msg;
52
53          // コメントの内容をストレージに保存
54          saveStorageComment();
55      }
```

10-6 画面遷移せずに ファイルをサーバーに送信

　ここでは、id が sendArea の領域の処理を解説します。ここでは画像のバイナリと、コメント欄のテキストを、同時にサーバーに送信します。その際、フォーム入力時の送信とは違い、画面遷移をおこないません。また、送信完了後、投稿が並んでいるタイムラインを更新します。全体のプログラムを示したあと、各部の処理を解説します。

●画面遷移せずにファイルをサーバーに送信	sample/chapter10/app/sendArea.js

```
1    // windowにDOMContentLoadedの処理を登録
2    window.addEventListener('DOMContentLoaded', e => {
3        // 要素
4        const elSend = document.querySelector('#send');
5        const elCmnt = document.querySelector('#comment');
6
7        // Canvas関係の要素
8        const canvas = document.querySelector('#view');
9
10       //--------------------
11       // 投稿ボタン クリックの処理
12       elSend.addEventListener('click', e => {
13           // データ送信
14           sendData();
15       });
16
17       //--------------------
18       // データ送信
19       function sendData() {
20           // コメントデータの取得
21           const comment = elCmnt.value;
22           const len = [...comment].length;
23           const lenMax = parseInt(elCmnt.dataset.lenmax);
24
25           // コメントデータの確認
26           if (len > lenMax) {
```

27	`        const msg = `${len}文字です。¥n``
28	`            + `最大文字数${lenMax}より長いです。`;`
29	`        alert(msg);`
30	`        return;`
31	`    }`
32	
33	`    //--------------------`
34	`    // 画像データの確認`
35	`    const time = canvas.getAttribute('time');`
36	`    if (time === null) {`
37	`        const msg = '画像が読み込まれていません。';`
38	`        alert(msg);`
39	`        return;`
40	`    }`
41	
42	`    // 画像データの取得`
43	`    const dtUrl = canvas.toDataURL();`
44	
45	`    // Base64からバイナリへ変換`
46	`    const bin = atob(dtUrl.replace(/^.*?,/, ''));`
47	`    const buf = new Uint8Array(bin.length);`
48	`    for (let i = 0; i < bin.length; i++) {`
49	`        buf[i] = bin.charCodeAt(i);`
50	`    }`
51	
52	`    // Blobを作成`
53	`    const blob = new Blob([buf.buffer], {type: 'image/png'});`
54	
55	`    //--------------------`
56	`    // 送信用のデータ準備`
57	`    const formData = new FormData();`
58	`    formData.append('comment', comment);`
59	`    formData.append('image', blob);`
60	
61	`    // 送信処理`
62	`    fetch('/post', {`
63	`        method: 'POST',`
64	`        body: formData`
65	`    })`

```
66              .then(response => {
67                  // サーバーからのレスポンスが異常ならエラーを出す
68                  if (! response.ok) {
69                      throw new Error(response);
70                  }
71
72                  // 正常にサーバーからレスポンスが正常ならテキストを返す
73                  return response.text();
74              })
75              .then(data => {
76                  console.log('Success:', data);
77
78                  // 表示を更新
79                  updatePostList();
80              })
81              .catch(error => {
82                  console.log('Error:', error);
83              });
84          }
85      });
```

各部を説明します。

STEP 1

まず、今回使う各要素や Canvas 関連の変数を作成します。

● 各要素の選択	chapter10/app/sendArea.js
3	`// 要素`
4	`const elSend = document.querySelector('#send');`
5	`const elCmnt = document.querySelector('#comment');`
6	
7	`// Canvas関係の要素`
8	`const canvas = document.querySelector('#view');`

　[投稿] ボタンをクリックしたときの処理です。sendData()（ユーザー定義関数）を呼び出します。今回の処理は、この関数だけなので、中身は処理の内容ごとに分けて解説していきます。

	投稿ボタンをクリックしたときの処理	chapter10/app/sendArea.js
11	// 投稿ボタン クリックの処理	
12	elSend.addEventListener('click', e => {	
13	// データ送信	
14	sendData();	
15	});	
16		
17	//-------------------	
18	// データ送信	
19	function sendData() {	
	～中略～	
84	}	

　まず、コメント欄の文字列を取得します。文字数が長すぎるときは、アラートダイアログを出して処理を中止します。

	コメント欄の文字列を取得する	chapter10/app/sendArea.js
20	// コメントデータの取得	
21	const comment = elCmnt.value;	
22	const len = [...comment].length;	
23	const lenMax = parseInt(elCmnt.dataset.lenmax);	
24		
25	// コメントデータの確認	
26	if (len > lenMax) {	
27	const msg = `${len}文字です。¥n`	
28	+ `最大文字数${lenMax}より長いです。`;	
29	alert(msg);	
30	return;	
31	}	

STEP 4

次は画像データの確認と Data URL の取得です。time 属性が存在しないときは、何も画像が読み込まれていないので、アラートダイアログを出して処理を中止します。

● 画像データの確認と Date URL の取得   chapter10/app/sendArea.js

```
34          // 画像データの確認
35          const time = canvas.getAttribute('time');
36          if (time === null) {
37              const msg = '画像が読み込まれていません。';
38              alert(msg);
39              return;
40          }
41
42          // 画像データの取得
43          const dtUrl = canvas.toDataURL();
```

STEP 5

Data URL の先頭の「,」の前の部分を削除して、atob()関数でバイナリに変換します。さらに、Uint8Array オブジェクトをバイナリの長さで作り、データを格納します。最後に、これらのデータから Blob を作ります。ここは「こうやれば、サーバーに送信する画像データを作れる」という理解で十分です。

● Data URL から Blob を作成する   chapter10/app/sendArea.js

```
45          // Base64からバイナリへ変換
46          const bin = atob(dtUrl.replace(/^.*?,/, ''));
47          const buf = new Uint8Array(bin.length);
48          for (let i = 0; i < bin.length; i++) {
49              buf[i] = bin.charCodeAt(i);
50          }
51
52          // Blobを作成
53          const blob = new Blob([buf.buffer], {type: 'image/png'});
```

送信用のデータを作ります。FormData オブジェクトを使います。append()関数を使うことで、HTML のフォームにデータを入れたような状態を作れます。

	●FormData を作成する	chapter10/app/sendArea.js
56	// 送信用のデータ準備	
57	const formData = new FormData();	
58	formData.append('comment', comment);	
59	formData.append('image', blob);	

作成した FormData オブジェクトを、body に設定して、method を POST にして、fetch()関数を実行します。POST は、URL の末尾にデータをつけず、データを直接サーバーに送る方式です。送信先はサーバー側で用意した URL「/post」です。

fetch()関数は Promise を返すので、結果を受け取ります。response.ok が true でないなら、throw でエラーを発生させます。response.text()で、結果を受け取ります。通信が成功すれば、updatePostList()関数（後述のユーザー定義関数）を実行して、タイムラインの表示を更新します。updatePostList()関数は、のちほど示します。

	●送信処理と送信終了後の処理	chapter10/app/sendArea.js
61	// 送信処理	
62	fetch('/post', {	
63	method: 'POST',	
64	body: formData	
65	})	
66	.then(response => {	
67	// サーバーからのレスポンスが異常ならエラーを出す	
68	if (! response.ok) {	
69	throw new Error(response);	
70	}	
71		
72	// サーバーからのレスポンスが正常ならテキストを返す	
73	return response.text();	
74	})	

```
75          .then(data => {
76              console.log('Success:', data);
77
78              // 表示を更新
79              updatePostList();
80          })
81          .catch(error => {
82              console.log('Error:', error);
83          });
```

タイムラインの表示

　ここでは、id が postListArea の領域の処理を解説します。ここでは過去に投稿したデータの、タイムラインを表示します。サーバーから JSON を受け取ることで、画面遷移をせずに Web ページの表示内容を更新します。関数になっているので、好きなタイミングで表示を更新できます。

	タイムラインの表示	chapter10/app/postListArea.js

```javascript
1    // windowにDOMContentLoadedの処理を登録
2    window.addEventListener('DOMContentLoaded', e => {
3        // 表示を更新
4        updatePostList();
5    });
6
7    //--------------------
8    // 表示を更新
9    function updatePostList() {
10       // 要素の選択
11       const elPost = document.querySelector('#postListArea');
12
13       // 受信処理
14       fetch('/get')
15       .then(response => {
16           // サーバーの稼働状況によってエラーを出す
17           if (!response.ok) {
18               throw new Error(response);
19           }
20
21           // 正常にサーバーからレスポンスが得られたとき
22           return response.json();
23       })
24       .then(data => {
25           console.log('Success:', data);
26
27           // 要素内部を全て削除
```

```
28              while(elPost.firstChild){
29                  elPost.removeChild(elPost.firstChild);
30              }
31
32          // 表示
33          data.list.forEach(x => {
34              // 日付表示を作成
35              const dateStr = dateFormat(
36                  'YYYY年MM月DD日 hh時mm分ss秒',
37                  new Date(x.date));
38
39              // HTMLを作成
40              const html = `
41 <div class="postListItem">
42   <div class="plImage">
43     <img src="/${x.dir}${x.image}">
44   </div>
45   <div class="plBody">
46     <div class="plComment">
47       ${x.comment}
48     </div>
49     <div class="plDate">
50       ${dateStr}
51     </div>
52   </div>
53 </div>
54              `.trim();
55
56              // 要素を作成して追加
57              const el = document.createElement('div');
58              el.classList.add('postListItemWrap');
59              el.innerHTML = html;
60              elPost.appendChild(el);
60          });
62      })
63      .catch(error => {
64          console.log('Error:', error);
65      });
66  }
```

各部を説明します。

DOM の読み込みが終わったタイミングで、表示を更新する updatePostList()
関数を実行します。

●表示を更新する	chapter10/app/postListArea.js
3	// 表示を更新
4	updatePostList();

表示を更新する updatePostList()関数では、id が postListArea の要素を、操
作先として選択します。

●表示を更新する処理	chapter10/app/postListArea.js
8	// 表示を更新
9	function updatePostList() {
10	// 要素の選択
11	const elPost = document.querySelector('#postListArea');
	~中略~
66	}

fetch()関数を使い、サーバー側で用意している URL「/get」から JSON を受け
取ります。受信した JSON をもとに処理をします。

●JSON の受信	chapter10/app/postListArea.js
13	// 受信処理
14	fetch('/get')
15	.then(response => {
16	// サーバーの稼働状況によってエラーを出す
17	if (!response.ok) {
18	throw new Error(response);
19	}
20	
21	// 正常にサーバーからレスポンスが得られたとき

22	return response.json();
23	})
24	.then(data => {
25	console.log('Success:', data);
	〜中略〜
62	})
63	.catch(error => {
64	console.log('Error:', error);
65	});

STEP 4

　まず、タイムラインを表示する領域の要素を全て削除します。空の文字列を代入する elPost.innerHTML = '' でも削除できますが、少し遅いです。どちらの方法でもよいです。

● 表示領域の内容を全て削除する	chapter10/app/postListArea.js
27	// 要素内部を全て削除
28	while(elPost.firstChild){
29	elPost.removeChild(elPost.firstChild);
30	}

STEP 5

　受け取った JSON「data」の .list プロパティは配列になっています。この配列の各要素を処理します。各要素は変数 x に代入されます。

● 配列の要素を処理する	chapter10/app/postListArea.js
32	// 表示
33	data.list.forEach(x => {
	〜中略〜
61	});

投稿日時を表示するための文字列を作成します。x.date に記録されている時間は、基準日時からのミリ秒です。そのため、new Date()で Date オブジェクトを作り、フォーマットに従って、dateFormat()関数で文字列を作成します。

	投稿日時用の文字列を作成する	chapter10/app/postListArea.js
34	// 日付表示を作成	
35	const dateStr = dateFormat(	
36	'YYYY年MM月DD日 hh時mm分ss秒',	
37	new Date(x.date));	

作成した dateStr と、x の各プロパティを使って HTML を作成します。見やすいように全て左寄せで書いています。最後に .trim()を実行して、前後のホワイトスペース（改行やスペースやタブ文字）を取りのぞいています。

	HTML を作成する	chapter10/app/postListArea.js
39	// HTMLを作成	
40	const html = `	
41	`<div class="postListItem">`	
42	`  <div class="plImage">`	
43	`    <img src="/${x.dir}${x.image}">`	
44	`  </div>`	
45	`  <div class="plBody">`	
46	`    <div class="plComment">`	
47	`      ${x.comment}`	
48	`    </div>`	
49	`    <div class="plDate">`	
50	`      ${dateStr}`	
51	`    </div>`	
52	`  </div>`	
53	`</div>`	
54	`.trim();	

　div 要素を作成して、id が postListArea の要素に追加します。この処理を、data.list の要素全てに対して繰り返します。

●div 要素を作成してタイムラインに追加する	chapter10/app/postListArea.js

```
56                      // 要素を作成して追加
57                      const el = document.createElement('div');
58                      el.classList.add('postListItemWrap');
59                      el.innerHTML = html;
60                      elPost.appendChild(el);
```

10-8 関連ファイル

今回の Web ページの関連ファイルを掲載します。サーバーとして使用した
Node.js 用のプログラムと、index.html で使っている CSS ファイルです。

10-8-1 サーバーのプログラム

以下は、サーバーとして使った Node.js のプログラムです。非常に簡易的なも
のなので、本番環境で利用できるものではありません。また、セキュリティ的な配
慮もしていません。処理の流れを確かめるために使ってください。

サーバーのプログラム　　　　　　　　　　　　　　　　chapter10/server/index.js

```
1   // 設定
2   const dirImages = 'upload_images/';    // 投稿画像を保存するフォルダ
3   const filePostDat = 'post-dat.txt';    // 投稿コメントを保存するファイル
4
5   // モジュールの読み込み
6   const fs = require('fs');
7   const express = require('express');
8   const app = express();
9   const multer = require('multer');
10  const upload = multer({dest: dirImages})
11
12  // ルート
13  app.get('/', (req, res) => {
14      res.send('Hello World');
15  });
16
17  // 静的ページの表示
18  app.use('/app', express.static(__dirname + '/../app'));
19  app.use('/upload_images', express.static(__dirname + '/upload_images'));
20
21  // 投稿の受付
```

```
22    app.post('/post', upload.any(), (req, res) => {
23        // 受け取った情報をコンソールに表示
24        console.log(req.body);
25        console.log(req.files);
26
27        // 情報を作成
28        const objSave = {
29            comment: req.body.comment,
30            dir: dirImages,
31            image: req.files[0].filename,
32            date: Date.now()
33        };
34        const txtSave = JSON.stringify(objSave) + '¥n';
35        console.log(txtSave);
36
37        // 情報を保存
38        fs.appendFile(filePostDat, txtSave, err => {
39            console.log(err);
40        });
41
42        // レスポンス
43        const resObj = {
44            message: 'Received POST Data!',
45            status: 'success'
46        };
47        res.send(JSON.stringify(resObj));
48    });
49
50  // 投稿データの取得
51  app.get('/get', (req, res) => {
52        // 情報を読み込み
53        fs.readFile(filePostDat, 'utf8', (err, data) => {
54            // 事前処理
55            data = data.trim().replace(/¥r/g, '');
56            const arr = data.split('¥n');
57            arr.reverse();
58
59            // 文字列の作成
60            const txt = '{"list": [' + arr.join(',') + ']}';
```

```
61
62              // 返信
63              res.type('json');
64              res.send(txt);
65          });
66      });
67
68      // 受付開始 (http://localhost:3000/...)
69      const port = 3000;
70      app.listen(3000, () => console.log('start server.'));
```

10-8-2 CSS

index.html で使っている CSS ファイルです。Web ページのレイアウトや色の
設定をしています。モバイルでも確認できるように、レスポンシブにしています。

```
◆ CSS ファイル                                    chapter10/app/style.css
 1  :root {
 2    --colBgOut: #FFCE32;
 3    --colBgIn:  #8AE9FE;
 4    --colBtn:   #00C8FF;
 5    --colTxt:   #000000;
 6    --colTxtBg: #FFFFFF;
 7    --colTxtStat: #606080;
 8    --colTxtWarn: #F00000;
 9  }
10
11  /* Basic */
12  * {
13      box-sizing: border-box;
14  }
15  html,
16  body {
17      height: 100%;
18  }
19  body {
20      margin: 0;
21      padding: 0;
```

```
22        background: var(--colBgOut);
23  }
24  #wrap {
25      width: 640px;
26      max-width: 90%;
27      min-height: 100%;
28      margin: 0 auto;
29      background: var(--colBgIn);
30      padding-top: 1em;
31  }
32
33  /* ui area */
34  .uiArea {
35      max-width: 90%;
36      margin: 0 auto 1em auto;
37      text-align: center;
38  }
39
40  /* image area */
41  #noView {
42      position: relative;
43  }
44  #noView:before {
45      content: "";
46      display: block;
47      padding-top: 52.5%;
48      background: var(--colTxtBg);
49      border-radius: 0.5em;
50  }
51  #noView > div {
52      position: absolute;
53      top: 0;
54      left: 0;
55      bottom: 0;
56      right: 0;
57
58      display: flex;
59      align-items: center;
60      justify-content: center;
```

```
61        padding: 1em;
62    }
63    #view {
64        display: none;
65        max-width: 100%;
66        border-radius: 0.5em;
67    }
68    #file {
69        display: none;
70    }
71
72    /* control area */
73    #controlArea button {
74        width: 22%;
75        height: 5em;
76        background: var(--colBtn);
77        color: var(--colTxtBg);
78        border: none;
79        border-radius: 0.5em;
80        font-weight: bold;
81    }
82
83    /* comment area */
84    #commentArea textarea {
85        width: 100%;
86        height: 5em;
87        border: none;
88        border-radius: 0.5em;
89        padding: 0.5em;
90    }
91    .inputStatus {
92        font-size: 75%;
93        font-weight: bold;
94        color: var(--colTxtStat);
95    }
96    .inputStatusWarn {
97        color: var(--colTxtWarn);
98    }
99
```

```
100  /* send area */
101  #sendArea button {
102      width: 100%;
103      height: 5em;
104      background: var(--colBtn);
105      color: var(--colTxtBg);
106      border: none;
107      border-radius: 0.5em;
108      font-weight: bold;
109  }
110
111  /* post list area */
112  #postListArea {
113      padding-bottom: 1em;
114  }
115  .postListItem {
116      width: 90%;
117      margin: 0 auto 1em auto;
118  }
119  .plImage img {
120      width: 100%;
121      border-radius: 0.5em;
122  }
123  .plBody {
124      background: var(--colTxtBg);
125      color: var(--colTxt);
126      border-radius: 0.5em;
127      padding: 0.5em 1em;
128  }
129  .plDate {
130      text-align: right;
131      color: var(--colTxtStat);
132      font-size: 75%;
133  }
```

プログラミングの知識と習得

プログラミングには、さまざまな学ぶべき情報が出てきます。変数や関数などにも多くのルールが存在しています。初めてプログラミングに触れた人は、なぜそれほどまでにルールがたくさんあるのか、それらがどういった意味を持つのか理解するのが大変です。

大変なのは当たり前です。プログラミングの世界では、多くの頭のよい人たちが、何十年も掛けてルールを考え、試行錯誤し続けてきました。それも、分かりやすくするためにではなく、熟練者にとって便利になるようにです。そうした結果が積み重なったものが、現在のプログラミング言語のルールです。それを、初めてプログラミングをおこなう人が、いきなり丸ごと理解できるわけがありません。理解できたとしたら、おそらく天才でしょう。

プログラミングでは、A を知るには B の知識が必要で、B を知るには A の知識が必要といった、どちらから学べばよいのか分からないようなことがよく存在します。どうしてそういうことになっているかというと、何十年もかけて、それぞれの仕様がお互いに関連しながら改良されてきたためです。そのため、一度学んで分からなかったことが、しばらくプログラムを書き続けたあと学び直すと、すんなり分かるといったことが多々あります。

私はプログラミングは、スポーツに近いと思っています。スポーツでは、体を動かして、その上で理論を学び成長していきます。同じようにプログラミングも、コードを書き、その上で理解を深めていきます。

プログラミング初学者とやり取りしていて気付くのは、完璧に理解しようとして先に進めず挫折する人が多いことです。プログラミングでは、書くことと、理解することは両輪です。完璧に理解するまで手を動かさないのではなく「分からなくても進む」「とりあえず書いてみる」「その上で、何度も同じことを学習する」といったやり方が向いています。

JavaScript周辺知識

ここでは JavaScript の周辺知識について学びます。
プログラムの書き方であるスタイルガイドや、ドキュメントの作り方、テストの知識などをまとめています。また、ライブラリやフレームワーク、その他のキーワードについて触れます。

11-1 スタイルガイドとは？

　プログラムを書くときは、統一した方法で書いた方が、見たときに理解しやすいです。特に、会社や組織など複数の人でプログラムを書くときは、全員が同じ方法で書かなければ、互いに読むときに苦労します。そうしたときに役立つのがスタイルガイドです。プログラムを書くときのルールを定め、その方法に従って全員が書いていきます。コーディング規約と呼ぶときもあります。

　世の中には、スタイルガイドを公開している会社や組織もあります。自分たちで新たにルールを作るのではなく、そうしたスタイルガイドを採用するのも1つの方法です。特に、大きな会社で採用しているルールは、役に立つことが多いです。

　以下に、いくつかのスタイルガイドの入手方法を示します。

　まずは、Google のスタイルガイドです。

Google JavaScript Style Guide
URL https://google.github.io/styleguide/javascriptguide.xml

次は jQuery のスタイルガイドです。こちらも有名です。

JavaScript Style Guide ｜ Contribute to jQuery
URL https://contribute.jquery.org/style-guide/js/

オープンな議論で作られた Airbnb のスタイルガイドです。

---

airbnb/javascript: JavaScript Style Guide
URL https://github.com/airbnb/javascript

最後は、Node.js のスタイルガイドです。

　それぞれのスタイルガイドの名前に「和訳」「日本語訳」などのキーワードをつけて Web 検索すれば、日本語版を見つけることができます。英語で読むのが面倒な人は、日本語で読むとよいでしょう。

　このようなスタイルガイドを採用するのは 1 つの方法です。ただ、広く使われているからといって、必ずしも自分たちにとって最適とは限りません。書きやすさとメンテナンス性を持った、自分たちに合ったスタイルを選ぶべきでしょう。

11-2 ドキュメントを作る

　ある程度以上、大きなプログラムを書き、数名以上でその内容を共有するとき
は、ドキュメントの整備が大切です。ドキュメントがなければ、どんなプログラム
なのか、逐一内容を読んで確かめなければなりません。そうした労力は、プログラ
ムが長くなるほど大変になります。ドキュメントは、ないよりはあった方がよいで
す。しかし、ドキュメントを作るのには手間がかかります。

　ドキュメントを作る方法の1つに、JSDoc形式でコメントを書くというものが
あります。この方式でコメントを書いたプログラムは、ツールを使うことで
HTMLのドキュメントを出力できます。JSDocは、元々JavaDocというJavaと
いうプログラミング言語用の方式から派生したものです。JSDocでは、特殊なコ
メントの書き方とタグを使い、関数の説明や引数、戻り値などを記述していきま
す。

Use JSDoc: Index
`URL` https://jsdoc.app/

jsdoc/jsdoc: An API documentation generator for JavaScript.
`URL` https://github.com/jsdoc/jsdoc

　JSDocをインストールして、簡単なプログラムからドキュメントを生成してみ
ましょう。CUIの実行環境を開いて「chapter11/jsdoc-test」に移動します。
「package.json」を生成したあと、jsdocをインストールします。本書の執筆時点
で、7MB弱ほどです。

```
npm init -y
npm install --save-dev jsdoc
```

　ドキュメントの出力先の「out」フォルダを作ります。そして、「index.js」を作り、
簡単なプログラムを書きます。公式サイトのドキュメントから、クラスの部分をそ

のまま利用してみましょう。

●ドキュメント出力用のプログラム例　　　　　　　　　　　　　　chapter11/jsdoc-test/index.js

```
 1  /** Class representing a point. */
 2  class Point {
 3      /**
 4       * Create a point.
 5       * @param {number} x - The x value.
 6       * @param {number} y - The y value.
 7       */
 8      constructor(x, y) {
 9          // ...
10      }
11
12      /**
13       * Get the x value.
14       * @return {number} The x value.
15       */
16      getX() {
17          // ...
18      }
19
20      /**
21       * Get the y value.
22       * @return {number} The y value.
23       */
24      getY() {
25          // ...
26      }
27
28      /**
29       * Convert a string containing two comma-separated numbers into a point.
```

30	`    * @param {string} str - The string containing two comma-separated numbers.`
31	`    * @return {Point} A Point object.`
32	`    */`
33	`    static fromString(str) {`
34	`        // ...`
35	`    }`
36	`}`

JSDoc を実行します。「out」フォルダにファイルが出力されます。

```
./node_modules/.bin/jsdoc index.js
```

もし「There are no input files to process.」というエラーが出たら、実行している パスの途中に、「_」(アンダーバー)が先頭についたフォルダがあるかもしれません。JSDoc は、こうしたフォルダがあると、除外対象と見なすので失敗します。

この挙動を避けるには「node_modules/jsdoc/conf.json.EXAMPLE」をコピーして、プロジェクトのルートのフォルダ(package.json のあるフォルダ)に貼り付けて、「conf.json」に名前を変えます。そして、"excludePattern": "(^|\/|\\)_" の部分を、"excludePattern": "" に変更します。そして、以下のコマンドを実行します。「-c conf.json」で、「conf.json の設定を読み込む」という意味になります。

```
./node_modules/.bin/jsdoc -c conf.json index.js
```

出力されたファイル「out/index.html」を Web ブラウザで開きます。Classes の Point をクリックします。作成されたドキュメントが表示されます。

Fig 11-01　JSDoc の出力

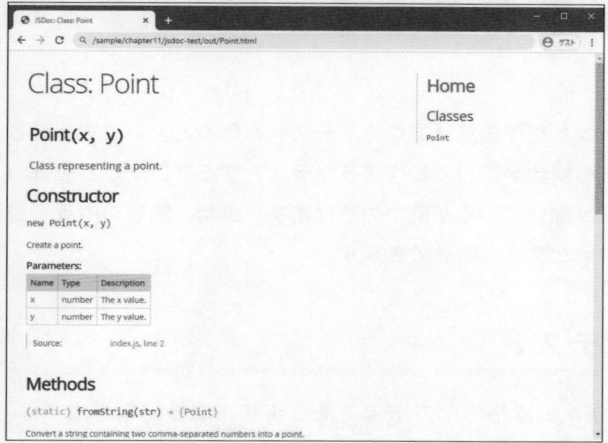

　JSDoc の書き方は、日本語でも多く見つけられます。「JSDoc 使用方法 or 使い方」や「JSDoc コメント」などで検索すれば、書き方を解説しているページを見つけられます。

11-3 テストをおこなう

プログラムは、ドキュメントを作るだけでなく、テストも作るとよいです。ある関数を作ったとします。その関数が正しく動作するかテストするプログラムを書いておけば、関数が仕様どおり動いているか確かめられます。また、関数の中身を書きかえるときも、バグがないかすぐに確認できます。

11-3-1 簡易的なテスト

テストは、簡易的な方法から本格的な方法まであります。簡易的な方法では、console.assert()を使う方法があります。第1引数に条件式を書き、その条件式がfalseと見なせるときに、エラーレベル（赤色の文字）で第2引数のオブジェクトを出力します。

構文

```
console.assert(条件式, オブジェクト)
```

簡単な関数を作り、console.assert()を使ったテストを書いてみます。全角の数値を半角に変換する関数z2hNum()の動作を確認するtest_z2hNum()という関数を用意して実行します。このtest_z2hNum()関数では、console.assert()を利用して値が同じか判定するtestEqual()関数を実行します。

testEqual()関数では、2つの引数が同じかを判定して、falseのときに2つの値を出力します。

● 2つの引数が同じかを判定   chapter11/assert/test.html

```
 7  <!DOCTYPE html>
 8  <html lang="ja">
 9    <head>
10      <meta charset="utf-8">
11      <script>
12
```

```
13    // 全角の数値を半角に変換
14    // Zenkaku to Hankaku Number
15    function z2hNum(s) {
16        // 置換
17        [['０', '0'], ['１', '1'], ['２', '2'], ['３', '3'],
18          ['４', '4'], ['５', '5'], ['６', '6'], ['７', '7'],
19          ['８', '8'], ['９', '9'], ['－', '-'], ['＋', '+'],
20          ['．', '.']]
21        .forEach(([x, y]) => {
22            const re = new RegExp(x, 'g');
23            s = s.replace(re, y);
24        });
25
26        // 戻り値
27        return s;
28    }
29
30    // テスト等値
31    function testEqual(a, b) {
32        // assertを実行
33        console.assert(a === b, {a, b});
34    }
35
36    // テスト
37    function test_z2hNum() {
38        // 正しいか確認
39        testEqual(z2hNum('０１２３４５６'), '0123456');
40        testEqual(z2hNum('－３２．０５９'), '-32.059');
41        testEqual(z2hNum('あい１２３うえ'), 'あい123うえ');
42
43        // テストのデバッグ用（わざと間違った対応）
44        testEqual(z2hNum('９８７６５４３'), '+987654');
45        testEqual(z2hNum('３４５６７８９'), '5678901');
46    }
47
48    // テスト開始
49    test_z2hNum();
```

2 つの引数の値とともに、ファイル名と行数も出力されますので、すぐに場所を
確認できます。

```Console
Assertion failed: {a: "9876543", b: "+987654"}
    testEqual   @ test.html:27
    test_z2hNum @ test.html:38
    (anonymous) @ test.html:43
Assertion failed: {a: "3456789", b: "5678901"}
    testEqual   @ test.html:27
    test_z2hNum @ test.html:39
    (anonymous) @ test.html:43
```

11-3-2 本格的なテスト

　さらに本格的なテストをおこないたいときは、専用のテストフレームワークを使
うとよいです。現在多く使われている JavaScript のフレームワークを 2 つ紹介し
ておきます。

Jest・🍃快適な JavaScript のテスト
URL▶ https://jestjs.io/ja/

Getting Started・Jest
URL▶ https://jestjs.io/docs/ja/getting-started.html

Mocha - the fun, simple, flexible JavaScript test framework
URL▶ https://mochajs.org/

　Jest をインストールして、簡単なプログラムのテストを実行します。CUI の実
行環境を開き、「chapter11/jest-test」に移動します。「package.json」を生成し
たあと、jest をインストールします。本書の執筆時点で、33.7MB ほどです。

```
npm init -y
npm install --save-dev jest
```

公式ドキュメントのとおり、「sum.js」ファイルを作って中身を書きます。また、
「sum.test.js」も作ります。

●足し算の関数	chapter11/jest-test/sum.js
1	// 足し算の関数
2	function sum(a, b) {
3	return a + b;
4	}
5	
6	// モジュールとして外部にエクスポート
7	module.exports = sum;

●テストコード作成	chapter11/jest-test/sum.test.js
1	// sumの読み込み
2	const sum = require('./sum');
3	
4	// テストの実行
5	test('adds 1 + 2 to equal 3', () => {
6	expect(sum(1, 2)).toBe(3);
7	});

「package.json」に以下の設定を追加します。scripts.test の内容を jest に変え
ます。

●package.json に設定を追加	package.json
1	{
2	"scripts": {
3	"test": "jest"
4	}
5	}

以下のコマンドを実行します。

```
npm test
```

結果が出力されます。

```
• Console
> jest-test@1.0.0 test C:¥sample¥chapter11¥jest-test
> jest

 PASS  ./sum.test.js
  √ adds 1 + 2 to equal 3 (1 ms)

Test Suites: 1 passed, 1 total
Tests:       1 passed, 1 total
Snapshots:   0 total
Time:        1.383 s
Ran all test suites.
```

11-3-3 Webページの自動操作

Webページの操作をテストしたいときは、Puppeteer(パペティア)や
Selenium(セレニウム)を使うとよいです。Webページの操作を自動化できるツー
ルです。それぞれ特徴が違います。

Puppeteer は、Chrome DevTools チームがメンテナンスしています。通常は
Chrominum(クロミウム：Google Chrome のもとになるブラウザ)が同梱されて
おり、ウィンドウ表示なしのヘッドレス状態で操作できます。また、ウィンドウを
表示して、目視で確認しながら実行することもできます。Puppeteer は、Node.js
のモジュールとして提供されています。そのため、JavaScript でプログラムを書
きます。

Puppeteer
URL ▶ https://pptr.dev/

puppeteer/puppeteer: Headless Chrome Node.js API
URL ▶ https://github.com/puppeteer/puppeteer

Selenium は、ThoughtWorks 社が開発をはじめ、その後オープンソース化されました。Selenium は多くの Web ブラウザを操作できます。そして、JavaScript、Java、Python、C#、Ruby など、さまざまなプログラミング言語で利用できます。より多くの Web ブラウザでユーザーインターフェースのテストをおこないたいときは、Puppeteer ではなく Selenium を使います。

> **SeleniumHQ Browser Automation**
> URL https://www.selenium.dev/
>
> **SeleniumHQ/selenium: A browser automation framework and ecosystem.**
> URL https://github.com/SeleniumHQ/selenium

Puppeteer で簡単な処理を書いてみましょう。通常の Puppeteer は、Chromium をダウンロードするので、ファイルサイズが非常に大きく、300MB 弱あります。ここでは、パソコンに入っている Google Chrome を利用する puppeteer-core を使います。こちらは、Chrominum が同梱されていないバージョンです。

puppeteer-core をインストールして、Google Chrome を操作してみましょう。CUI 実行環境を開いて「chapter11/puppeteer-test」に移動します。「package.json」を生成したあと、puppeteer-core をインストールします。本書の執筆時点で、6.5MB ほどです。

```
npm init -y
npm install puppeteer-core
```

「index.js」を作り、簡単なプログラムを書きます。プログラムの内容は、Puppeteer の GitHub のページを開き、最初のリンクに移動して、終了するというものです。

ヘッドレスの状態をあらわす変数 isHeadless を true にすれば、PDF で保存する処理もおこないます。ヘッドレス状態でない（ウィンドウが見えている状態）では、PDF 保存ができないので、切り替え式にしています。

Fig 11-02　ウィンドウ表示状態で実行①

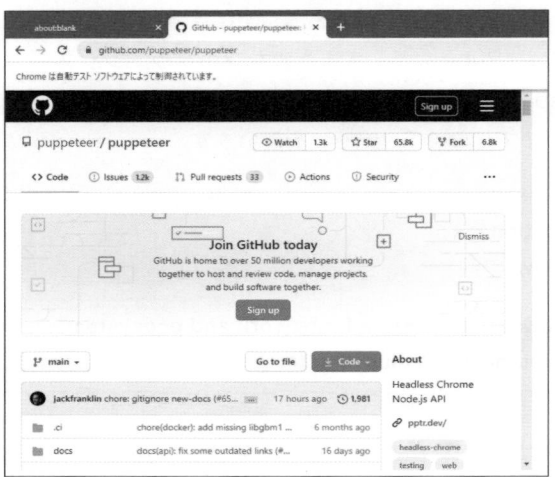

Fig 11-03　ウィンドウ表示状態で実行②

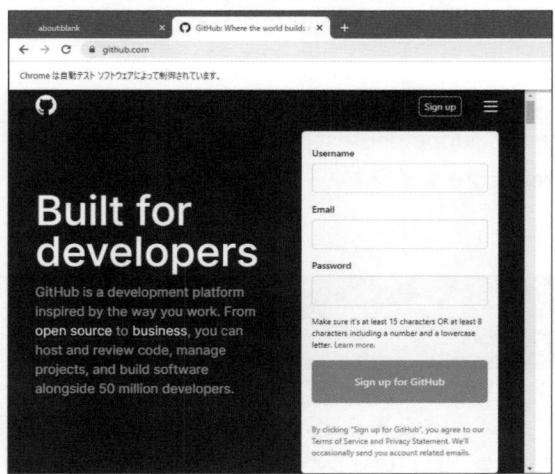

Fig 11-04 ヘッドレス状態で実行して保存した PDF

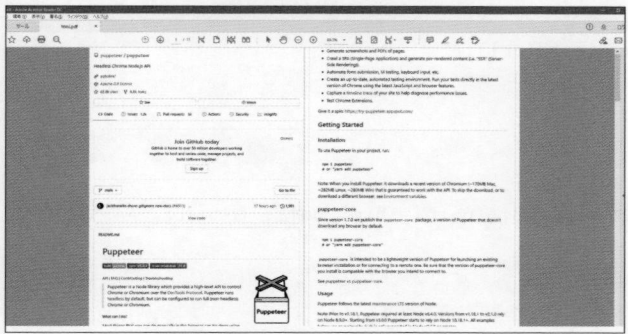

●puppeteer を使って Web ページを自動で操作する	chapter11/puppeteer-test/index.js

```
1    // モジュールの読み込み
2    const puppeteer = require('puppeteer-core');
3
4    // Google Chromeのパスを作成
5    const chrome = 'C:¥¥Program Files(x86)¥¥Google¥¥Chrome¥¥Appl
     ication¥¥chrome.exe';
6
7    // URL
8    const url = 'https://github.com/puppeteer/puppeteer';
9
10   // ヘッドレスの状態（真偽値で状態を切りかえ）
11   const isHeadless = true;
12
13   // Puppeteer実行用関数
14   async function exec() {
15       // Webブラウザの起動
16       // デフォルトでは、800x600のサイズで画面を作る
17       const browser = await puppeteer.launch({
18           executablePath: chrome,
19           headless: isHeadless,   // デフォルトはtrueで画面が出ない
20           slowMo: 500   // 操作を500ミリ秒に落とす
21       });
22
23       // 新しいページを開く
24       const page = await browser.newPage();
```

```
25
26          // URLに移動
27          await page.goto(url);
28
29          // PDF出力
30          // ヘッドレスのときだけ使える機能
31          if (isHeadless) {
32              await page.pdf({path: 'html.pdf', format: 'A4'});
33          }
34
35          // コンソールの出力内容を取得して表示する
36          page.on('console', msg => console.log('PAGE LOG:', msg.
            text()));
37
38          // コードの実行
39          await page.evaluate(() => {
40              // コンソールに情報を出力
41              console.log(`url is ${location.href}`);
42          });
43
44          // コードの実行
45          await page.evaluate(() => {
46              // 最初のhttpsではじまるリンクをクリック
47              Array.from(document.querySelectorAll('a'))
48              .filter(x => x.getAttribute('href').match(/^https:/))
49              [0].click();
50          });
51
52          // ブラウザを閉じる
53          await browser.close()
54
55          // コンソールに終了を通知
56          console.log('end');
57      }
58
59      // Puppeteer実行
60      exec();
```

11-4 ライブラリやフレームワーク

　JavaScript は広く使われているプログラミング言語です。そのため、多くのライブラリやフレームワークがあります。

　ライブラリは、ソフトウェア側の処理から、便利な機能として呼び出すものです。フレームワークは、フレームワークが処理の中心になり、その部品になるプログラムをプログラマーが書いていきます。

Fig 11-05　**ライブラリ**

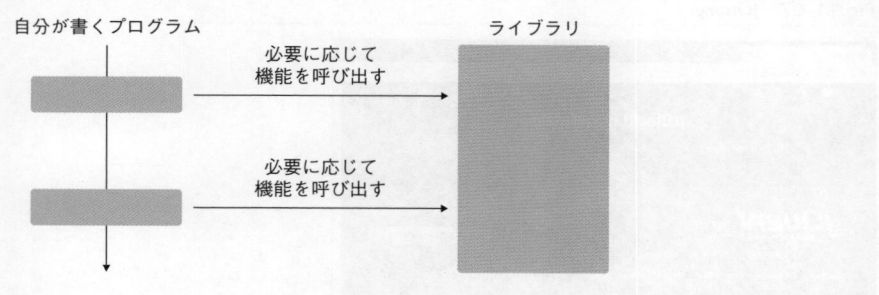

Fig 11-06　**フレームワーク**

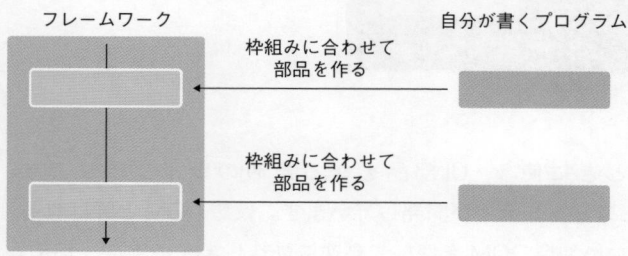

　このように意味が違いますが、ライブラリとフレームワークは、特に区別なく使われることも多いです。ここでは、JavaScript のライブラリやフレームワークの中から、いくつかを紹介します。

jQuery（ジェイクエリー）

　jQuery は非常に多くの Web サイトで使われています。jQuery の機能を拡張するライブラリも大量にあります。jQuery の多くの機能は、ES6（ES2015）で代替できる関数が導入されました。そのため、以前よりは影が薄くなっています。しかし、Web ページにちょっとした機能を追加したいというときは、jQuery とそのライブラリを導入すると上手くいくことが多いです。

> **jQuery**
> **URL** https://jquery.com/

Fig 11-07　**jQuery**

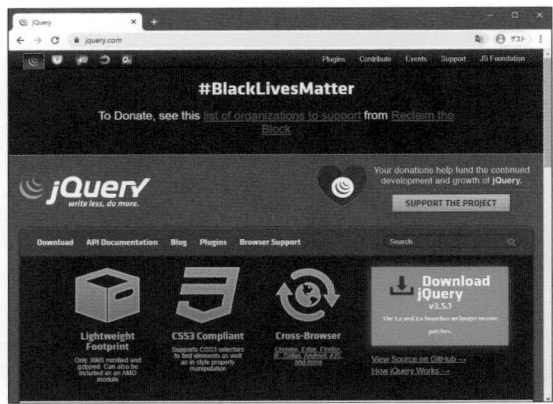

React（リアクト）

　Web サイトを作るときに使う、UI 部品を作るためのライブラリです。Facebook を中心としたコミュニティが開発しています。仮想 DOM と呼ばれる、Web ブラウザを経由しない独自 DOM を使い、高速に動作します。また、JSX と呼ばれる、HTML タグを JavaScript 内に埋め込む記法を使い、部品を表現します。
　React は非常に人気があり、世界的に勢いがあります。React は後述の Angular、Vue.js と、よく比べられます。

Reactの − A JavaScript library for building user interfaces
URL https://reactjs.org/

Fig 11-08　**React**

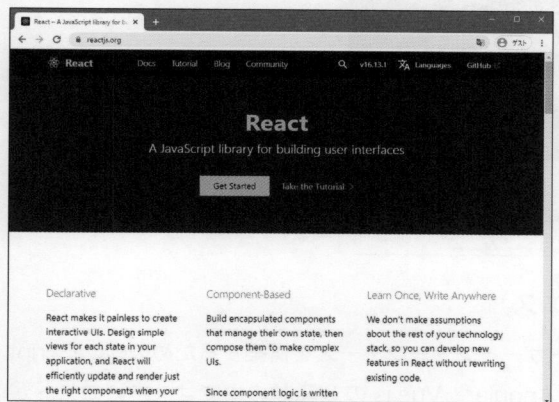

》Angular（アンギュラー）

　Google を中心としたコミュニティが開発しているフロントエンド開発のための
フレームワークです。シングルページアプリケーションの開発に向いています。フ
ルスタック（全部乗せ）なフレームワークで、Web アプリケーションの開発に必要
なほぼ全ての機能をサポートしています。Angular は TypeScript(JavaScript を
拡張したプログラミング言語)ベースです。

Angular
URL https://angular.io/

Fig 11-09　Angular

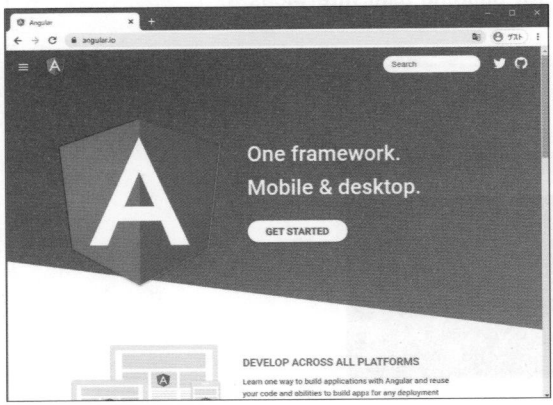

》Vue.js（ビュージェイエス）

　Web アプリケーションのユーザーインターフェースを構築するための JavaScript フレームワークです。React、Angular、Vue.js の 3 種類の中では、学習コストが最も低く、導入しやすいです。

Vue.js
URL https://vuejs.org/

Fig 11-10　Vue.js

» D3.js（ディースリージェイエス）

D3.js の名前は Data-Driven Documents から来ています。日本語にするとデータ駆動ドキュメントになります。D3.js は、データビジュアライゼーション用のツールです。非常に多彩な機能を持っています。単純にグラフを描くこともできますし、さらに高度なこともおこなえます。

D3.js - Data-Driven Documents
URL https://d3js.org/

Fig 11-11　D3.js

» Chart.js（チャートジェイエス）

少ないコードで、きれいなチャートを描けるツールです。棒グラフや線グラフ、円グラフなど、さまざまなチャートを描く方法が用意されています。

Chart.js ｜ Open source HTML5 Charts for your website
URL https://www.chartjs.org/

Fig 11-12　Chart.js

》three.js（スリージェイエス）

　JavaScript で 3D のプログラムをあつかうときの定番ライブラリです。Canvas の WebGL コンテクストを内部で使って 3D の描画をおこないます。生の WebGL は、かなり癖が強く、使い難いので、3D のプログラムを書くときは、three.js のようなライブラリを使った方がよいです。

---

three.js – JavaScript 3D library
URL https://threejs.org/

Fig 11-13　three.js

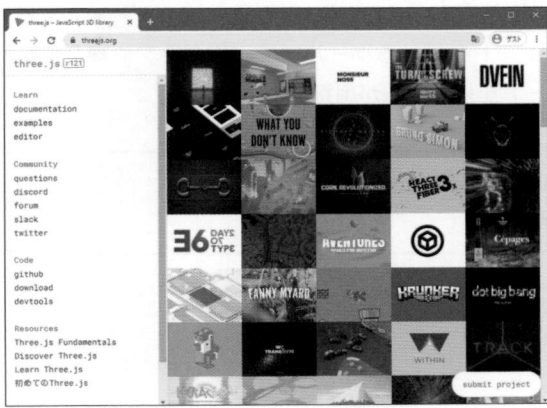

» Ace（エース）

Web ページで使えるコードエディタや、シンタックスハイライトを実現するライブラリです。こうした UI 部品も、JavaScript のライブラリには多数あります。その中でも特に有名なコードエディタとして Ace を紹介しておきます。UI 部品は多くのものがありますので、カレンダーやツリー表示など、必要に応じて探して使うとよいでしょう。

Ace – The High Performance Code Editor for the Web
`URL` https://ace.c9.io/

Fig 11-14 **Ace**

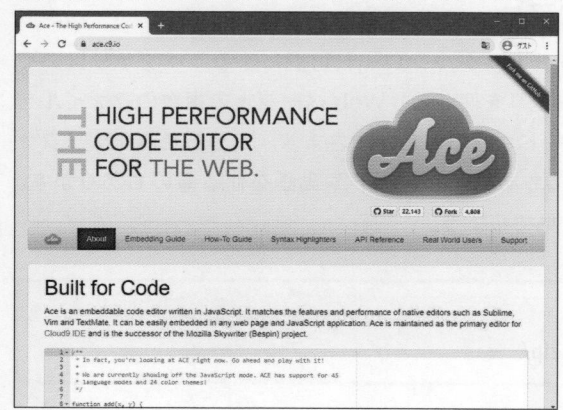

» PixiJS（ピクシージェイエス）

JavaScript には、HTML ゲーム用の描画ライブラリも多いです。そうしたものの 1 つとして、PixiJS を紹介します。こうした描画ライブラリは、大量の描画オブジェクトを高速に表示してくれます。

PixiJS
`URL` https://www.pixijs.com/

Fig 11-15　PixiJS

≫JSZip（ジェイエスジップ）

JavaScript で zip ファイルを作り、ダウンロード可能にするライブラリはいくつかあります。こうしたライブラリを使うと、Web ページ上で複数のファイルを作り、zip でまとめてダウンロードさせることができます。こうしたバイナリファイルを作れるライブラリは他にもあります。PDF や動画を作るものもあります。必要に応じて、探して使うとよいでしょう。

JSZip
URL▶ https://stuk.github.io/jszip/

Fig 11-16　JSZip

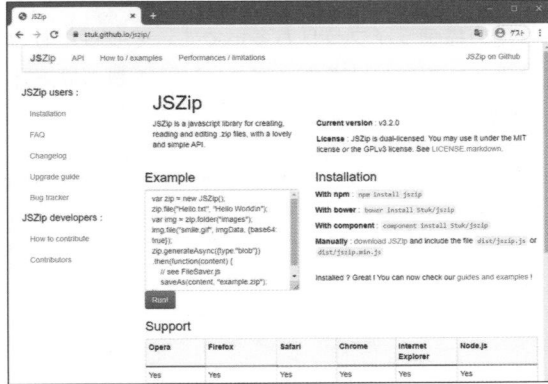

11-5 その他のキーワード

》GitHub（ギットハブ）

JavaScript の知識ではないですが、近年のプログラミングでは避けて通れないサービスです。GitHub は、ソフトウェア開発のプラットフォームであり、ソースコードをホスティングするサービスでもあります。多くのライブラリやフレームワークが、このサイトで配布されています。

> **GitHub**
> URL▶ https://github.com/

Fig 11-17　GitHub

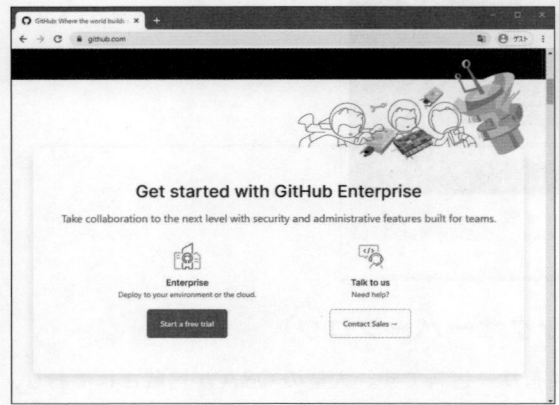

》TypeScript（タイプスクリプト）

JavaScript で開発をしていると、必ずといってよいほど目にするプログラミング言語です。TypeScript は、JavaScript を拡張して、静的型付けとクラスベースオブジェクト指向を加えたプログラミング言語です。TypeScript は、Microsoft が開発、メンテナンスしています。

JavaScript のプログラミングでは、変数に値を代入するときなどに、型の制限

がありません。何の型の値を入れても大丈夫です。しかし大規模な開発をおこなうと、意図しない形で別の型の値が入り、エラーを引き起こす原因になります。そのため、型を定義して値を代入する TypeScript がよく利用されます。

　JavaScript のライブラリの中には、TypeScript で書いて、JavaScript に変換しているものもあります。そのため、コードを見ると TypeScript で書いてあることがよくあります。

TypeScript: Typed JavaScript at Any Scale.
URL ▶ https://www.typescriptlang.org/

Fig 11-18　**TypeScript**

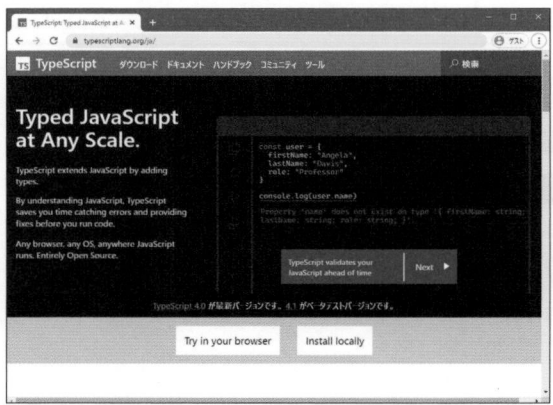

≫ Stack Overflow（スタックオーバーフロウ）

　プログラミング関係の知識共有サービスです。大量の Q&A が掲載されており、多くの質問と解決方法を見つけることができます。JavaScript 関係の情報は特に豊富で、有名なライブラリやフレームワークについて疑問点があれば、たいていの場合、このサイトで解決方法を発見できます。公式サイトのドキュメントを読んでも解決方法が見つからない場合、役に立ちます。

　日本語向けのサイトもありますが Q&A の数が少ないので、英語サイトを見てください。Google Chrome の翻訳機能を使って文章部分を読むとよいでしょう。

Stack Overflow - Where Developers Learn, Share, & Build Careers

URL https://stackoverflow.com/

Fig 11-19　Stack Overflow

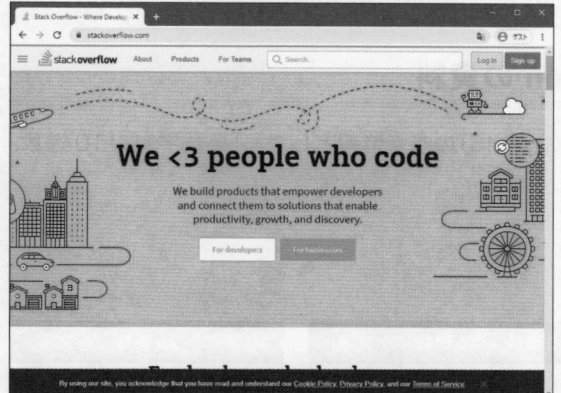

参考情報

各種資料や表などの資料を掲載します。

Chapter 1 Introduction の資料

「1-4-4　文字コードについて」(P.45)の参考情報として、「英数字表」「10進数、2進数、16進数の表」を掲載します。

》英数字表

10進数	16進数	文字	10進数	16進数	文字	10進数	16進数	文字
32	20		50	32	2	68	44	D
33	21	!	51	33	3	69	45	E
34	22	"	52	34	4	70	46	F
35	23	#	53	35	5	71	47	G
36	24	$	54	36	6	72	48	H
37	25	%	55	37	7	73	49	I
38	26	&	56	38	8	74	4a	J
39	27	'	57	39	9	75	4b	K
40	28	(	58	3a	:	76	4c	L
41	29	)	59	3b	;	77	4d	M
42	2a	*	60	3c	<	78	4e	N
43	2b	+	61	3d	=	79	4f	O
44	2c	,	62	3e	>	80	50	P
45	2d	-	63	3f	?	81	51	Q
46	2e	.	64	40	@	82	52	R
47	2f	/	65	41	A	83	53	S
48	30	0	66	42	B	84	54	T
49	31	1	67	43	C	85	55	U

10 進数	16 進数	文字
86	56	V
87	57	W
88	58	X
89	59	Y
90	5a	Z
91	5b	[
92	5c	¥
93	5d	]
94	5e	^
95	5f	_
96	60	`
97	61	a
98	62	b
99	63	c

10 進数	16 進数	文字
100	64	d
101	65	e
102	66	f
103	67	g
104	68	h
105	69	i
106	6a	j
107	6b	k
108	6c	l
109	6d	m
110	6e	n
111	6f	o
112	70	p
113	71	q

10 進数	16 進数	文字
114	72	r
115	73	s
116	74	t
117	75	u
118	76	v
119	77	w
120	78	x
121	79	y
122	7a	z
123	7b	{
124	7c	
125	7d	}
126	7e	~
127	7f	

» 10 進数、2 進数、16 進数

10 進数	2 進数	16 進数
0	0	0
1	1	1
2	10	2
3	11	3
4	100	4
5	101	5
6	110	6
7	111	7
8	1000	8
9	1001	9
10	1010	A
11	1011	B

10 進数	2 進数	16 進数
12	1100	C
13	1101	D
14	1110	E
15	1111	F
16	10000	10
17	10001	11
18	10010	12
19	10011	13
20	10100	14
21	10101	15
22	10110	16
23	10111	17

10 進数	2 進数	16 進数
24	11000	18
25	11001	19
26	11010	1A
27	11011	1B
28	11100	1C
29	11101	1D
30	11110	1E
31	11111	1F
32	100000	20
33	100001	21
34	100010	22
35	100011	23

10 進数	2 進数	16 進数	10 進数	2 進数	16 進数	10 進数	2 進数	16 進数
36	100100	24	67	1000011	43	98	1100010	62
37	100101	25	68	1000100	44	99	1100011	63
38	100110	26	69	1000101	45	100	1100100	64
39	100111	27	70	1000110	46	101	1100101	65
40	101000	28	71	1000111	47	102	1100110	66
41	101001	29	72	1001000	48	103	1100111	67
42	101010	2A	73	1001001	49	104	1101000	68
43	101011	2B	74	1001010	4A	105	1101001	69
44	101100	2C	75	1001011	4B	106	1101010	6A
45	101101	2D	76	1001100	4C	107	1101011	6B
46	101110	2E	77	1001101	4D	108	1101100	6C
47	101111	2F	78	1001110	4E	109	1101101	6D
48	110000	30	79	1001111	4F	110	1101110	6E
49	110001	31	80	1010000	50	111	1101111	6F
50	110010	32	81	1010001	51	112	1110000	70
51	110011	33	82	1010010	52	113	1110001	71
52	110100	34	83	1010011	53	114	1110010	72
53	110101	35	84	1010100	54	115	1110011	73
54	110110	36	85	1010101	55	116	1110100	74
55	110111	37	86	1010110	56	117	1110101	75
56	111000	38	87	1010111	57	118	1110110	76
57	111001	39	88	1011000	58	119	1110111	77
58	111010	3A	89	1011001	59	120	1111000	78
59	111011	3B	90	1011010	5A	121	1111001	79
60	111100	3C	91	1011011	5B	122	1111010	7A
61	111101	3D	92	1011100	5C	123	1111011	7B
62	111110	3E	93	1011101	5D	124	1111100	7C
63	111111	3F	94	1011110	5E	125	1111101	7D
64	1000000	40	95	1011111	5F	126	1111110	7E
65	1000001	41	96	1100000	60	127	1111111	7F
66	1000010	42	97	1100001	61			

Table 一覧

Index

559

561

■本書のサポートページ

https://isbn2.sbcr.jp/07630/

・本書をお読みいただいたご感想を上記URLからお寄せください。
・上記URLに正誤情報、サンプルダウンロードなど、本書の関連情報を掲載しておりますので、あわせてご利用ください。
・本書の内容の実行については、すべて自己責任のもとで行ってください。内容の実行により発生した、直接・間接的被害について、著者およびSBクリエイティブ株式会社、製品メーカー、購入された書店、ショップはその責を負いません。

著者紹介

柳井政和（やない まさかず）

クロノス・クラウン合同会社の代表社員。『マンガでわかるJavaScript』『プログラマのためのコードパズル』など、技術書執筆多数。ゲームやアプリの開発、プログラミング系技術書や記事、マンガ、小説の執筆をおこなう。
2001年オンラインソフト大賞に入賞した『めもりーくりーなー』は、累計500万ダウンロード以上。
2016年、第23回松本清張賞応募作『バックドア』が最終候補となり、改題した『裏切りのプログラム　ハッカー探偵 鹿敷堂桂馬』にて文藝春秋から小説家デビュー。新潮社『レトロゲームファクトリー』など。

JavaScript[完全]入門

2021年 2月16日　　初版第1刷発行

著　者 ························· 柳井 政和
発行者 ························· 小川 淳
発行所 ························· SBクリエイティブ株式会社
　　　　　　　　　　　　　〒106-0032 東京都港区六本木2-4-5
　　　　　　　　　　　　　https://www.sbcr.jp/
印　刷 ························· 株式会社シナノ

装　幀 ························· 米倉 英弘（株式会社 細山田デザイン事務所）
本文デザイン・組版 ··· クニメディア株式会社
編　集 ························· 荻原 尚人

Printed in Japan　ISBN978-4-8156-0763-0